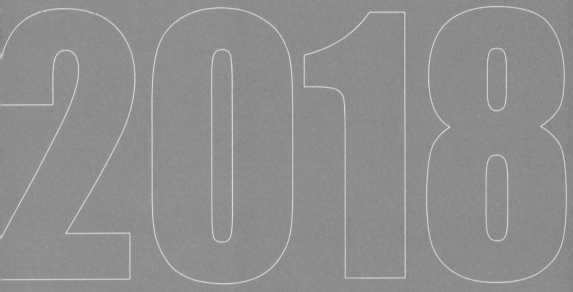

宁夏生态文明建设报告

宁夏蓝皮书
BLUE BOOK OF NINGXIA

宁夏生态文明建设报告

ANNUAL REPORT ON ECOLOGICAL CIVILIZATION
CONSTRUCTION OF NINGXIA

（2018）

宁夏社会科学院　编

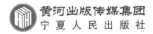

黄河出版传媒集团
宁夏人民出版社

图书在版编目（CIP）数据

宁夏生态文明建设报告.2018 / 宁夏社会科学院编.
—银川：宁夏人民出版社，2017.12
（宁夏蓝皮书）
ISBN 978-7-227-06853-2

Ⅰ.①宁… Ⅱ.①宁… Ⅲ.①生态环境建设—研究
报告—宁夏—2018 Ⅳ.①X321.243

中国版本图书馆 CIP 数据核字（2017）第 330239 号

宁夏蓝皮书
宁夏生态文明建设报告（2018）   宁夏社会科学院　编

责任编辑　管世献　王　艳
责任校对　白　雪
封面设计　张　宁
责任印制　肖　艳

黄河出版传媒集团
宁夏人民出版社　出版发行

出 版 人　王杨宝
地　　址　宁夏银川市北京东路 139 号出版大厦（750001）
网　　址　http://www.nxpph.com　　　　　http://www.yrpubm.com
网上书店　http://shop126547358.taobao.com　http://www.hh-book.com
电子信箱　nxrmcbs@126.com　　　　　renminshe@yrpubm.com
邮购电话　0951-5019391　5052104
经　　销　全国新华书店
印刷装订　宁夏精捷彩色印务有限公司
印刷委托书号　（宁)0008164

开本　720 mm×980 mm　1/16
印张　18　　字数　270 千字
版次　2018 年 1 月第 1 版
印次　2018 年 1 月第 1 次印刷
书号　ISBN 978-7-227-06853-2
定价　49.00 元

目　录

1

区 域 篇

附 录

总报告

ZONG BAOGAO

宁夏实施生态立区战略研究

——2017 年宁夏生态文明建设研究总报告

李文庆　　李晓明　　师东晖　　宋春玲

习近平总书记在党的十九大报告中指出，坚持人与自然和谐共生，加快生态文明体制改革，建设美丽中国。自治区第十二次党代会提出实施生态立区战略，打造西部地区生态文明建设先行区，为新时代美丽中国建设做出贡献，为实现经济繁荣、民族团结、环境优美、人民富裕，与全国同步建成全面小康社会的目标而不懈努力，在全面建设社会主义现代化国家新征程中做出新贡献。

一、宁夏实施生态立区战略的内涵和现状分析

（一）宁夏实施生态立区战略的内涵

生态文明是人类为保护和建设美好生态环境而取得的物质成果、精神成果和制度成果的总和，是人与自然、环境与经济、人与社会和谐共生的社会形态。2005 年时任浙江省委书记的习近平同志提出了著名的"绿水青山就是金山银山"的"两山"理论，2007 年党的十七大正式提出生态文明的理念，2012 年党的十八大报告将生态文明建设与经济、政治、文化、社

作者简介　李文庆，宁夏社会科学院农村经济研究所（生态文明研究所）所长、研究员；李晓明，宁夏社会科学院助理研究员；师东晖，宁夏社会科学院农村经济研究所（生态文明研究所）研究实习员；宋春玲，宁夏社会科学院农村经济研究所（生态文明研究所）研究实习员。

会建设一起列入"五位一体"总体布局，并提出建设"美丽中国"的发展战略。2017 年，党的十九大报告提出坚持人与自然和谐共生，加快生态文明体制改革，建设美丽中国。党的十九大报告中贯穿了社会主义生态文明观，有关生态文明建设的内容高屋建瓴、内涵丰富，为中国特色社会主义新时代树立起了生态文明建设的里程碑。

自治区党委、政府高度重视生态文明建设，自治区第十二次党代会提出大力实施创新驱动、脱贫富民、生态立区三大战略，打造西部地区生态文明建设先行区，持续推动宁夏经济社会与生态环境的和谐发展。为全面贯彻党的十九大精神，以习近平新时代中国特色社会主义思想为指导，落实自治区第十二次党代会生态立区战略部署，自治区党委、政府《关于推进生态立区战略的实施意见》提出了 5 大部分 28 条具体措施，在打造沿黄生态经济带中要求推动形成绿色生产方式、倡导推行绿色生活方式、加快建设绿色城乡，实施山水林田湖草一体化生态保护和修复工程中提出开展母亲河保护行动、开展贺兰山六盘山罗山重点保护行动、新一轮国土绿化行动、自然保护区整治绿盾行动、农田保护和荒漠化治理行动等措施，打好环境污染防治攻坚战中的实施蓝天、碧水、净土行动进行了部署，在推进生态文明体制机制改革中提出改革生态环境保护体制、健全生态环境保护决策机制、健全政绩考核和责任追究机制、健全绿色投入和激励机制、健全生态建设和环境治理市场体系、健全生态保护补偿制度、健全生态环境损害赔偿制度等安排，对加强生态环境保护管控和督查进行了具体部署。宁夏坚持绿色发展，坚持生态立区战略，就是要建设以资源环境承载力为基础，以自然规律为准则，以可持续发展为目标的资源节约型、环境友好型社会，实现人与自然和谐相处、协调发展。

（二）2017 年宁夏生态环境现状

2017 年 1—11 月，空气质量评价为改善。空气质量由 10 月的略有恶化转为改善，改善幅度连续 5 周呈加大趋势。全区空气质量恶化情况虽然成减缓态势，但与考核目标差距依然很大。截至 2017 年 11 月，全区 5 个地级市平均优良天数为 259 天，同比平均减少 1 天，优良天数比例为76.9%；5 个地级市 6 项空气污染物浓度同比为 4 升 2 降，其中 PM10 平均浓度为 105 微克/立方米，同比上升 5.0%。

在水环境方面，黄河干流宁夏段监测的 6 个国控断面均为良好以上水质，其中：3 个断面为 II 类优水质（金沙湾、叶盛公路桥、银古公路桥）；3 个断面为 III 类良好水质（中卫下河沿、平罗黄河大桥、麻黄沟）。2 个断面水质同比有所好转：叶盛公路桥、银古公路桥断面水质类别均由 III 类提高为 II 类。1 个断面水质同比有所下降：中卫下河沿（甘—宁省界）断面水质类别由 II 类降为 III 类，其余断面水质类别均无明显变化。宁夏境内 9 条黄河支流水质和全区监测的 8 个沿黄重要湖泊水库水质总体为轻度污染。全区 13 条主要入黄排水沟水质总体为重度污染。

（三）2017 年宁夏生态立区战略实施情况

2017 年 6 月召开的自治区第十二次党代会明确提出，通过大力实施生态立区战略，深入推进绿色发展，打造西部地区生态文明建设先行区，筑牢西北地区重要生态安全屏障，生态环境保护和治理取得重大成效。2017 年 11 月，宁夏回族自治区党委、政府召开实施生态立区战略推进会，出台了《自治区党委人民政府关于推进生态立区战略的实施意见》，对生态立区战略提出了具体要求。

1. 划定生态红线

2016 年 4 月 18 日，中央全面深化改革领导小组第 23 次会议批准宁夏开展空间规划（多规合一）试点，宁夏成为中央确定的第二个省级空间规划试点省区，划定生态红线是空间规划的重要内容，是保障和维护生态安全的底线。一年多来，宁夏把空间规划（多规合一）作为全区"头号改革"全力推动，为全国提供了可复制可推广的"宁夏经验"。宁夏以主体功能区规划为基础，整合经济社会发展、城乡、国土、环保、林业、交通、农牧、水利 8 类规划，编制完成了自治区、5 个地级市和平罗、泾源、中宁 3 个试点县空间规划，初步形成了自治区、市县两级空间规划体系。空间规划将宁夏全域划定为生态、农业、城镇三类空间，明确了生态保护红线、永久基本农田保护红线、城镇开发边界，并以三区三线统筹国土空间布局，管控开发建设行为。具有重要水源涵养、生物多样性维护、水土保持、防风固沙等生态功能的重要区域，以及水土流失、土地沙化、盐渍化等生态环境敏感脆弱区域均被划入生态保护红线。目前，宁夏生态红线划定工作已走在全国前列。

2.环境保护与污染防治

2017年9月28日，宁夏回族自治区第十一届人民代表大会常务委员会第三十三次会议通过《宁夏回族自治区大气污染防治条例》。自治区人大常委会"2017年中华环保世纪行——宁夏行动"督察组对各地贯彻落实环保系列法律法规、中央环境督察组反馈意见整改情况及大气、水、土壤治理情况进行全面调研督查，受全国人大常委会委托，督查组对各地贯彻执行《固体废物污染环境防治法》情况进行了检查。10月24日，自治区政府办公厅印发《大气污染排查整治专项行动方案》，同步启动涉及"小散乱污"企业排查、燃煤锅炉污染排查、高污染燃料销售使用排查、散煤使用销售排查、工地道路及工业企业扬尘污染等11项专项整治行动，旨在切实扭转全区大气质量不降反升的严峻形势，确保完成国家和自治区年度环境空气质量改善目标。自治区党委、政府多次召开环保专题会议，推进环境治理。全区各级环保部门积极打好大气、水和土壤污染防治三大战役，并通过加强环保执法、督察来守护我们的蓝天碧水绿地，对一些污染严重的制药及生物发酵企业停产整改，对在"蓝天保卫战"工作中行动慢、不到位、不彻底、不精准的相关责任人进行追责，采取多部门组成联合督查组全力推进燃煤锅炉整治、对银川市黑臭水体综合治理工作开展专项督查。通过多方努力，"蓝天保卫战"初见成效。

3.水环境治理

多年来，宁夏不断扩大绿色空间、实施节水优先，成为全国首个实行全省域禁牧封育的省区、全国首个实现沙漠化逆转的省区，也是全国唯一的省级节水型社会示范区，不仅为我国生态建设做出了宁夏贡献，也为全球治理体系提供了中国经验。2017年10月，宁夏引黄古灌区正式列入世界灌溉工程遗产名录，这是中国黄河流域主干道上产生的第一处世界灌溉工程遗产。2017年7月4日，宁夏总河长第一次会议召开，宁夏全面推行河长制，由自治区党委书记担任总河长，自治区主席担任副总河长，区市县乡四级河长负责治水的"首长责任链"开始形成，建立水利、国土、农业、环保、发改、财税等部门协同治水的"部门共治圈",从制度上保障和维护黄河宁夏段的安澜。

4.自然生态建设

今年以来,自治区林业厅依托三北防护林、天然林保护、退耕还林等国家重点林业工程,大力实施精准造林,相继实施了引黄灌区平原绿洲生态区绿网提升工程、生态移民迁出区生态修复等绿化工程,全力推进市民休闲森林公园建设。宁夏构筑包括贺兰山、六盘山、罗山在内的"三山"生态安全屏障,提升生态环境承载能力,形成体系完整、功能完善的绿色生态廊道。自2017年6月20日起,宁夏贺兰山国家级自然保护区范围内所有煤炭、砂石等工矿企业关停退出,并进行环境整治和生态修复;保护区内矿产资源开采和建设项目审批停止,贺兰山自然保护区内今后不允许再新批准任何资源开发项目。自治区农牧部门以化肥农药面源污染控制、畜禽养殖污染防治、农业节水等为主要任务,加强河湖农业面源污染防控力度、促进河湖功能永续利用。

宁夏生态文明建设还存在一些问题:中央环保督察反馈问题需进一步整改,节能减排任务艰巨,大气污染防治尚需进一步发力,生态文明制度建设还需进一步完善等。

二、宁夏实施生态立区战略的路径

积极贯彻落实党的十九大精神,落实好自治区第十二次党代会战略部署,构建"六大体系"、建设"六大工程",打造西部地区生态文明建设先行区,构筑西北地区重要生态屏障,完善生态文明制度体系,将实施生态立区战略落到实处。

(一)宁夏实施生态立区战略的重点任务

1.构建国土空间开发利用体系

健全国土空间开发保护制度,完善基于主体功能定位的国土开发利用差别化准入制度。在重点生态功能区贺兰山、六盘山、罗山等实行产业准入负面清单。建立红线管控制度,强化对重点生态功能区、生态环境敏感区和脆弱区等区域的有效保护。

2. 构建生态保护市场体系

培育环境治理和生态保护市场主体，探索利用市场化机制推进生态环境保护，探索建立限期第三方治理机制。建立碳排放权交易市场体系，设立碳排放权交易平台，开展碳排放权交易，探索林业碳汇交易模式。构建绿色金融体系，鼓励金融机构加大绿色信贷发放力度，完善对节能低碳、生态环保项目的各类担保机制。

3. 构建绿色产业发展体系

大力发展绿色农业，以脱贫富民为目标，推进全区农业布局特色化、发展生态化、方式标准化、设施现代化，促进第一产业与第三产业的融合发展。大力发展低碳循环工业，优化工业布局，引导关联度紧密的产业向工业园区集聚，提高产品科技含量和附加值，促进企业转型升级。大力发展绿色服务业，加快发展生产性服务业，改造提升生活性服务业，全面提高服务业整体素质和水平。

4. 构建资源能源高效利用体系

推进节能降耗，加强能源消费总量和能耗强度双控制，严格节能标准和节能监管，大力推广应用可再生、绿色建筑材料，大力倡导和推行公共交通出行。加强水资源节约，全面推进节水型社会建设。节约集约利用土地，实行最严格的耕地、林地保护制度，切实提高土地利用率。

5. 构建生态文化体系

倡导生态文明行为，深入开展保护生态、爱护环境、节约资源的宣传教育和知识普及活动，增强全社会践行生态文明的凝聚力。开展各类生态文化创建行动，实施生态家园创建工程，创建一批国家级生态市、生态县和生态乡镇。加快推进生态文明村、美丽乡村创建示范工程，建成一批宜居宜业宜游的生态文明示范村和秀美示范乡村。

6. 构建生态文明制度体系

构建归属清晰、权责明确、监管有效的自然资源资产产权制度，着力解决自然资源所有者不到位、所有权边界模糊等问题。构建以空间规划为基础、以用途管制为主要手段的国土空间开发保护制度，着力解决因无序开发、过度开发、分散开发导致的优质耕地和生态空间占用过多、生态破坏、环境污染等问题。构建以空间治理和空间结构优化为主要内容，相互衔接、分级管理的空间规划体系。

（二）宁夏实施生态立区战略的重点工程

1. 西北生态安全屏障建设工程

把山水田林湖作为一个生命共同体，统筹实施一体化生态保护和修复，全面提升自然生态系统稳定性和生态服务功能。构筑以贺兰山、六盘山、罗山自然保护区为重点的"三山"生态安全屏障，持续推进天然林保护、三北防护林、封山禁牧、退耕还林还草、防沙治沙等生态建设工程。重点加强贺兰山自然保护区生态环境整治力度，加强生态保护与修复，带动北部平原绿洲生态系统建设，营造多区域贯通的生态廊道。六盘山自然保护区突出构建水源涵养和水土保持生态屏障，带动南部山区绿岛生态建设，形成山清水秀、环境优美的生态廊道。罗山自然保护区突出构建防风防沙生态屏障，带动中部干旱带荒漠生态系统建设，确保人口和产业不突破环境承载能力。

2. 沿黄生态经济带示范工程

全力打造生态优先、绿色发展、产城融合、人水和谐的沿黄生态经济带。严格落实空间规划，科学布局沿黄地区生产、生活、生态空间。严格控制开发强度、提高开发水平，实行最严格的水生态保护和水污染防治制度。按照绿色循环低碳的要求，推动沿黄地区产能改造提升、园区整合发展、产业有序转移，发展节能环保的高端产业和循环经济，建设一批生态产业园区，构建科技含量高、资源消耗低、环境污染少的生态经济体系。推广绿色生活，普及绿色消费，推动生活方式向绿色低碳转变。

3. 退耕还林还草提档升级工程

将中南部贫困地区退耕还林还草与小流域综合治理、生态林业、农田基本建设、扶贫开发等工程有机结合，实施退耕还林还草提档升级工程，充分利用新一轮退耕还林还草政策的机遇，坚持生态产业化，产业生态化，进一步改善全区中南部地区生态环境。

4. 防沙治沙示范工程

实施西部大开发战略以来，宁夏全面实施退耕还林、三北防护林工程、天保工程等重点工程，成功探索出"五位一体"的综合治沙模式，在全国率先实现了"人进沙退"的历史性转变，要积极总结全区防沙治沙经验和模式，建设防沙治沙示范工程。

5. 生态林业修复工程

多年来，宁夏重点建设了以六盘山、贺兰山、中部防沙治沙和宁夏平原为骨架的"两屏两带"生态安全屏障。要大力实施生态林业修复工程，进一步提高全区森林覆盖率，建设国家森林公园，对各类湿地进行修复，实现林业经济和生态改善的双赢。

6. 环境保护综合整治工程

宁夏产业结构以煤基工业为基础，重化工业为特征，改善空气环境压力较大。需要加快解决大气、水、土壤污染等突出问题，实行最严格的生态环境保护制度，深入实施蓝天、碧水、净土"三大行动"，以社会关切、群众关心的大气污染防治为重点，以PM2.5、PM10污染防治为突破口，大力实施大气污染防治行动，强化大气污染协同控制，实施环境综合整治工程，改善全区生态环境质量。

三、宁夏实施生态立区战略的对策建议

积极贯彻党的十九大精神，落实自治区第十二次党代会精神，实施生态立区战略，为美丽中国建设贡献宁夏力量。

（一）完善生态文明建设评价考核制度

完善《自治区党政机关、地级市领导班子和领导干部年度考核实施办法》，进一步加大资源消耗、环境保护、消化产能过剩等指标的权重；探索编制自然资源资产负债表，对领导干部实行自然资源资产和资源环境离任审计；实施严格的水、大气环境质量监测和领导干部约谈制度，对水、大气环境质量不达标和严重下滑、生态环境造成破坏的地方党政主要领导进行约谈或诫勉谈话。

（二）完善环境治理和生态保护体系

落实中办、国办《生态环境损害赔偿制度改革方案》精神，破解"企业损害、群众受害、政府买单"困局。积极培育环境治理和生态保护市场

体系，探索建立市场化机制推进生态环境保护，培育一批环保产业龙头企业。实施黄河宁夏段及支流、湖泊湿地管养制度，培育一批专业化、社会化的河湖湿地养护队伍。建立用能权交易制度，推进火电、化工、建材等行业节能量交易试点，推动开展跨区域用能权交易。建立碳排放权交易体系，探索林业碳汇交易试点。构建绿色金融体系，鼓励各类金融机构绿色信贷发放力度，探索建立财政贴息、助保金等绿色信贷扶持机制，积极推动绿色金融创新。

（三）完善生态文明建设体制机制

建立多元化的生态保护补偿体制，完善稳定生态文明建设投入机制，加大对中部干旱带、南部山区以及矿山生态修复支持力度。建立自然资源产权管理体制，实行权力清单管理，明确各类自然资源产权主体权利，规划建立自然资源交易制度。完善水资源保护体制，全面落实"河长制"，落实河湖湿地管护主体，强化水污染防治、水环境治理等工作属地责任。完善农村环境治理体制，坚持城乡环境治理并重，推进农村污水治理，完善城乡一体化垃圾处理模式，构建县乡财政补贴、社会资本参与、村民定标付费的多元化农村环境治理运营机制。

（四）进一步完善相关法规制度体系

落实《宁夏空间发展战略规划》划定的生态、耕地、水资源三条红线，落实自治区党委、政府《关于推进生态立区战略的实施意见》，完善生态立区战略制度体系；探索建立资源环境价值评价体系、生态环境价值的量化评价方法；利用现有的公共资源交易系统建立生态保护交易中心，制定推行用能权、碳排放权、排污权、水权交易制度，政府制定规则、提供交易平台，推动市场的形成与公平竞争；完善环境保护管理制度，健全各类污染应急预案，强化环境保护部门的执法权，赋予环境执法强制执行的必要条件和手段；坚持铁腕治污，实施环境保护"蓝天、绿水、净土"三项行动。

（五）加大产业结构调整力度，构建绿色发展体系

大力发展可持续农业、生态农业和循环农业，坚守基本农田耕地红线，开展高标准农田建设，实施藏粮于地、藏粮于技战略。推进新型工业化，

以循环经济和清洁生产技术推动能源化工产业向精细化工方向发展，实施《中国制造2025宁夏行动纲要》，促进工业化和信息化深度融合，对污染高、耗能高的落后产能进行兼并、重组、关停并转，完善退出机制。推动发展环保产业，进一步完善鼓励废物资源利用和可再生能源企业、环保技术开发、环保技术服务和商业服务企业发展的政策，鼓励企业提高废物的再利用、再制造和再循环，支持循环经济产业园和生态工业园发展。

（六）实施一批生态建设与污染防治重点工程

依托三北防护林、退耕还林、天然林保护等国家重点生态工程，实施天然林保护、水生态文明示范和主干道路、沿山沿河整治绿化工程，构建沿贺兰山东麓和黄河金岸生态景观工程；实施污染防治重点工程，实施排污企业在线监测，严惩偷排超排行为；实施大气污染防治工程，对燃煤电厂进行环保改造，加快淘汰老旧机动车，大力发展城市公交快轨，强化施工扬尘、矿山扬尘的监管；实施农业面源污染防治工程，实施土壤有机质提升、测土配方施肥、绿色病虫害防控等项目；实施生态保护扶贫工程，将生态环保与精准扶贫相结合，推动绿色生态为重点的产业开发。

（七）打造富有宁夏特色的生态文化

弘扬生态文化，是建设生态文明的重要切入点，重点以湿地保护文化、野生动物保护文化、森林旅游文化、古村落保护文化为切入点，宣传倡导树立生态文明价值观，倡导先进的生态价值观和生态审美观；通过世界水日、植树节、地球日、节能宣传周、低碳日、环境日、文化遗产日等活动，开展群众喜闻乐见的宣传教育；实现党政干部生态文明培训的全覆盖，不断壮大环保志愿者队伍，建立一批青少年生态文明教育社会实践基地，全面推进大中小学生生态文明教育，开展形式多样的生态文明知识教育活动；积极开展生态文明社区、机关、学校、军营、厂区等创建活动；推广闲置衣物再利用，狠抓餐饮环节浪费问题，大力推广文明餐饮消费习惯；积极引导城乡居民广泛使用节能型电器、节水型设备，选择公共交通、非机动交通工具出行；以广覆盖、慢渗透的方式逐步提高公众生态道德素养，使珍惜资源、保护生态、绿色发展成为全区人民的主流价值观。

党的十九大报告将建设生态文明上升到关系中华民族永续发展的千年

大计的高度，把美丽中国建设作为新时代中国特色社会主义强国建设的重要目标，描绘了美丽中国建设的宏伟蓝图，为全国人民建设美丽中国吹响了号角。深入贯彻落实党的十九大提出的建设美丽中国的总体要求，深入贯彻落实习近平总书记视察宁夏时的讲话精神，坚持绿水青山就是金山银山，坚定不移推进绿色发展，持续推进宁夏生态立区战略，打造西部地区生态文明建设先行区，把天蓝、地绿、水净、空气清新、宜居宜业这张名片打造得更加亮丽，加快建设美丽宁夏。

综合篇
ZONGHE PIAN

贯彻党的十九大精神，推进宁夏绿色发展

汪一鸣

贯彻党的十九大精神，坚持人与自然和谐共生，加快生态文明体制改革，建设美丽中国。学习宣传、贯彻落实党的十九大精神和自治区第十二次党代会精神，动员宁夏全体党员和人民群众，万众一心，跟着党的十九大所擂响的进军战鼓、所吹起的冲锋号，撸起袖子加油干，是当前和今后一段时期的突出任务。

党的十九大报告强调：建设生态文明是中华民族永续发展的千年大计。必须树立和践行绿水青山就是金山银山的理念，坚持节约资源和保护环境的基本国策，像对待生命一样对待生态环境，统筹山水林田湖草系统治理，实行最严格的生态环境保护制度，形成绿色发展方式和生活方式，坚定走生产发展、生活富裕、生态良好的文明发展道路，建设美丽中国，为人民创造良好生产生活环境，为全球生态安全作出贡献。自治区第十二次党代会报告提出了今后一段时期宁夏要大力实施创新驱动战略、脱贫富民战略和生态立区战略，这是宁夏贯彻党的十九大精神的实践行动，是推进美丽宁夏建设和绿色发展的宏伟举措。

作者简介　汪一鸣，宁夏大学资源环境学院教授、高级工程师。

一、生态立区战略的内涵

生态立区战略，就是要树立尊重自然、顺应自然、保护自然的生态文明理念，把生态文明建设放在突出地位，融入经济建设、政治建设、文化建设、社会建设各方面和全过程，坚持五位一体的社会主义建设总体布局，努力走向社会主义生态文明新时代。在这一点上，这个战略适用于全国各省（区、市）和各市县层级，具有普遍意义。但对于宁夏来说，还具有特别重要的意义：针对宁夏干旱少雨、水资源短缺、生态脆弱、历史上水土流失、土地沙漠化等生态破坏严重的区情，以及建设祖国西部重要生态安全屏障的艰巨任务，加强生态文明建设，既是国家赋予宁夏的光荣使命，也是宁夏实现经济繁荣、民族团结、环境优美、人民富裕的先决条件和根基所在，生态立区战略可以说是宁夏实现可持续发展的必然选择。

二、实施生态立区战略的对策建议

（一）重视生态系统的有效保护

实施生态立区战略，首先要由过去单纯造林种草向更加重视生态系统、生物多样性的有效保护、自然修复，实现生态保护、修复、建设三结合转变。强化尊重自然规律、经济规律和生态保护、建设的科学性，贯彻"预防为主、保护优先"方针，杜绝一切不利于生态保护的"建设性破坏"，把保护贯穿于开发、治理、建设全过程。充分利用自然修复力量，大力推行封山育林、封沙育草等措施，尽可能用较小的投入争取最大效益。要不断提高生态保护建设中的科技含量，做强生态立区战略与创新驱动战略融合发展。

（二）生态建设与经济建设融合发展

要重视由过去生态建设与经济建设脱节向生态建设、经济建设相互融合，产业发展生态化、生态建设产业化相结合转变。创新发展生态经济、绿色经济、低碳经济，发展生态农业、生态工业、生态服务业，建设生态工业园、生态城市、生态农村、生态社区。治山（治理黄土丘陵水土流失、坚持小流域综合治理）、治沙（治理中部干旱带草原退化、土地沙漠化）不但要讲求生态效益，而且要兼顾经济效益、社会效益。要处理好生态保护建设中政府作为、市场行为与公众行为的关系，引导激励企业、农民进入生态建设主战场，提倡各类主体（企业、农村能人、科技人员）承包荒山荒地、荒沙荒滩，发展经济林、林下经济、草畜产业、沙产业、生态旅游和乡村旅游业，通过落实土地经营权、草地承包经营权、林权等各类权利，以奖代补、生态补偿等机制，把生态保护建设与脱贫富民、优化产业结构、推进农业产业化、改善民生结合起来，亦即生态立区战略与脱贫富民战略有机融合发展，使绿水青山真正成为金山银山，生态建设大见成效之时，就是当地农民致富之日。

（三）构建生态文明建设体系

要逐步做到生态保护建设与经济建设、政治建设、文化建设、社会建设融合发展，有序构建生态产业体系、生态环境保护体系、资源保护和高效利用体系、生态人居建设体系、生态文化建设体系、生态文明制度建设体系等六大体系，形成社会主义生态文明建设的总体架构。

（四）优化国土空间开发格局

实施生态立区战略，还要特别重视优化国土空间开发格局。当前全区空间规划试点已经进展到最后阶段，自治区空间规划已划定三线和三类空间，即生态空间、农业空间、城镇空间三类空间，生态保护红线、永久基本农田保护红线、城镇建设开发边界三条红线。在生态保护红线范围内，以生态治理修复、维护生态环境的原真性、完整性为主体功能，扩大森林、湿地面积，加强生态系统多样性、生物物种基因多样性的保护修复。通过严守三条红线的严格措施，控制全区及各市县的国土开发强度，调整优化空间结构，留下看得见山、看得见水、山清水秀的足够生态空间，留下更多良田和田园风光的农业空间，以及集约高效的城镇适度空间，为进一步建设宜居、宜业、宜游的美好家园奠定坚实基础。

（五）实施重大生态保护建设工程项目

建议在"十三五"规划期间，通过向国家有关部门申报立项若干重大生态保护建设工程项目，争取国家资金，例如：坡度15度以上耕地（现尚有100多万亩）退耕还林还草工程，养畜饲料基地（约1000万亩）提档升级建设工程，自然保护区基础设施建设、能力建设（监测科研、宣传培训、管理执法等）提档升级工程，固原市 400 毫米降水等值线以上地区碳汇林基地建设工程，中部干旱带国家防沙治沙试验示范区沙产业建设工程，贺兰山东麓葡萄文化旅游长廊山洪综合整治和防护林带建设工程，宁夏平原引黄灌区节水、防污、高效生态绿洲建设工程，银川市区城市森林建设工程等。

开展国家公园建设试点。先通过开展六盘山国家公园建设试点，确立尊重自然、保护自然，保护和发展相统一的理念，自然价值和自然资本的理念，改革原有各类保护地（自然保护区、森林公园、地质公园、国家风景名胜区、国家重点文物保护单位等）管理体制，进行功能重组，理顺资源环境管理体制机制，实行统一规范管理，探索有效保护和持续利用相统一的管理新模式，推进生态旅游健康发展。

宁夏生态立区战略的科学内涵与实施框架

宋乃平

党的十九大报告提出坚持人与自然和谐共生，要以习近平新时代中国特色社会主义思想为指导，牢固树立社会主义生态文明观。《宁夏回族自治区第十二次党代会报告》（以下简称《报告》）也提出生态立区战略，将生态由美丽宁夏建设、环境优美的方向性提升为宁夏的发展方针。为了推动生态立区战略实践的深入，实现其初衷，在此梳理和借鉴先行省区的成果，对生态立区战略的科学内涵与实施框架做初步探讨。

一、生态立区战略的科学内涵

1983 年，著名经济学家于光远提出把青海省建设成为"生态省"。其内涵就是"依照生态学原理，把青海省内的各种自然资源、各个方面最合理地结合起来，坚持合理开发利用的原则，取得最大的经济效益"。2004年，福建省委、省政府在出台的《福建生态省建设总体规划纲要》中提出主要抓四个方面：一大力发展生态效益型经济，二促进人和自然协调与和谐，三保障生态环境安全，四创建文明进步的生态文化。2005 年年初，四川省环境保护局牵头编制的《四川生态省建设规划纲要》中将生态省建设

作者简介　宋乃平，宁夏大学西北土地退化与生态恢复国家重点实验室培育基地教授，硕士生导师。

的内涵定义为：遵循自然和经济规律，改善环境质量，转变经济增长方式和消费方式，在更高层次上加快推进结构调整，创建新的发展模式，最终实现区域经济社会与人口资源环境的协调和可持续发展。2010年，中共江苏省委、省政府在《关于加快推进生态省建设全面提升生态文明水平的意见》中指出，以生态省建设为载体，加大环境保护和生态建设力度，大力建设资源节约型和环境友好型社会，加快形成符合生态文明要求的生产方式、生活方式和消费模式，推动省域范围内经济社会和生态环境协调发展。

1995年，国家环保局《关于开展全国生态示范区建设试点工作的通知》指出，生态示范区是以生态学和生态经济学为指导，经济、社会和环境保护协调发展，经济效益、社会效益和环境效益相统一，以行政单元为界线的区域。白廷举认为，生态立省的理论内涵是运用可持续发展理论和生态学、生态经济学原理促进经济发展方式的转变，改善生态环境质量，发展生态经济，培育生态文化，建设生态文明，提高综合实力，实现省域经济社会可持续发展。生态立省的目的，旨在把经济社会发展与生态环境保护有机地结合起来，构建经济社会与人口、资源、环境相协调发展的生态建设模式。俞理飞等人认为，生态立省是以生态为根本，建立区域生态、经济、社会发展和谐的发展模式，是一种社会发展战略。较生态省更强调区域生态的重要地位。而生态省是社会经济和生态环境协调发展，各个领域基本符合可持续发展要求的省级行政区域，是生态立省战略实现的目标。

从上述论述我们可以看出，除了时代特征和认知深化外，生态省与生态立省在内涵实质上基本一致。它们都是在生态文明理念基础上，对具有区域间协调能力的省域范围开展的生态环境与资源利用、经济社会发展关系的协调，根本目标是可持续发展。生态立省强调过程和策略，而生态省则是努力方向和目标。生态立省战略中的"生态"是人与环境高效和谐的关系，它体现着竞争、共生、自生等机制和整体、协调、循环、再生等功能，也包含着保护环境、保护生命支持系统、保护生产力等举措以及富裕、健康、文明等目标。"立"包含着良好生态是区域发展的根本保证，人们对环境与经济关系的认知、行为的正确性，以及确立其长期性、全局性、统领性的地位。生态立省是以生态为根本，建立省域生态、经济、社会和谐的发展模式，强调生态在省域发展中的基础作用。生态立省既是一种目标，也是一种方法，还是一条路径。生态立省是将生态文明建设落实在省域上，是生态文明建设的落地开花。生态立省的基本含义是生态是立省之本，首先是用良好的生态环境支撑经济增长、社会发展、人民福祉，其次是用生态理念和理论，即整体、协调、循环、再生等组织产业、经济社会与资源环境间的相互作用。其理论逻辑是"绿水青山就是金山银山"，就是以生态价值为支撑点，拓展经济社会发展的更大领域和空间。但就今天的情势而言，生态立区的科学逻辑是先要在区域内"立"生态，然后以生态"立"区域。

生态立区战略的关键在于"立"。一是立价值导向和社会规矩，就是人与自然是生命共同体，应尊重自然、与自然和谐相处，具体地说就是向自然适度索取与回馈自然相统一；二是立和谐关系，用政治、经济、科技、社会、文化复合方法和手段协调人与自然、发展与环境的关系；三是立正确行为和积极行动，立用智慧、用管理、用资本、用科技更多替代用资源、用环境发展经济的方式。就是在环境与经济协调发展战略下，可持续地发展经济、繁荣社会、保护自然。

二、对宁夏生态立区战略必要性的认识

（一）这是由宁夏自然环境所决定的

宁夏生态文明建设主要面临脆弱的自然环境条件。宁夏气候干旱且年际变化大，导致资源量少而不稳、生态过程断续、自然资本薄弱；生态环境脆弱本底，生态问题将长期存在；自然资源分配不均衡，特别是水资源紧缺，水土资源配比不均衡，导致土地生产力和承载力低，特别是生态恢复力低、资源承载力低、环境容量小，人类活动易触发生态环境问题。为实现资源永续利用、生态环境长期保持和不断改善，迫切要求实施"生态立区"战略。

（二）这是正确处理人与自然关系的必然

宁夏贫困严峻、经济欠发达，产业结构、经济模式和人民生活对自然资源依赖程度高，正处于工业化和城市化快速发展期或者说是库兹涅茨曲

线的上升段。我们创造了千年绿洲这样的生态文明精品，也破坏了草原掀起了大面积沙化和水土流失的局面。我们通过各种生态工程恢复草地、营造林地、防沙治沙、保持水土、处理废物，等等，这些工程的可持续性正在经受科学考验和时间检验。如何将生态建设的成果适当转化为经济成果，总体上还缺乏思路、技术和模式，实践探索不足。生态环境保护的社会机制尚未全面形成。生态建设从感官出发、评价得多，从功能出发、评价得少，导致一些看着好的绿色未必是适宜改善生态环境的绿色，一些人工植被的装饰性远远胜过其环境改善能力。宁夏的工业结构倚重倚能，能耗和资源消耗指标压力大，工业循环链还不十分发育，工业园区的多链互补、技术经济耦合体系尚未全面建成。工业发展面临污染物总量控制特别是大气污染排放的压力，城市化造成的大进大出的物质循环特别是垃圾污水处理、持续高强度的资源消耗等，这些人类活动对自然环境的影响和矛盾，要求我们必须依托生态立区，着眼于长期、科学、治本地解决。

（三）这是转变发展方式实现可持续发展的必然

在经济增长与环境保护矛盾面前，一味强调一方而不顾另外一方，都不是生态文明的真谛。生态文明的可贵之处就在于用制度、科技、资本、文化等，通过转变发展方式，解决或缓解经济发展与环境保护的矛盾。生态立区必须加强生态对第一、第二、第三产业的支撑，不断推进产业生态化过程，走生态农业、生态工业、生态三产之路。历史和现实都证明了宁夏的可持续农业必然也必须是生态农业。也就是说，处理好生态与生产的关系，才能实现两者双赢。这种生态农业不是因循自然，而是遵循自然规律基础上的生产要素优化配置，尤其是通过制度变迁诱发的科技配置紧缺资源的能力和水平。加强工业循环经济建设是转变长期以来粗放发展方式的治本之路。宁夏工业体系的断链、分散和倚重倚能是实现生态工业的难点。利用产业转型升级和新业态发展机遇，逐步加强工业园区乃至工业体系的主链完整、辅链有效、补链跟进，是实现工业生产方式转变的积极策略。把生态理念贯穿于第一、第二、第三产业，用生态来统领全区产业发展，实现产业的生态化过程，是生态立区的必然要求。

(四) 这是实现人民福祉的需要

当 2005 年发布的《千年生态系统评估报告》提出生态系统健康与人类福祉时，大多数中国人多少还有些费解。但就在那时，太湖、淮河流域的污染已经让千家万户吃水困难。随之，群体性环境事件接连爆发，近几年雾霾等大气污染，以及水体污染、土壤污染也在加重。如果说这些突发性问题比较惊人的话，那么由于土地沙化、水土流失、盐渍化、生产力持续下降这些渐变性生态恶化慢慢地从土地上"驱逐"人口，则是我们不易觉察的。它们都以或明显或隐蔽的方式销蚀自然生态系统为人类提供的巨大服务功能和人类可以获得的福祉。

三、宁夏生态立区战略的实施框架

虽然宁夏生态文明建设和生态立区战略得到社会各界的广泛赞同，但还要认识到生态立区中的困难和问题，认真准备和积极应对。例如宁夏查处乱采、盗挖、滥开、肆意排放时困难重重，对《水法》《森林法》《草原法》《土地管理法》《自然保护区条例》等所谓"软性法律"的执行还不到位，对于这些方面的监管仍有缺失，在条块工作上的配合和协作还很难一下子统一到生态文明建设的大目标下。一些生态环境问题并不仅仅是经济与环境的矛盾，而是盘根错节。生态立区在政治上要解决社会公平、区域平衡发展等问题，在经济上解决私人收益与社会成本的平衡等问题，在社会层面上要解决公众认知与积极参与等问题，在生态环境上要解决科学保护与技术有效等问题。

《报告》针对目标和问题，按照党的十九大报告精神，从指导思想、战略重点、体制机制、科技支撑、示范园区等全面构建了生态立区的总体架构，提出了生态立区战略的四个重点任务，即打造沿黄生态经济带、构筑西北生态安全屏障、铁腕整治环境污染、完善生态文明制度体系。

黄河是宁夏的命脉所在，它对宁夏的意义远远超越了宁夏平原、绿洲农业，工业、城市特别是支撑它们的资源、生态、环境无不依靠黄河滋养。宁夏千年绿洲文明肇端于黄河，未来的创新发展仍离不开黄河。保护好黄河、利用好黄河是不断发展的宁夏面临的第一大课题。黄河不但有宝贵的水资源、湿地生态，滋养着数百万亩农田和数千村镇和城市，接纳了每年30亿—40亿立方米的灌溉退水，还容纳了众多的企业、工厂、养殖场。沿黄经济区、内陆开放经济区的核心也在沿黄地区。沿黄生态经济带战略为协调保护与利用黄河、协调沿黄地区发展与黄河水系生态环境安全提出了先进思路。从空间规划、控制开发、循环低碳等构建了生产、生活、生态全面绿色发展的沿黄生态经济带发展途径。

大自然赐予宁夏的近南北走向的贺兰山、六盘山，横亘于西北东部，阻挡了西北高寒气流的东袭以及腾格里沙漠与巴丹吉林、乌兰布和沙漠在内蒙古境内联合后的挥师东侵。更为奇巧的是黄河从贺兰山东侧的穿越造就了与其平行的平原绿洲，填补了贺兰山东侧100多千米宽的干旱区的大部分，加之再东侧的草原带，山地—绿洲—草原紧相依偎，构筑了我国西北阻挡沙漠的最为坚固的生态安全屏障，保障了东部地区农耕、城市、工矿和乡村。这真是大自然对宁夏的厚爱，也是宁夏对全国做出的最大贡献。20世纪后50年的森林砍伐、放牧、采矿导致贺兰山植被萎缩、土壤流失，绿岛、湿岛和屏障功能弱化。宁夏平原灌溉引起的盐渍化，拓殖扩张导致的湿地、洪积扇等自然系统萎缩，对水、盐、沙的调节功能减退。草原带由于放牧、开垦、樵采等导致植被退化和土地沙化严重。近十多年的封育禁牧，显著恢复了植被的覆盖度，大大减少了沙地面积。但是植被多样性和稳定性的恢复还需要努力。针对于此，《报告》提出了"把山水田林湖作为一个生命共同体，统筹实施一体化生态保护和修复，全面提升自然生态系统稳定性和生态服务功能"的策略，而且提出了构筑"三山"生态安全屏障、推进生态工程建设、加大自然系统保护、带动生态廊道恢复等系统策略。

环境污染长期难以显著改善的一个客观原因就是我们必须面对人口不断增长、生活水平和消耗不断提高，以及工业化、城市化高速发展带来的"压缩式"环境问题。我们要用短短几十年甚至十几年的时间解决西方国家上百年乃至数百年的环境问题，难度可想而知。我们在创新驱动战略还没有成为经济发展主要动力之前，还无法放弃将矿产资源优势转化为经济优势。面对环境与经济矛盾，《报告》提出铁腕整治环境污染战略，通过提高门槛、严格控制、源头治理、加强监管等一系列铁腕措施保护环境。

文明是人的一种境界和能力。生态文明的核心是人对自然或环境的态度，反映在认知、决策、行为等方面。生态文明不仅包括"生态建设"和"生态保护"，它更包含着人在生存过程中与周围环境发生的作用，以及支配这些作用的态度和行为准则。生态文明是人们对待经济与环境矛盾的智慧。生态立区的前三重点任务是挡在我们面前的生态屏障或工程，后一项"完善生态文明制度体系"是立在我们心中的工程。生态文明虽然常常是软性的、无形的，但是其作用是巨大的。过去我们开展了许多生态工程，其最终效果是否理想，大多取决于生态文明是否立在人们的心中。《报告》通过严密法制、红线管控、长效投入、责任追究构筑生态立区的制度保障。

生态立区是一项长期战略，需要自治区在党的十九大报告和宁夏第十二次党代会报告及自治区上位规划的基础上，结合行业和部门法律法规和规划，重点构建实施生态立区战略的体制与机制，特别是要构建起生态立区的法律惩戒、规章禁行、行政管理和监督、科技支撑、经济诱导、文化保障、公众参与的综合机制，将生态文明理念和方法嵌入现有工作中，落实在生产生活中，实现"五位一体"，实现以生态与环境保育、生态经济建设、生态文化建设等为重点内容的生态立区战略（见图1）。

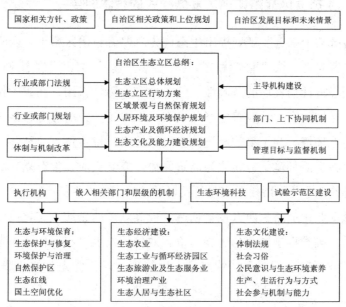

图1　生态立区实施框架

宁夏生态立区战略的前瞻性和系统性研究

王丛霞

生态立区战略既是自治区第十二次党代会报告的亮点之一，也是党代会报告的创新之处。要深入贯彻落实党的十九大精神，牢固树立社会主义生态文明观，以更大的决心、更高的标准、更硬的举措，全面推进生态立区新的实践，加快建设天蓝、地绿、水美、空气清新的美丽宁夏。

一、生态立区战略体现了发展模式的根本转变

自治区"十三五"规划提出生态优先战略，自治区第十二次党代会提出生态立区战略。从"生态优先"到"生态立区"，突出了生态建设和环境保护推动经济社会发展的基础性、约束性和保障性作用，注重了保护生态环境就是保护生产力、改善生态环境就是发展生产力的理念，强调了切实保护好生态环境，为宁夏的经济社会发展提供环境容量支撑和环境质量支撑，进而将资源环境优势转化为经济优势。究其实质，生态立区战略体现了从传统的工业化发展模式向绿色发展模式的根本转变。

传统工业化道路为西方社会创造了极其灿烂的物质与文化成就，也一度成为后进国家谋求繁荣与进步而争相效仿的发展摹本。传统工业化道路走的是"先污染、后治理、快致富、后清理、增长优先"的"黑色发展"

作者简介　王丛霞，中共宁夏区委党校哲学教研部主任、教授，哲学博士。

模式。此模式坚持经济增长至上论和人类中心主义的环境伦理观，关注发展的方法问题，而不是发展的价值问题。人类中心主义的环境伦理观强调，在人与自然价值关系中，只有拥有意识的人类才是主体，自然是客体，应当贯彻人是目的的思想，一切应以人类的利益为出发点和归宿点。这一伦理观片面夸大了人的认知能力，过分强调了人对自然界的能动性，忽略了自然界作为客体对人的主观能动性的制约性。这种不顾生态边界条件的增长模式必然是不可持续的，而人类社会的发展至今没有完全脱离传统发展模式。

绿色发展模式是我们党在新的历史起点之上，在面对生态环境日益恶化的严峻形势之下，在实现全面建成小康社会一百年奋斗目标的压力之下，在建设美丽中国，实现中华民族伟大复兴的历史使命感召之下，与时俱进提出的新发展模式。从长远发展来看，绿色发展是对传统工业化模式的根本性变革，体现了科学发展的主旨和内涵，遵从的是人与自然和谐发展的生态价值观。这种增长模式把环境资源作为社会经济发展的内在要素，把经济活动过程和结果的"绿色化""生态化"作为绿色发展的主要内容和途径，强调以绿色科技、绿色能源和绿色资本带动的低能耗、适应人类健康、环境友好的相关产业在 GDP 中的比重不断提高，把实现经济增长与资源消耗、污染排放脱钩，经济、社会和环境的可持续发展作为绿色发展的目标。

当前，宁夏正处于工业化中期的早期阶段，发展经济与保护环境尚未真正统一。党代会报告提出的打造沿黄生态经济带、铁腕整治环境污染的任务，体现了发展模式必须转变的决心和信心。宁夏因黄河而生，因黄河而兴，既要依托黄河资源，更要保护黄河资源。2016 年 7 月，习近平总书记在宁夏视察时，特别强调要加强黄河保护，坚决杜绝污染黄河行为，让母亲河永远健康。宁夏必须牢牢把握加快经济发展方式转变、产业转型发展这一主线，严格落实主体功能区规划，坚持产业生态化、生态产业化的发展方向，控制开发强度，构建生态经济体系，推动生活方式的绿色低碳转型。围绕加快宁东能源基地建设，建好国家循环经济示范区；围绕国家新能源综合示范区建设、全域旅游示范区建设目标，优化技术创新环境；以发展循环经济、低碳经济、绿色经济、可再生能源资源开发的技术为突破口，加快煤化工、现代纺织、智能制造、装备制造业、现代农业全产业链、休闲旅游、体验旅游、康养旅游的生态化发展。

二、生态立区战略体现了发展思路的高瞻远瞩

生态立区战略将生态环境资源作为经济发展的内在因素，注重了经济潜力依赖于生态潜力的现实性以及生态潜力转化为经济潜力的必然性，强调了"为何发展、为谁发展"的问题，体现了发展思路的前瞻性。

（一）生态立区战略与国际认识接轨

从国际认识来看，生态环境作为制约经济增长的要素，早在20世纪70年代以来就引起了全世界的关注，生态环境事实上已从单纯自然意义上的人类生存要素转变为社会意义上的经济要素。现代社会的经济潜力很大程度上依赖于生态潜力。无论如何，由于经济潜力的未经周密考虑的无计划增长，生态潜力可能处于耗竭的威胁之下。这里有两层含义：一是符合人类生活需要的良好自然生态环境出现短缺，拥有这样的环境已经成为人类追求福利的目标之一；二是根据人类生产活动的技术特性，生态环境本身的承载能力、自然的生态环境对生产排放废弃物的吸纳已经趋于饱和，甚至超载，要继续利用它进行生产，必须再产生新的环境容量，需要人类投入资源进行制造。目前，良好的生态环境已成为人类的劳动产品，并具有明显的二重性特征。从生活的角度看，它是目标；从生产的角度看，它已变成生产要素和条件。

（二）生态立区战略是对"绿水青山就是金山银山"的生动诠释

从国内认识来讲，早在2005年8月15日，时任浙江省委书记的习近平同志在浙江湖州考察时，首次提出了"绿水青山就是金山银山"的科学论断，后来又对这一论断做了详尽的阐释。2013年9月7日，习近平总书记在哈萨克斯坦纳扎尔巴耶夫大学演讲时特别指出，"我们既要绿水青山，也要金山银山；宁要绿水青山，不要金山银山，而且绿水青山就是金山银山"。这一重要思想，充分体现了马克思主义的辩证观点，系统剖析了经济发展与生态建设在演进过程中的相互关系，深刻揭示了经济社会发展的基本规律。绿水青山可带来金山银山，但金山银山却买不到绿水青山。绿水青山与金山银山既会产生矛盾，又可辩证统一。

在社会实践中，我们对绿水青山和金山银山关系的认识经历了三个阶段。第一个阶段：用绿水青山去换金山银山，不考虑或者很少考虑资源环境的承载能力，一味索取资源。第二个阶段：既要金山银山，但是也要保住绿水青山，这时候，经济发展和资源匮乏、环境恶化之间的矛盾开始凸显出来，人们意识到环境是我们生存发展的根本，要留得青山在，才能有柴烧。第三个阶段：认识到绿水青山可以源源不断地带来金山银山，绿水青山本身就是金山银山。这三个阶段，既是经济增长方式转变的过程，也是发展观念不断进步的过程，还是人与自然关系不断调整、趋向和谐的过程。生态建设和环境保护，早抓事半功倍，晚抓事倍功半，越晚越被动。走"绿水青山就是金山银山"发展之路，是一场前无古人的创新之路，是对原有发展观、政绩观、价值观和财富观的全新洗礼，是对传统发展方式、生产方式、生活方式的根本变革。

（三）生态立区战略吻合宁夏实际

底子薄、基础差、欠发达是宁夏的概况，发展不足与生态脆弱是宁夏的实际，显著的生态战略地位、巨大的生态潜力是宁夏的优势。从战略层面讲，实施生态立区战略，既符合自然规律和社会规律，又满足包括生态安全、经济安全和社会安全在内的国家安全需要，更有利于将绿水青山转化为金山银山。宁夏被列入国家"两屏三带"生态安全战略格局之中，处于"黄土高原—川滇生态屏障"和"北方防沙带"上，是国家西部生态屏障的重要组成部分。目前要特别警惕"破坏性建设"，即工业文化的过分渗透。必须坚持一个总原则，规避短期行为，即非有严重障碍，不动自然结构；若动自然结构，必须因势利导。所谓严重障碍是指在交通、通信、能源、安全、卫生等基础设施方面的困难。宁夏既需要补齐基础设施建设薄弱、公共服务水平偏低、市场主体发育不足、市场体系建设滞后、产业发展处于价值链低端的短板，更应因势利导，基于自身优势，做强"生态潜力"长板，通过生态立区，实现生态富民。通过有所为有所不为的举措，在总体上达到最优。从国家整体层面来看，对于一个大国，如果没有工业化支撑，至少在国际上会受制于人。而在亚层面，根据主体功能区规划，可以根据禁止开发区和限制开发区的功能定位和开发原则，择优利用工业化的成果，有效避免粗放工业化的危害，建立一个巧妙获取自然红利的生态经济系统。这是一个实事求是的超越性决策。

在发展问题上，生态立区战略不仅关注了"如何发展"的问题，更加关注了"为何发展、为谁发展"的问题，而"为何发展、为谁发展"正是"如何发展"的价值论前提，"绿色福利"则是"如何发展"的价值目标。绿色福利不仅包括人类生活的安全性福利和适宜性福利，也包括可持续性福利等。因此，绿色福利不仅涉及当代人的福利，也与后代人的福利有关。近些年来，宁夏生态建设的确取得了一定成绩，但也要清醒地看到，生态建设面临的挑战和压力非常大，形势并非一片大好，生态脆弱依然没有从根本上得到扭转。生态立区战略的提出和实施，有利于摒弃破坏甚至损害生态环境的发展模式，有利于摒弃以牺牲环境为代价换取一时一地经济增长的做法，使宁夏的天更蓝、地更绿、水更美、空气更清新，更有利于绿色福利的提升和人自身的发展。

三、生态立区战略体现了发展内容的系统全面

发展是时代的主题，发展内容的系统全面从两个方面来理解和把握。

（一）生态立区战略是对生态治国的贯彻落实和继承创新

党的十八大以来，党中央、国务院紧锣密鼓部署生态文明建设，构建了一幅清晰完整的生态治国顶层设计和路线图。从党的十八大将生态文明建设纳入"五位一体"建设格局，到十八届三中全会启动以经济体制改革为中心的"六位一体"的体制机制改革，从十八届四中全会提出的依法治国，将生态文明建设纳入法治轨道，到十八届五中全会提出的包括绿色发展理念在内的五大发展理念，从《关于加快推进生态文明建设的意见》的发布，到《生态文明体制改革总体方案》的出台，从《关于设立统一规范的国家生态文明试验区的意见》的发布到《省级空间规划试点方案》的出台，无不表明中央推进生态文明建设的决心和信心。宁夏提出生态立区战略就是对中央顶层设计的贯彻落实和实践。

（二）生态立区战略将生态建设和环境保护放在"五位一体"发展格局中推进

党的十九大报告提出，为把我国建设成为富强民主文明和谐美丽的社

会主义现代化强国而奋斗。社会主义现代化奋斗的目标从富强民主文明和谐进一步拓展为富强民主文明和谐美丽。增加美丽，意味着"五位一体"总体布局与现代化建设目标有了更好的对接，生态文明建设的重要性也更加凸显。

环境问题并非孤立存在，它与政治、经济、文化及社会建设息息相关。就环境问题与政治建设而言，政治建设水平影响环境问题的发生和治理程度，环境问题一旦严重，必然影响政治稳定。就环境问题与经济建设而言，以破坏生态环境为代价换取的经济增长，不仅资源环境难以承载，还会产生更多的经济问题。就环境问题与文化建设而言，文化建设中若忽视了自然界的价值，环境问题必然产生。就环境问题与社会建设而言，环境问题一头连着人民群众的生活质量，一头连着社会的和谐发展。所以，必须将生态文明理念融入政治、经济、文化、社会发展全过程和各方面。

（三）生态立区战略部署的四项具体任务是有机统一的整体

党代会报告主要基于主体功能区建设，突出问题意识和问题导向，部署了四项任务，即打造沿黄生态经济带、构筑西北生态安全屏障、铁腕整治环境污染、完善生态文明制度体系，体现了指导性的特点。其中，四项任务是有机统一的整体，第四项任务为前三项任务的贯彻落实保驾护航。大力实施生态立区战略，其前提是全社会尤其是各级党委、政府应树立保护生态环境就是保护生产力的理念，并将这种理念体现到经济社会发展的方方面面。这一理念从价值层面辩证地阐明了生态环境与经济发展的关系，既突出了现实针对性，体现了时代精神，又丰富了发展理念，拓宽了发展内涵。

四、推进宁夏生态立区战略实施的对策建议

（一）加强对生态文明建设的总体设计和组织领导

设立国有自然资源资产管理和自然生态监管机构，完善生态环境管理制度，目的是明确责权利，破解"九龙治水"难题；积极构建"政府为主导、企业为主体、社会组织和公众共同参与的环境治理体系"，目的是动员全社会力量参与生态建设和环境保护。

1. 坚持政府规制

政府规制的目的在于通过法律法规、政策制度以及环境标准、质量标准等措施，调节规范各种经济主体的行为，并对造成环境污染或环境损害的行为者进行限制、禁止。政府规制的首要手段是通过生态文明建设主管机构的创建，提高管制机构的独立性来强化政府规制的力度，强化政府生态文明建设的主体意识。

2. 完善环境法治体系

在生态文明建设中，环境法治是法治在环境领域的具体体现，是用生态文明理念引领和推动立法，把促进生态文明建设的各项重大政策、措施纳入法治领域，形成较为完备的生态文明法规体系，建立立法、司法、执法全面参与生态文明建设的生态法治格局。

（二）全面落实综合决策机制

全面落实经济发展与环境保护的综合决策机制，其目的在于对决策源头的党委和政府开展监督，促使党委、政府广泛吸纳环保、经济、资源等领域的专家学者，为综合决策提供咨询和技术支持。全面落实综合决策机制，应将决策分为前期社会调研阶段、中期专家论证阶段、后期决策形成阶段。决策方案应符合目的性、可行性、留后路三原则。

（三）完善考核评价体系

完善经济社会发展考核评价体系，必须服从国家主体功能区战略需要，取消"一视同仁"的做法，根据主体功能区的功能不同分类，建立不同的考核评价指标体系和评价方法。对限制开发区域应该取消考核地区生产总值；对限制开发的农产品主产区和重点生态功能区，应该实行农业优先和生态保护优先的绩效评价；对禁止开发的重点生态功能区，全面考核评价自然文化资源原真性和完整性保护情况；对生态脆弱的国家扶贫开发区的考察，应该取消地区生产总值考核，重点考核扶贫开发成效。

（四）落实"党政同责、一岗双责"机制

"党政同责"的意义不仅仅在于事后追责、后果严惩，更利于事前预防，源头严防，倒逼党委、政府防范污染、重视环保，推动整个生态环境保护工作迈上新台阶。

宁夏生态环境可持续发展研究

李建军

随着西部大开发战略的实施，人口增加和资源开发对宁夏生态环境的压力越来越大。宁夏在未来的发展中，必须实施可持续发展战略，把解决环境问题、节约资源、保护环境放到重要位置，遵循经济和社会发展规律，使经济建设与资源、环境相协调，实现良性循环，不断推进现代化建设。

一、宁夏生态环境的现状

（一）水土流失严重

水土流失包括土地侵蚀风蚀和水蚀两大类，宁夏水土流失总面积为36849平方公里，占自治区土地总面积的71.1%，其中水蚀面积占40.3%，风蚀面积占30.8%。宁夏南部山区地处黄土丘陵地带，是宁夏水土流失最严重的地区之一，发生水蚀面积占宁夏水蚀面积的76%。根据不同时期调查，宁夏水土流失面积20世纪80年代初为39175平方公里，90年代初为38873平方公里，2005年为37086平方公里，目前仍有36849平方公里。

（二）土地沙质荒漠化严重

宁夏是我国土地沙漠化最严重的地区之一，严重土地沙质荒漠化集中分布于宁夏中北部的盐池、灵武、中卫、同心等市县。目前，沙化总面积

作者简介　李建军，宁夏清洁发展机制（CDM）环保服务中心助理研究员。

为 11826 平方公里，其中：流动沙地 1285 平方公里，占沙化土地类型总面积的 10.86%；半固定沙地 942 平方公里，占沙化土地类型总面积的 7.97%；固定沙地 6807 平方公里，占沙化土地类型总面积的 57.56%；沙化耕地 1626 平方公里，占沙化土地类型总面积的 13.75%；风蚀劣低 15 平方公里，占沙化土地类型总面积的 0.13%；戈壁 1151 平方公里，占沙化土地类型总面积的 9.73%。20 世纪 70 年代以前宁夏土地沙漠化呈加重趋势，70 年代以后呈减轻趋势，是中国唯一的沙化逆转省区，但土地沙化问题十分严重。

（三）自然灾害频发

宁夏地跨 3 个气候带，气象要素变化常引起多种自然灾害，全区干旱、冻害频发，局部地区暴雨、山洪、干热风、沙尘暴天气时有发生，低温、霜冻、冰雹、干旱、洪涝、大风、沙尘暴、干热风等对作物的危害都很大。全区大部分地区处于我国南北地震带的北段，具有一定的地震灾害风险。南部山区山体滑坡等生态地质灾害严重，北部和中部地区雾霾等环境污染印发的灾害天气逐步增多。

（四）水资源匮乏

宁夏当地地表水资源主要特点是水资源少，区域分布不均；矿化度高，含沙量大，天然水质差；年际变化大，年内分配不均匀，加重了干旱缺水程度，开发利用难度大，天然地表水资源量 9.71 亿立方米，平均年径流深 18.7 毫米。地表水资源是全国最少的省，平均年降水 292 毫米，比黄河流域平均值 476 毫米偏少 39%，不足全国平均值 650 毫米的一半，多年平均年径流量是黄河流域平均值 87.6 毫米的 1/5，是全国平均值 276 毫米的 1/15。按每亩占有水量计，宁夏为 52 立方米/亩，是黄河流域平均 336 立方米/亩的 1/6，是全国平均 1800 立方米/亩的 1/35。按人均水资源量计，是黄河流域平均 785 立方米/人的近 1/4，是全国平均 2630 立方米/人的 1/13。因此，宁夏的降水及地表水资源量与全国及黄河流域相比，无论从水资源的绝对数量，还是从单位面积产生量及人均、亩均占有量，都属全国最少。

（五）森林总量严重不足

宁夏森林资源总量严重不足，森林覆盖率比全国低 7.6 个百分点，人均森林面积仅占全国平均水平的 65%，人均森林蓄积量仅为全国人均的

9.7%。现有森林还存在着质量不高、分布不均衡、结构不合理的问题，整体生态功能较弱。

二、影响宁夏生态环境的主要因素

多年来，自治区党委、政府抢抓历史机遇，高度重视生态保护和建设，不断加强生态建设和环境保护力度，全面推进生态文明建设，全区生态环境状况整体好转、局部优化，生态保护和建设有了长足进步，生态保护与建设面临的总体形势呈现生态改善的良好势头，但局部地区生态恶化的趋势还未得到根本遏制。

（一）地质构造

宁夏地域不大，但因处于温带内陆地带的特殊地理位置，在中国自然区划中，跨西北干旱区域和东部季风区域，西南靠近青藏高寒区域，西南靠近青藏高寒区域，处在我国三大自然区域的结合部位，在中国大地构造单元划分和地层区划中，又分别属中朝准地台和昆仑秦岭地槽褶皱区、华北地层区和祁连地层区，地理环境具有明显的过渡性。区内水平地带性、垂直地带性、非地带性自然因素和人为活动影响的综合交织，构成复杂多样性的环境条件，形成多种生态类型，有草原、森林、荒漠、水域、农田和城市六类生态系统。每个生态系统又不是单一的一种类型，而是多种类型组合。在干旱半干旱气候控制下，以草原比重最大，占宁夏土地面积的近50%，农田也大多是开垦草地而成。在草地中，以旱生、覆盖度较低的荒漠草原和干草原为主，分别占天然草地的55.1%和24.0%。

（二）气候条件

宁夏雨量稀少，平均年降水量292毫米，仅为全国平均年均降水量的47%；综合水资源量11.7亿立方米，仅占全国水资源总量0.042%；水资源模数2.26万立方米/平方千米，仅为全国平均值的7.1%，均居全国各省（区、市）的末位。水分条件和光热的组合不够协调，宁夏北部和中部光热多而水分少，宁南山区光、热、水则均少，水土资源严重不平衡。耕地亩均水量仅50立方米，为全国平均值的4.2%，在水分条件不足的制约下，大部分地区土壤微生物活动微弱，土壤有机质含量低，限制了物质能量循

37

环速度和强度。多数自然生态结构单一，外部输入少，导致系统功能整体偏低。该区草原、森林、水域、旱作农田等生态系统的生物生长量均低于全国平均水平。

（三）自然条件

宁夏处于黄土高原与腾格里沙漠、毛乌素沙漠之间，又处于干旱区和半干旱区、荒漠与草原的过渡地带。该地带是我国北方的环境脆弱带，对气候反应波动敏感，属环境变化频率高、幅度大、多灾易灾的地带，宁夏多数地区正处于这个地带。由于水资源贫乏、干旱多风、植被稀疏、水蚀风蚀活跃，决定了其自然环境恶劣，生态系统的稳定性差，大气、水、土壤的自然净化功能低，土地的人口承载力偏低。稀疏的自然植被对降尘、工业废气的净化作用很小，环境极易受到污染和破坏，抵御自然灾害的人为破坏的能力薄弱，多数地区一旦遭受污染和破坏，要恢复到原有水平十分困难。

（四）生产与生活

近数十年来，由于人口增长过快和沿用历史上掠夺式的土地利用方式，宁夏中部干旱风沙区和南部黄土丘陵区土地利用结构不合理，生产方式粗放，广种薄收，靠天养畜，导致继续滥垦、过放、乱采，引起植被退缩、土地沙化、水土流失等问题无法控制，原已脆弱的生态系统进一步恶化。受地处西北干旱地区的地理区位、工业烟（粉）尘排放、汽车大量增加等因素，宁夏大气环境质量逐年下降；随着城镇化的加速推进，城市周边湿地逐步被蚕食和破碎化，遍布黄河周边的湿地生态系统完整性和稳定性遭到破坏，湿地淤积、地下水补充等问题导致湿地的生态功能下降较快，而且由于渔业养殖、农药化肥过量产生的农业面源污染、固体废弃物污染、工业园区污水等，严重影响了湿地水体和地下水水质。

（五）生态环境管理体制机制

从生态环境决策机制、评价机制、管理机制、考核机制四个方面考量，宁夏当前生态环境体制机制并不能有效遏制破坏生态环境的行为。管理机制和考核机制主要问题在于体系不健全，制度约束力、执法独立性缺失，体制机制全局性和区域特殊性政策没有很好地统筹兼顾，容易出现有法不依、执法不严的现象。

三、宁夏生态环境可持续发展措施

"十三五"期间，以空间发展战略为统领，宁夏构建与环境承载能力相匹配的可持续发展模式，需要以调整产业结构为根本，以优化生态空间布局为主要抓手，以体制机制改革为突破口，以科技创新为保障，构筑生态环境可持续发展模式。

（一）坚持产业转型升级提质增效

始终坚持把产业转型升级、提升产业质量效益和竞争力作为可持续发展的治本之策，彻底摆脱倚重倚能的产业结构，使整个经济增长从依赖资源环境高消耗，转向依靠科技进步、劳动者的素质提高和管理的创新上来。以加快建设国家级能源化工基地、国家级葡萄酒产业基地、西部云计算及电子信息产业基地、国家级清真食品和穆斯林用品产业基地、生态纺织基地和临空临港产业基地为目标，着力打造一批产值过千亿的产业集群和产业园区，促进主导产业高端化、特色产业品牌化、新兴产业规模化。做强能源化工三大主导产业。以建设国内最先进的现代煤化工基地和全区产业升级的样板为目标，加快实施煤制油、煤制烯烃及下游产业项目，形成新型煤化工完整产业链。做特做精现代农业。以农民增收为核心，以"一特三高"（特色产业、高品质、高端市场、高效益）为引领，加快形成辐射周边、西部领先的现代农业示范区。突出绿色、精品、高端，重点发展葡萄、草畜、瓜菜园艺等产业。创新发展生产性服务业，完善金融服务体系，建设全国重要的区域性物流中心。大力发展生活性服务业，推进特色文化旅游融合发展，开发精品线路，丰富旅游产品，加大形象宣传，做好银川、中卫、固原三大组团，建设国际文化旅游目的地。构建区域性商贸服务中心。大力发展电子商务，把加快发展大数据产业作为建设中阿互联网经济试验区重要支撑点，建设信息资源聚集地，打造大数据产业发展应用新高地，推动大数据产业成为我区经济社会发展的新引擎。

（二）形成分区施策各有侧重的生态空间

在划定生态红线、构筑蓝脉绿网生态格局的基础上，结合全区北中南部自然气候、地形地貌、水文地理、经济社会发展特点等因素，将宁夏的生态建设划分为四个部分，即全区域性的生态建设、北部生态防护林与湿地保护建设区、中部防沙治沙与林草恢复建设区、南部水源涵养与水土保持建设区。全区域性生态建设，紧密衔接全国生态功能区划和生态建设重大项目举措，以7个国家及自治区级自然保护区为重点，抓好覆盖全区的生态建设任务，如天然林资源保护工程、退耕还林工程、三北防护林工程、野生动植物保护与自然保护区建设工程等。北部生态防护林与湿地保护建设区，地貌特征主要为贺兰山地和黄河冲积平原，要加强贺兰山东麓自然生态体系、黄河沿岸湿地生态体系、宁夏平原生态体系建设。贺兰山东麓自然生态体系，以生态防护林建设为主，以特色经济林建设、发展特色观光休闲旅游业为辅。黄河沿岸湿地生态体系，要遵循湿地的生态演替规律，尽力克服、减轻或剔除城市发展占地等人为干扰，利用科学管理的方式，保护和恢复湿地，实现人与自然的和谐统一。宁夏平原生态建设体系，主要是统筹处理好城市、农村、工矿发展与生态的关系，构筑具有更好的稳定性和抗逆性的平原生态系统，抓好农田防护林、环城、环村防护林建设，在发展中保护，在保护中孕育可持续。中部防沙治沙与林草恢复建设区，主要是以沙坡头防沙治沙生态带、惠农—盐池防沙治沙生态带为重点，以提高植被覆盖率为目标，以保护风沙源地的生态环境为核心，以沙漠化土地治理为主要措施，巩固封山育林成果，抓好防沙固沙和天然草场恢复改良，把宁夏中部建设成为我国西部地区防沙治沙重点示范区和天然草场功能区。南部水源涵养与水土保持建设区，要依托退耕还林、天然林保护、生态移民迁出区生态修复等大型生态工程，采取小流域综合治理的模式，营造水土保持林、水源涵养林，保护天然次生林，逐步恢复和增加植被，建设"高原水塔"、生态绿岛。

（三）建立健全生态文明制度体系

按照"源头严防、过程严管、后果严惩"的思路，构建宁夏生态文明制度体系框架，创新体制机制，逐步完善生态环境决策、生态环境管理、生态环境评价、生态环境考核惩戒四方面基本制度组成的制度体系。在源头严防方面，更好地发挥政府作用，实施总量管理，合理设定资源消耗上限，强化能源消耗强度、用水效率控制；科学划定耕地、森林、草原、湿地等领域生态红线；严格自然生态空间征（占）用管理，有效遏制生态系统退化的趋势；严守环境质量底线，将大气、水、土壤等环境质量"只能更好、不能变坏"作为地方各级政府环保责任红线，相应确定污染物排放总量限值和环境风险防控措施。在过程严管方面，转变管理理念，处理好政府与市场关系，政府主要做好各类环资经营市场规则的建立和秩序的维护，让市场在生态环境资源优化配置中起到决定性作用。碳排放权交易市场方面，紧盯国家建立全国统一性市场的节奏和步伐，主要做好交易企业入市准备培训、交易中介机构培育、交易人才培养等工作，为宁夏抢占全国市场先机做好准备。水权交易方面，在全面总结水权转换工作经验的基础上，以扩大范围、明晰规则为重点，积极探索方式方法，力争从水权转换过渡到水权交易。排污权交易方面，扩大排污权有偿使用，参照国家碳排放交易制度，逐步发展排污权交易市场。生态补偿方面，结合深化财税体制改革，完善转移支付制度，归并和规范现有生态保护补偿渠道，加大对重点生态功能区的转移支付力度。在后果严惩方面，着重是理顺环境管理体制，建立健全市，县政府政绩考核制度和责任追究制度。完善政绩考核办法，建立体现生态环境保护的目标体系、考核办法、奖惩机制，改变当前唯经济增长论英雄的考核办法，把资源消耗、环境损害、生态效益等指标纳入经济社会发展综合评价体系，大幅增加考核权重，强化指标约束。建立领导干部任期生态环境保护责任追究制度，严格责任追究，对违背科学发展要求、造成资源环境生态严重破坏的要记录在案，实行终身追责，不得转任重要职务或提拔使用，从根本上改善考核的公正性和可信度。

（四）建立完善生态环境科技创新体系

加大先进科技的推广力度，依靠科技创新来促进生态环境保护。推动环保科技自主创新体系建设，主要通过引进、吸收、推广国内外各类绿色技术，着力处理好固体废弃物、农业面源污染、工业园区污水处理等难点问题。进一步加大投入力度，推进节能环保、新能源、新材料等符合生态文明的战略性新兴产业发展。衔接好技术创新和应用推广，健全产学研合作机制，促进可再生能源规模化应用和绿色产业发展。完善财税补贴政策，鼓励引进吸收、自主创新绿色生产技术，改进煤化工、能源电力、铝加工、铁合金等高耗能高污染企业的技术水平。

生态文明建设与宁夏发展模式转型研究

王红艳

当前宁夏经济社会发展面临着巨大的资源压力和环境压力，传统的粗放型经济增长方式难以为继。2016 年 7 月，习近平总书记视察宁夏时提出"努力实现经济繁荣、民族团结、环境优美、人民富裕，确保与全国同步建成全面小康社会"。建设生态文明是推动经济社会科学发展的必由之路，党的十九大以及自治区第十二次党代会为宁夏发展厘清了思路和重点，指明了方向和路径。

一、生态文明建设的提出及必要性

（一）生态文明建设的提出

党中央、国务院高度重视生态文明建设，先后出台了一系列重大决策部署。2012 年 11 月，党的十八大从新的历史起点出发，做出"大力推进生态文明建设"的战略决策，从 10 个方面描绘出生态文明建设的宏伟蓝图。十八届三中全会对生态文明建设作出了全面部署，表明党对中国特色社会主义建设规律的认识更加深化，对生态文明建设的认识更加成熟。2015 年 10 月，增强生态文明建设被写入国家五年规划。党的十九大报告进一步明确提出"加快生态文明体制改革，建设美丽中国"。

作者简介　王红艳，中共宁夏区委党校管理教研部教授。

（二）建设生态文明，实施生态立区战略的必要性

1.自然环境条件所决定

宁夏生态环境脆弱，气候干旱且年际变化大，导致资源量少而不稳，生态过程断续，自然资本薄弱。生态问题长期存在，生态资源承载力低、环境容量小，生态环境问题突出。为实现资源永续利用、生态环境长期保持和不断改善，迫切要求实施生态立区战略。

2.处理人与自然关系的必然要求

宁夏经济欠发达、贫困面大，产业结构、经济模式和人民生活对自然资源依赖程度高，目前正处于工业化和城市化快速融合发展期。工业结构倚重倚能，资源消耗和能耗指标压力大，工业循环链不十分发育，工业园区的多链互补、技术经济耦合体系尚未全面建成，加之，城市化造成的大进大出的物质循环特别是垃圾污水处理、持续高强度的资源消耗等问题要求着眼于长期、科学、治本地解决。

3.转变发展方式实现可持续发展的必然选择

在经济增长与环境保护矛盾面前，一味强调一方而不顾另外一方，不是生态文明的真正追求。生态文明在于用制度、科技、资本、文化等手段，通过转变发展方式，解决或缓解经济发展与环境保护的矛盾，把生态理念贯穿于一、二、三产业，用生态来统领全区产业发展，实现产业的生态化过程，这是生态立区战略的核心诉求。

4.实现人民福祉的现实需要

随着群体性环境事件接连爆发，雾霾等大气污染以及水体污染、土壤污染土地沙化、水土流失、盐渍化、生产力持续下降这些渐变性生态恶化从土地上"驱逐"人口，它们都以或明显或隐蔽的方式销蚀自然生态系统为人类提供的巨大服务功能和人类可以获得的福祉，解决这一问题同样需要实施生态立区战略。

二、宁夏经济社会发展状况

从宏观经济运行看，经济发展呈现出良好发展态势。2016 年，实现生产总值 3150.06 亿元，比 2015 年增长 8.1%，比全国高 1.4 个百分点。分

行业看，第一产业增加值 239.6 亿元，增长 4.5%，增速高于全国 1.2 个百分点，其中，特色优势农业比重达到 85.5%。第二产业工业实现增加值 1041.41 亿元，增速比全国高 1.7 个百分点，其中，规上工业企业实现增加值 1039.7 亿元，占第二产业近 99.8%。近五年，虽然规模以上工业增速有所回落，但始终高于全国平均水平运行（见表 1），对整体经济增长的平均贡献水平仍在 35.0% 以上，支撑了地区经济社会的有效发展。第三产业增加值 1434.59 亿元，增长 9.1%，增速比全国高 1.3%，对经济增长的贡献率超过 50%。

表 1　2012—2016 年宁夏规模以上工业增速排位情况

年份	全国(%)	宁夏(%)	全国排名	西部排名	西北排名
2012 年	10.0	14.0	19	11	4
2013 年	9.7	12.5	10	7	4
2014 年	8.3	8.3	15	10	5
2015 年	6.1	7.8	14	7	1
2016 年	6.0	7.5	12	5	1

数据来源：《工业总量迈上新台阶　转型升级取得新进展》，十一次党代会以来宁夏经济社会发展成就系列报告之四，2017–3–17。

经济快速健康发展带来的是人民生活水平的显著提高和社会事业的长足进步。地区科技创新能力不断提升，连续多年将每年的 70% 以上财力用于改善民生。生态文明建设全面推进，绿色发展进程明显加快。循环经济发展成效显著，资源利用效率明显提高；生态保护与修复力度持续加大，生态系统严重退化势头得到初步遏制；城乡生活环境得到改善，环境基础设施建设水平提高，生态保护屏障逐步加强，为保持经济平稳较快发展提供了有力支撑。

三、宁夏经济社会发展面临的困境分析

在取得成绩的同时，我们必须清醒地看到当前宁夏经济社会发展还存在诸多薄弱环节，制约着地区持续健康有序发展。

（一）经济增长动力不足

投资增速继续回落，基础设施投资支撑明显。2017 年 1—8 月全区固

定资产投资增速回落，但基础设施投资增速明显，高达48.5%。消费市场平稳运行，在限额以上商品零售中，生活类商品零售额增长较快。据银川海关统计，全年货物进出口总额216.27亿元，比上年下降6.4%。

（二）产业结构不合理，实体经济依然面临诸多困难

宁夏目前已基本形成门类齐全的工业体系，但从工业发展内部情况看，仍主要得益于传统高耗能工业的快速发展。电力、煤化工、电解铝、铁合金、电石金属镁、碳化硅等行业增加值占规模以上工业增加值的半壁江山。轻纺、医药等新兴产业虽然增速较快，但还没有挑起大梁（见表2）。具有辐射带动作用强的龙头企业和科技含量高的重大项目偏少，暂时难以弥补退出产业的影响。生产性服务业、高端装备制造业、生物技术、节能环保等符合国家产业政策的行业尚未能形成主导型的增长新动力。第三产业发展较慢，现代服务业水平较低。偏重偏能的经济结构抗风险能力较弱，在目前市场需求不足、产能过剩和节能减排刚性任务约束下受到冲击影响较大，企业利润效益空间进一步被挤压。从企业销售情况看，进入2015年以来，全区规模以上工业主营业务收入连续12个月负增长，增速比全国平均水平低4.6个百分点。

表2　2012—2016年规模以上工业产业比重

单位：%

产业＼年份	2012年	2013年	2014年	2015年	2016年
全区总计	100.0	100.0	100.0	100.0	100.0
煤炭	25.1	22.5	21.0	20.0	20.3
电力	16.5	17.1	18.5	18.4	16.4
化工	18.2	17.1	16.8	20.1	23.2
冶金	10.0	13.4	10.1	5.5	4.8
有色	7.4	6.2	5.6	4.9	4.2
轻纺	10.5	11.1	13.1	14.9	15.9
机械	4.4	4.2	4.4	6.0	5.4
建材	4.6	4.8	5.2	4.6	4.0
医药	1.4	1.3	1.1	1.4	1.6
其他	1.9	2.3	4.2	4.0	4.3

数据来源：①宁夏电力公司统计表数据；②《宁夏回族自治区2016年国民经济和社会发展统计公报》；③《2016—2017宁夏区情数据手册》。

（三）资源产出效率低，节能降耗压力大

宁夏人均水资源占有量仅为黄河流域的 1/3，全国的 1/12。人均水资源可利用量仅有 670 立方米，为全国平均值的 1/3，人均水量或耕地亩均水量仍为全国最少的省区之一，呈现资源型、工程型、水质型缺水并存的局面。劳动力、环境容量、资金、土地等瓶颈制约问题日趋严峻。以往靠廉价劳动力、大量物质消耗、土地粗放投入污染、破坏生态环境、带动经济增长方式难以为继。

保持工业平稳健康发展和完成"十三五"节能降耗目标任务使传统发展模式面临更大压力，2016 年，全区万元 GDP 能耗是全国平均水平的 2 倍以上，化学需氧量、二氧化硫、氨氮和氮氧化物排放强度远远超过全国平均水平，单位资源的产出效率低（见表 3），能源消费弹性系数、电力消费弹性系数、人均发电量、人均用电量、人均能源消费量分别是全国的 2.02、1.02、2.90、2.89、2.69 倍。

表 3　宁夏主要能耗指标与全国对比

指标	全国	宁夏
能源消费弹性系数	0.48	0.97
电力消费弹性系数	0.97	0.99
人均发电量(千瓦时)	3970	11540
人均用电量(千瓦时)	3920	11340
人均能源消费量(千克标准煤)	2770	7460

数据来源:《2016 宁夏科技统计年鉴》。

（四）科技创新能力弱

从全国横向情况看，宁夏经济增长与科技进步不相称，企业科技创新能力不容乐观，研发投入严重不足（见表 4）；企业主体地位缺失，能力弱；创新层次不高，核心技术、流动资金、人才缺乏；创新成果转化率低，成效不明显；创新服务能力弱，信息沟通不畅；高新技术企业少，大多数企业没有自己的技术研发中心，新产品开发滞后，缺乏拥有自主知识产权、能支撑全局、有较强影响力的优势产业和工业企业等。

表4 2010—2016年宁夏R&D支出统计表

年份	R&D经费（亿元）	同比增长（%）	R&D经费投入强度（%）
2010年	11.5	—	0.68
2011年	15.3	33.04	0.73
2012年	18.2	18.95	0.78
2013年	20.9	14.84	0.81
2014年	23.9	14.35	0.87
2015年	25.48	6.61	0.88

数据来源：《2016宁夏科技统计年鉴》。

四、用绿色发展理念引领宁夏发展转型升级

宁夏地处西部，习近平总书记曾指出"发展不足仍是宁夏最大的实际"。党的十八大以来，绿色发展理念逐步深入人心，生态优先、环保先行倒逼发展转型升级。

（一）树立生态文明理念，完善生态文明制度建设

生态文明是人们对待经济与环境矛盾的智慧，其核心是人对自然或环境的态度，反映在认知、决策、行为等方面。生态文明不仅包括"生态建设"和"生态保护"，它还包含着人在生存过程中与周围环境发生的作用，以及支配这些作用的态度和行为准则。牢固树立保护生态环境就是保护生产力、改善生态环境就是发展生产力的理念，坚决摒弃传统发展模式，积极倡导绿色生产消费方式，增强绿色生产消费意识、健全绿色生产消费制度、加强市场监管，完善生态文明制度体系。为宁夏的经济社会发展提供环境容量支撑和环境质量支撑，进而将资源环境优势转化为经济优势。

（二）全方位推动政府绿色转型

在将经济增长与公平正义同时作为政府目标的前提下，提供绿色制度为绿色经济建设保驾护航，以自身实际行动以树立绿色形象，提供资金支持以解决绿色经济发展瓶颈，发展绿色教育以夯实绿色经济的公众基础。

着力构建绿色规划体系。持生态优先的理念，以生态规划推动地区可持续发展。坚决执行空间规划，优化城乡、产业和生态空间布局，统筹推

进城乡山川协调发展。优化城镇发展体系，提升城市治理水平，加快美丽乡村建设，让发展惠及群众、让生态促进经济、让服务覆盖城乡、让参与铸造和谐的目标。

实行绿色政绩考核。"十三五"时期经济社会发展设置了"经济发展""创新驱动""民生福祉"和"资源环境"四大主要指标。应依据主体功能区不同定位，实行不同的绩效评价指标和政绩考核办法。在优化开发区域要特别强化经济结构、资源消耗、自主创新等评价指标的运用。在重点开发区域主要对经济增长、质量效益、工业化和城镇化水平以及相关领域自主创新等实行综合评价。在限制开发区域要突出生态建设和环境保护的评价。禁止开发区域则主要评价生态建设和环境保护。

（三）积极构建绿色产业体系

贯彻新发展理念，建设现代化经济体系，把发展经济的着力点放在实体经济上，提升供给体系质量水平，通过传统产业转型升级，实现经济由工业主导型的"二、三、一"格局向商贸物流和现代服务业引领型的"三、二、一"格局转变，推动工业由"重"向"轻"调整。一是明确转型发展方向，即由物质消耗型向创新驱动型转、由污染破坏型向绿色低碳型转、由传统控制型向智能制造型转、由专注生产型向服务发展型转。二是抓住转型发展关键点。大力发展绿色制造业，对工艺落后、产能低、能耗大、污染重的落后过剩产能坚决淘汰。着力发展新能源、新材料、先进装备制造及再制造、生物医药和生产性服务业；培育和壮大汽车、现代物流、大数据与电子信息产业、节能环保、现代金融等战略性新兴产业，提升层次，增强发展实力。三是大力发展绿色农业及服务业。围绕"绿色、生态、有机、富硒"发展方向，促进休闲农业、观光农业发展。紧盯消费结构升级，制定鼓励全域旅游、楼宇经济、会展经济发展等政策，扩大消费需求，推动服务业发展提速、比重提高、水平提升。按照全域旅游发展要求，推动自然、人文、红色、生态等资源融合发展，统一开发生态旅游资源，进一步完善交通网络建设，打造民俗特色旅游小镇，旅游扶贫示范村，实现农民增收致富。四是严格产业进入，健全退出机制。提高产业园准入门槛，政府部门设立标准对进入严格把关，从源头拒绝伪环保产业。同时对园区进行动态管理，促进优胜劣汰、升级换代。

（四）进一步推进供给侧结构性改革

在经济新常态背景下，供给侧结构性改革符合工业化中后期经济发展阶段性内在规律和发展形势要求。必须深入贯彻五大发展理念，积极推进供给侧结构性改革。

1.实施节能降耗、污染减排专项行动计划

抓住结构节能、技术节能、管理节能和行为节能四项措施，推进重点企业节能，培育壮大节能技术服务市场，强化能耗限额管理，降低单位产品能耗，对照全国同行业先进水平，实施重大节能工程。

2.提升质量水平，实施质量强区战略

结合实践及时代要求，学习借鉴世界发达国家成功经验，从供给侧发力发挥企业质量主体作用，激发企业质量创新内生动力；创新政府质量监管，提供质量升级提质有效保障；推动质量社会共治，营造质量升级良好氛围；加强质量技术基础建设，激发社会发展充足活力；加强质量技术基础建设，促进质量提档升级，推进地区经济社会全面健康有序发展。

3.优化产业布局，引导产业健康发展

充分发挥国家战略层面给予宁夏的各项"先行先试"机会，凭借自身资源与禀赋优势，做好主导产业、新兴产业集聚，综合交易等区域经济与招商引资项目对接的顶层设计。做好重点领域工作。夯实基础，延伸产业链条。做强做大优势产业。培育主业突出、管理先进、有较强竞争力的企业集团。整合资源，在集聚发展上升级。进一步转变政府职能，处理好与市场的关系。应给市场主体以最大的自由度，让其在资源配置中起决定性作用。

（五）落实创新驱动发展战略

重视顶层设计，加强组织领导，形成创新合力。紧贴国内外市场需求，深入研究经济发展新常态下的新情况，提出新时期企业科技创新的重点领域、路线图和时间表，制定创新驱动发展战略实施方案，做到研究学科、实验开发到推广应用三位一体。建立科技投入稳定增长长效机制。拓宽科技创新活动融资渠道，加大企业科技活动经费。通过政策引导和项目支持，促进企业形成高水平的研发体系，提高市场竞争力。实施人才培养工程，通过各种方式留住人才、培养人才、引进人才，为科技创新提供人才保障和智力支持。强化合作，全面提升企业科技创新能力。构建资源共享机制，构建科技信息共享平台，形成企业与不同科技活动单位协同发展。政府定期提供免费检索科技文献数据库，为企业提供更多有价值的信息。建立技术成果交易平台，实现人才、技术、资本、市场有效对接。推进重大科技成果转化的进程。

（六）拓展城市绿色发展空间

绿色的本质是人与自然和谐，绿色发展是城市转型发展的必然选择，要通过在城市建设中引入绿色发展模式。这种模式是以低消耗、合理消费、低排放、生态资本不断增加为特征的，这种发展模式是一种可持续的现代工业城市发展模式，它是一种"资源—产品—污染排放"的循环性闭环式发展，能够彻底改变资源过度消耗、生活过度消费、污染过度排放；能够致力于形成能源输入低碳化、能源利用高效化的循环发展体系，能够倡导健康、节约、适度消费的生活方式和消费模式，最终实现经济发展以绿色为方向、市民生活以绿色为理念、政府管理以绿色为蓝图的复合发展目标。

领域篇
LINGYU PIAN

2017年宁夏大气环境状况研究

王林伶

为贯彻落实国家和自治区《大气污染防治行动计划》，深入推进全区空气污染防治工作，确保完成国家和自治区年度环境空气质量改善目标，自治区在空气治理方面采取实施生态立区战略、出台《宁夏大气污染防治条例》，建立大气污染物排放信用体系等多种措施，为改善空气环境质量起到积极的促进作用。

一、2017宁夏空气治理举措与环境空气质量综合指数排名

（一）宁夏环境空气治理措施与成效

1. 宁夏确立生态立区战略，绿水青山就是金山银山

党的十八大以来，党中央将生态文明建设纳入中国特色社会主义事业"五位一体"总体布局，绿色发展成为五大发展理念之一。2016年，习近平总书记在宁夏视察时，提出要建设天蓝、地绿、水美的美丽宁夏，强调"宁夏作为西北地区重要的生态安全屏障，承担着维护西北乃至全国生态安全的重要使命"。2017年6月，自治区第十二次党代会提出"大力实施生态立区战略，深入推进绿色发展，像保护眼睛一样保护生态环境、像对待生命一样对待生态环境，坚决摒弃损害甚至破坏生态环境的发展模式，坚

作者简介　王林伶，宁夏社会科学院综合经济研究所助理研究员。

决摒弃以牺牲生态环境换取一时一地经济增长的做法，承担起维护西北乃至全国生态安全的重要使命"。把"生态立区"列入创新驱动、脱贫富民、生态立区"三大战略"，这意味着宁夏要站在讲政治的高度，清醒认识保护生态、治理污染的重要性、紧迫性和艰巨性，用非常手段打好生态环境治理攻坚战，也体现了宁夏治理大气污染，宁要绿水青山，不要金山银山，"绿水青山就是金山银山"的决心。

2. 出台《宁夏大气污染防治条例》，建立大气污染物排放信用体系

2017年10月，宁夏回族自治区十一届人大常委会第三十三次会议表决通过了《宁夏大气污染防治条例》，该条例于本年度11月1日起施行。这是宁夏实施生态立区战略以来，首个生态保护方面的重要法规，也是宁夏首次通过立法保护"宁夏蓝"。该条例明确了企业事业单位大气环境保护和污染防治主体责任，各级政府及其相关部门大气污染防治的监管责任，建立考核制度，形成了严格、规范、全面的大气污染防治监督管理机制，自治区政府对设区的市和县（市、区）大气环境质量改善目标、大气污染防治重点任务完成情况实行考核，考核结果向社会公开。根据宁夏大气环境监测数据和重点区域大气污染源分布状况，条例有针对性地从燃煤、工业、机动车、扬尘和农业等方面，规范了大气污染防治的具体措施。

3. 出台多项防治举措，强化冬季大气污染防治工作

为进一步做好宁夏冬季大气污染防治工作，宁夏"蓝天碧水·绿色城乡"专项行动领导小组办公室印发了《关于进一步强化2017年冬季大气污染防治工作的通知》。通知指出进入冬季后，由于燃煤量增加和不利气象条件等因素，大气污染进一步加重，大气污染防治形势仍十分严峻。宁夏在2017年11月1日至2018年3月31日，将采取相关行动措施来治理大气污染。一是全部淘汰城市建成区20蒸吨以下燃煤小锅炉，小型工业燃煤锅炉在冬季采暖期必须实施停产措施；各市县政府及住建、环保、工信等部门对在用锅炉使用劣质煤、排放不达标的单位实施高限处罚；各市县要对市区集贸市场、城中村等散煤用户进行排查整治，严禁使用劣质煤炭。二是各地住建等部门要监督全区除水利工程外的各类土石方作业和房屋拆迁施工等单位落实全部停工的要求；要监督贺兰山东麓采砂采石企业落实扬

尘防控措施，2017 年 11 月 16 日起，全面停止砂石开采。三是 2017 年 12 月 1 日—2018 年 3 月 10 日，按照工信部门和国家要求继续实施水泥企业错峰生产，县级以上人民政府结合本地区环境空气质量形势，对铸造（不含天然气炉、电炉）、铁合金、砖瓦窑等重点企业实施错峰生产。四是公安等部门要在确保完成 2017 年黄标车淘汰任务的基础上，要加大对违规驶入禁行区、无环保合格标志车辆查处力度，禁止"冒黑烟"车辆（包括农用车）和机动车排气不达标车辆进入市区主要道路，对违规车辆实行上限处罚。

（二）宁夏五市环境空气质量综合指数与排名

宁夏五市在治理空气环境质量上积极作为，认真落实年度计划，采取各样措施来降低污染物排放，确保实现年度目标任务，在空气质量治理上取得了阶段性效果。从 2017 年 1 月到 10 月环境空气质量监测、环境空气质量综合指数、优良天数和各个月份综合排名情况可以看出，在宁夏五市中，固原市空气环境质量最好，始终排在第一位，其次是中卫市排名第二，吴忠市排名第三，石嘴山市排名第四，银川市排名第五（见表 1）。

表 1　2017 年 1—10 月宁夏五市环境空气质量综合指数与排名

月份	指标		银川市	石嘴山市	吴忠市	固原市	中卫市
1	监测项目	PM10	176	154	154	111	130
		PM2.5	91	73	71	45	56
		SO_2	129	126	73	17	57
		NO_2	57	45	41	29	27
		CO	3.8	3.1	2.2	2.0	1.8
		O_3	77	80	68	58	52
	综合指数		10.11	8.79	7.44	4.74	5.86
	优良天数		12	15	18	26	21
	综合排名		5	4	3	1	2
2	监测项目	PM10	134	121	116	100	119
		PM2.5	73	61	58	47	55
		SO_2	92	86	51	14	51
		NO_2	49	35	38	29	26
		CO	2.5	2.2	1.8	1.5	1.6
		O_3	98	106	82	87	94
	综合指数		7.98	6.99	6.08	4.64	5.76
	优良天数		15	18	17	24	16
	综合排名		5	4	3	1	2

宁夏生态文明建设报告(2018)

月份	指标		银川市	石嘴山市	吴忠市	固原市	中卫市
3	监测项目	PM10	97	79	85	85	85
		PM2.5	50	38	39	35	40
		SO₂	52	51	33	9	35
		NO₂	42	27	35	28	23
		CO	1.4	1.5	1.1	1.2	1.1
		O₃	108	120	93	111	114
	综合指数		5.77	4.88	4.61	4.05	4.47
	优良天数		24	30	28	27	27
	综合排名		5	4	3	1	2
4	监测项目	PM10	119	101	102	99	105
		PM2.5	39	31	33	28	34
		SO₂	24	36	22	8	15
		NO₂	35	25	29	30	18
		CO	1.1	1.0	1.0	1.0	0.8
		O₃	136	148	132	134	169
	综合指数		5.22	4.72	4.56	4.18	4.43
	优良天数		22	24	26	27	22
	综合排名		5	4	3	1	2
5	监测项目	PM10	163	164	155	134	162
		PM2.5	52	51	61	42	58
		SO₂	28	33	22	9	13
		NO₂	38	25	22	29	19
		CO	0.9	0.9	1.0	1.2	0.8
		O₃	182	170	141	152	144
	综合指数		6.60	6.25	6.00	5.23	5.77
	优良天数		15	21	24	24	23
	综合排名		5	4	3	1	2
6	监测项目	PM10	102	86	90	67	80
		PM2.5	35	32	31	23	27
		SO₂	23	31	17	8	13
		NO₂	35	26	16	25	21
		CO	0.8	0.9	1.0	1.0	1.0
		O₃	224	193	167	162	168
	综合指数		5.32	4.74	4.15	3.63	3.95
	优良天数		13	18	23	26	21
	综合排名		5	4	3	1	2

月份	指标		银川市	石嘴山市	吴忠市	固原市	中卫市
7	监测项目	PM10	85	84	86	75	83
		PM2.5	33	34	32	27	26
		SO$_2$	17	25	15	7	11
		NO$_2$	30	24	16	22	19
		CO	0.9	1.0	0.9	0.8	0.8
		O$_3$	200	196	142	157	172
	综合指数		4.65	4.66	3.90	3.69	3.87
	优良天数		17	16	29	29	22
	综合排名		4	5	3	1	2
8	监测项目	PM10	77	71	71	53	62
		PM2.5	30	31	27	22	20
		SO$_2$	22	32	17	6	11
		NO$_2$	32	27	26	24	24
		CO	1.0	1.0	1.1	1.0	0.8
		O$_3$	175	176	152	134	179
	综合指数		4.47	4.46	3.94	3.18	3.56
	优良天数		23	23	27	31	23
	综合排名		5	4	3	1	2
9	监测项目	PM10	94	103	90	78	91
		PM2.5	31	39	31	31	29
		SO$_2$	26	43	20	6	13
		NO$_2$	38	35	30	31	31
		CO	1.1	1.2	0.8	1.0	0.9
		O$_3$	146	144	119	107	117
	综合指数		4.80	5.38	4.20	3.80	4.08
	优良天数		27	26	29	30	28
	综合排名		4	5	3	1	2
10	监测项目	PM10	110	115	95	62	93
		PM2.5	48	54	43	24	38
		SO$_2$	27	45	20	7	17
		NO$_2$	44	36	32	27	33
		CO	1.8	1.7	0.9	1.2	1.3
		O$_3$	102	114	86	83	96
	综合指数		5.58	5.97	4.49	3.20	4.46
	优良天数		27	22	29	31	28
	综合排名		4	5	3	1	2

　　说明：①环境空气质量自动监测项目包括 SO$_2$、NO$_2$、PM10、PM2.5、CO、O$_3$；②环境空气质量状况排名采用环境空气质量综合指数和可吸入颗粒物月均浓度 2 种方法，环境空气质量综合指数越小，可吸入颗粒物月均浓度值越低，表示环境空气质量越好。

二、宁夏改善环境空气质量面临的问题与挑战

（一）优良天数减少，空气质量下降

2017 年 1—10 月，宁夏 5 个地级城市平均达标天数为 233 天，同比累计减少 49 天，平均减少 10 天。宁夏环境空气质量综合指数同比上升 7.1%，相较于 1—9 月综合指数同比上升 6.8%，空气质量恶化情况略有加剧，空气质量评价为恶化。

监测数据显示，2017 年 1—10 月，石嘴山市、固原市平均优良天数同比分别增加 1 天、6 天，银川市、吴忠市、中卫市平均优良天数同比分别减少 31 天、3 天、22 天。宁夏 5 地市环境空气主要污染物平均浓度与上年同期相比，为"四升一平一降"。其中 PM10 平均浓度范围为 86—116 微克/立方米，平均浓度为 103 微克/立方米，同比上升 9.6%；PM2.5 平均浓度范围为（32—48）微克/立方米，平均浓度为 41 微克/立方米，同比持平；SO_2 平均浓度范围为（9—51）微克/立方米，平均浓度为 31 微克/立方米，同比下降 11.4%；NO_2 平均浓度范围为（24—40）微克/立方米，平均浓度为 30 微克/立方米，同比上升 15.4%；CO 特定百分位数浓度范围为（1.3—2.4）毫克/立方米，平均浓度为 1.7 毫克/立方米，同比上升 30.8%；O_3 特定百分位数浓度范围为（142—176）微克/立方米，平均浓度为 158 微克/立方米，同比上升 8.2%。5 个地级城市中 4 个城市 PM10 平均浓度同比上升，分别是吴忠市上升 16.9%，银川市上升 14.9%，中卫市上升 12.2%，石嘴山市上升 2.9%；固原市 PM_{10} 平均浓度同比下降 1.1%。

（二）污水集中处理设施不全，项目工程建设滞后

宁夏城镇污水处理厂虽然实现了市、县（区）全覆盖的目标，但是，由于设计标准低，改造工期滞后，致使污水处理厂长期不能发挥作用，影响了部分区域空气环境达标。尤其在全区 31 个工业园区中，有 12 个未配套建设污水集中处理设施，6 个未建成，3 个建成未运行。盐池县工业园区高沙窝功能区污水处理厂于 2017 年 10 月 12 日开工建设，进度滞后；西吉县闽宁产业园污水处理厂（西吉县第二污水处理厂）于 2017 年 9 月 29 日开工建设，进度滞后。

据宁夏人大常委会"2017年中华环保世纪行——宁夏行动"调研督查组实地调研督查组发现，2016年，西吉县污水处理厂因在线监测数据不达标、违法排污等行为被宁夏环保世纪行组委会点名批评。当年8月，西吉县启动污水处理厂提标改造工程，经一年多建设，虽已进入提标改造进水处理、生化池活性污泥培养阶段，但因水生植物生长周期等原因导致无法验收，该厂至今仍未实现稳定达标排放；西吉葫芦河流域水环境生态污染综合治理一期工程也仍未完工，验收遥遥无期。

（三）燃煤锅炉淘汰进度滞后，污染防治项目还未完成

为顺利完成国家"大气十条"第一阶段考核任务和宁夏下达的燃煤锅炉整治任务，确保实现自治区年度环境空气质量改善目标，自治区环保厅对五市及宁东管委会大气污染防治工作进行了督查，通过督查发现，宁夏至今均未完成下达的燃煤锅炉整治任务和大气污染防治重点项目任务。

一是截至2017年10月，全区淘汰燃煤锅炉1116台。其中，城市建成区20蒸吨/小时以下锅炉淘汰786台，仅完成全年任务的74.6%；银川市、固原市淘汰的燃煤锅炉仅占应淘汰比例的64.5%、68.1%，石嘴山市、吴忠市、中卫市淘汰比例分别为87.2%、73%、74.6%。

二是2017年宁夏计划实施燃煤锅炉烟尘达标治理项目、工业烟粉尘达标治理项目共计365个，目前各重点项目完成172个，完成率仅为47.1%。其中，燃煤锅炉氮氧化物治理项目完成33.3%，锅炉安装在线监控设施比例仅为31.4%，石嘴山市、固原市大气污染防治整体项目完成率偏低，分别为30.8%和14.6%。

三是2017年宁夏计划实施的火电超低改造机组11台3880MW，火电超低改造项目完成情况也不尽如人意，目前完成率为54.5%。其中石嘴山市3台1010MW机组均处于在建状态，国电石嘴山第一发电有限公司还处于土建阶段；青铜峡市青铜峡铝业发电公司1台330MW机组只完成方案编制，尚未动工。

（四）企业主体环保责任意识不强，环境保护重视程度不够

据宁夏环保厅信息，2017年宁夏回族自治区冬季大气环境现场集中检查所反映的问题显示：一是部分企业主体环保责任意识不强，对环境保护重视程度不够，历史遗留问题较多，整改进展缓慢，工业园区内部分企业存在生产设施及污染防治设施落后的情况，仍存在侥幸心理。二是检查出问题企业 359 家，发现环境问题 815 个，关停取缔 41 家问题企业。6 个检查组出动检查人员 3953 人次，检查企业 727 家，存在问题企业 359 家，发现环境问题 815 个；对 149 家企业处罚 2691 万元，对 46 个违法行为提出处罚企业总投资额 1%—5% 的建议，并对 16 个违法问题启动按日计罚，查封扣押 6 家，移交公安 21 家，限产停产 6 家，关停取缔 41 家，拆除设备 3 家；对 1 个违法问题约谈了地方政府，拟申请法院强制执行 1 起。三是银川市、石嘴山市周边城乡接合部、工业园区内"散、乱、污"小型加工企业较多，多数无环保手续，未建设污染防治设施，非法经营。

（五）燃煤合格率需要提高，医药企业等环保需要加强

据中央环保督察反馈宁夏相关环境保护方面的问题显示：2013 年至 2015 年，宁夏 9 个县（市、区）在招商引资过程中引进医药、农药、染料中间体等项目 58 个中，18 家正常运行，8 家正在建设，4 家被责令停产，14 家正在整改。这些引进项目中部分为国家产业政策限制类项目，成为污染治理难点和群众投诉热点，相关问题企业整改进度较为缓慢。

在供暖季来临之际，为保证燃煤质量，有效减少大气污染排。由宁夏质监局和环保厅牵头，联合自治区发改委、公安厅、商务厅、交通运输厅、住建厅、工商局 6 个部门，组织各市、县（区）市场监管部门扎实开展冬季燃煤质量专项整治。按照《"蓝天碧水·绿色城乡"专项行动方案》中规定的"高污染燃料禁燃区内严禁使用硫份大于 0.8%、灰分大于 15% 的高硫、高灰分煤种"的标准，共对全区 215 家燃煤经销企业和供热单位抽查燃煤 240 批次，合格 152 批次，不合格 88 批次，合格率 63.3%。

三、改善宁夏空气环境的对策建议

（一）实施生态立区战略，构筑西北生态安全屏障

要按照宁夏第十二次党代会和党的十九大报告精神，宁要绿水青山，不要金山银山，"绿水青山就是金山银山"的总结，宁夏第十二次党代会明确提出，要"大力实施生态立区战略，深入推进绿色发展"。这是符合宁夏区情、顺应发展规律、顺应群众期盼作出的重大决策。必须把生态文明建设放在突出的战略位置，坚定不移地走绿色发展道路，来实施宁夏生态立区战略，构筑西北生态安全屏障。

1. 实施生态立区战略

把生态立区作为宁夏发展的一个战略，既符合自然规律和社会规律，又满足生态安全、经济安全和社会安全在内的国家安全需要。生态立区战略重在强调生态建设和环境保护推动发展的基础性、约束性和保障性作用，强调要牢固树立保护生态环境就是保护生产力、改善生态环境就是发展生产力的理念。生态立区为宁夏的经济社会发展提供环境容量支撑和环境质量支撑，进而将资源环境优势转化为经济优势，其巨大的生态潜力和显著的生态战略地位将是宁夏未来的优势。

2. 构筑西北生态安全屏障

把山水田林湖作为一个生命共同体，统筹实施一体化生态保护和修复，全面提升自然生态系统稳定性和生态服务功能。要构筑以贺兰山、六盘山、罗山自然保护区为重点的"三山"生态安全屏障，持续推进天然林保护、三北防护林、封山禁牧、退耕还林还草、防沙治沙等生态建设工程。贺兰山自然保护区要加大生态环境整治力度，突出构建绿色生态屏障，加强生态保护与修复，带动北部平原绿洲生态系统建设，营造多区域贯通的生态廊道。六盘山自然保护区突出构建水源涵养和水土保持生态屏障，带动南部山区绿岛生态建设，形成山清水秀、环境优美的生态廊道。罗山自然保护区突出构建防风防沙生态屏障，带动中部干旱带荒漠生态系统建设，确保人口和产业不突破环境承载能力。

3. 完善生态文明制度体系

保护生态环境，必须实行严格的制度、严密的法治。要从源头抓起，依法依规整治环境污染，提高环保准入门槛，严格控制"两高一资"行业发展，严格落实节能减排约束指标。坚持源头严控、过程严管、后果严惩，构建产权清晰、多元参与、激励约束并重、系统完整的生态文明制度体系。要完善绿色发展长效投入机制、科学决策机制、政绩考核机制、责任追究机制。严格生态环保执法司法，决不能把污染成本转嫁给社会。要深入实施蓝天、碧水、净土"三大行动"，加强环境监管体系和能力建设，持续推进城乡环境综合整治，着力解决群众关心和影响经济社会可持续发展的突出环保问题。

（二）调整产业结构，淘汰落后产能

1.调整产业结构，提高招商门槛

招商引资早已成为各地发展经济的重要手段，也为拉动经济发展做出了突出贡献。但也要看到，招商引资在带来显著成效的同时，也产生了一系列问题。部分地区招商引资数量过多、结构不合理、空间布局较乱、质量效益偏低，占用土地过多、资源浪费严重、环境污染压力大等问题。

招商过程中宁夏也存在重经济效益，轻环保效益。有些地方过分重视招商引资的经济效益，而忽视环境效益。由于环保标准执行不严，项目进入门槛过低，招来了很多"三高"项目和企业，形成了很大的环保压力。比如宁夏前期招进来的一些药材、医药企业，现在在治理污染方面压力日益显现。为此，必须加快转变政府职能，调整产业结构，提高招商门槛，完善招商引资体制，明确招商引资的环保标准，着力实施"三个一律"，即对不符合国家产业政策、不符合国家环保法律法规和环保标准、不符合城市建设总体规划的建设项目一律不予进入。

2.淘汰落后产能

要在提高招商引资门槛的同时，特别控制工业领域的钢铁、建材、医药、材料等重点行业二氧化碳排放总量，积极推广低碳新工艺、新技术，使主要高耗能产品单位产品碳排放达到国际先进水平。要按照自治区产业结构调整政策，加快淘汰、关停落后产能的步伐，坚决关闭淘汰不符合国家产业政策、工艺落后、环保不达标的生产设备。要严格执行国家产业政策及行业环保标准要求，切实强化节能、减排等约束性指标。

（三）从源头加强污染治理，强化燃煤污水防治

1.实行煤炭总量控制，减量替代污染物机制

以煤炭为主的能源结构支撑了宁夏经济的高速发展，但同时也是宁夏环境污染物来源的主要因素之一，对生态环境造成了破坏。因此，就需要

通过建立煤炭消费总量控制的制度性安排来减少环境污染物的排放。一是在宁夏大气污染防治重点区域内要从源头进行总量控制，对新建、改建、扩建用煤项目的，应实行煤炭的"等量替代"或者"减量替代"机制。二是对未达到大气环境质量标准的地区，新增排放大气污染物项目大气污染物排放总量实行"倍减置换"；三是对已达到大气环境质量标准的地区，要严格控制新增排放大气污染物项目大气污染物排放量。

2. 加强煤炭质量监管，淘汰城市燃煤小锅炉

一是加强煤炭质量监管，确保煤品合格合规。质监部门要对全区煤炭经营企业、经营户和用煤单位储煤场进行排查，对锅炉用煤强化煤质管控，通过专项检查、抽样检验，对销售不达标煤炭的单位进行查处，已经储备的不合格煤炭要责令限期清运更换。二是要完成配煤中心建设。银川市、石嘴山市、吴忠市要加快城区配煤中心设置和建设，从源头保证清洁煤供应。三是要在保障居民供热的前提下，进一步加大燃煤锅炉淘汰力度。对拆除掉的供热锅炉，凡是能够接入集中供热的，先行接入集中供热；不能接入集中供热的，通过煤改气、煤改电等方式保障供热，供热成本过高的，应由政府予以补贴。四是全部淘汰城市建成区20蒸吨以下燃煤小锅炉。要对应该淘汰而未淘汰的锅炉列出清单，承担居民供热的，必须按规定使用低硫低灰分的清洁煤，污染防治设施必须正常运行且稳定达标排放。

3. 实施废水污染防治，达到达标排放要求

按照国务院《水污染防治行动计划》的要求，城镇及工业园区污水处理设施全覆盖。一是要对全区污水处理厂建设、改造制定目标，争取到2018年底全部达到一级A排放标准。二是同心、红寺堡等南部山区5县污水处理厂建设中原设计工艺（"深池曝气+表流湿地处理工艺"）不适合宁夏寒冷的气候条件，存在设计缺陷，即使进行改造，也难以达到理想效果。因此，建议除盐池县外，其他4县不再进行改造，应建设新的污水处理厂替代原污水处理厂，可以采取异地新建第二污水处理厂方式，原污水处理厂作为调蓄设施使用。三是在资金的筹措上要积极争取国家发改委专项建设基金等资金，确保2018年年底前全部完成改造，达到排放标准。

（四）加强监测预报预警，积极应对重污染天气

1. 加强部门区域联动，建立信息共享机制

宁夏各地环境保护、气象部门要推进区域环境信息共享机制建设，开展定期会商，提前研判趋势，做好重污染天气预测预报。环境保护部门要建立空气质量监测发布机制，每天及时发布城市环境空气质量信息，并通报地方政府。各地市政府要完善本地区重污染天气应急预案，作为重污染天气应对和调控的依据，并指导企业制定并上报应急减排方案。当重污染天气预警信息发布后，各地要及时启动应急预案，果断采取相应措施，削减重污染天气污染物浓度峰值，减轻重污染天气影响。

2. 强化重点企业排污监管，实施重点企业错峰生产

严格按照工信部门和国家的相关要求，在 2017 年 12 月 1 日至 2018 年 3 月 10 日，继续实施水泥企业错峰生产。县级以上人民政府要根据"重污染天气预警"，结合本地区环境空气质量形势，对铸造（不含天然气炉、电炉）、铁合金、砖瓦窑等重点企业也要实施错峰生产。同时，当出现重污染天气状况或者五级以上大风时，相关部门要细化工业企业减排、施工工地停工、车辆限行等措施清单，要求从事房屋建筑、市政基础设施建设、水利工程、道路建设、建筑物拆除等施工单位应停止土石方作业、拆除工程以及其他可能产生扬尘污染的施工建设活动，来减少污染物排放、缓解大气污染压力。

（五）积极推电能替代，减少污染物排放

实施电能替代，是贯彻国家能源发展战略、推动能源消费革命的重要举措，对于优化能源消费结构，强化大气污染防治具有重要意义。为全面贯彻落实国家发展改革委等八部委印发的《关于推进电能替代的指导意见》要求，共同推广电能替代，以提高终端能源电能消费比重，降低大气污染物排放，改善环境空气质量。一是要以提高终端能源电能消费比重，提高电力消费中可再生能源比重，提高煤炭消费中电煤比重，改善环境空气质量为目标，根据不同电能替代方式的技术经济特点，因地制宜，分步实施，先试点再扩大的原则，实现"以电代煤、以电代油"，形成新型能源消费方式，推进"美丽宁夏"建设。二是通过开展重点领域电能替代潜力调查，

分析电网供电能力，项目推广存在的可能和问题，预测电力需求因素，制定替代潜力点和替代推进步骤及电能替代"十三五"发展规划。三是采取先易后难的形式对具有刚性采暖需求的地区，重点在燃气（热力）管网覆盖范围以外的学校、商场、办公楼等热负荷不连续的公共建筑，实施碳晶、发热电缆、电热膜等分散电采暖替代燃煤采暖。四是在可再生能源富集区域，利用低谷富余电力，实施蓄能供暖、供冷。五是在生产工艺需要热水（蒸汽）的各类行业和领域实施以煤改电、油改电为主要内容的节能技术改造，推进蓄热式与直热式工业电锅炉替代燃煤锅炉，推进工业绿色发展，推动全区电力能源供给侧和消费侧改革，以深化电能替代建设，促进节能减排，低碳发展。

2017年宁夏水环境状况研究

吴 月

党的十九大报告明确提出要推进绿色发展，构建人与自然和谐共生的生态环境。自治区第十二次党代会也明确提出争取建立西部生态文明示范区建设，构建西部生态安全屏障，进一步改善生态环境和城乡人居环境。

一、宁夏水环境质量分析

宁夏回族自治区位于黄河上游地区，东连陕西、南接甘肃、北与内蒙古自治区接壤，是中国东西轴线中心，地理位置独特。国土面积6.64万平方千米，总人口675万人。跨东部季风区和西北干旱区，西南靠近青藏高寒区，属温带大陆性干旱、半干旱气候。全年平均气温5.3—9.9℃，年均日照时间2800—3100小时，太阳辐射达148Cal/cm²·a，年降水量150—600毫米（年均降水量约300毫米），降水分布不均匀，集中在6—9月且多暴雨，年蒸发量约1000毫米。降雨量小而蒸发量大，导致全区干旱少雨、缺林少绿、生态环境脆弱。黄河是市域内唯一过境干流，由南向北流经宁夏，过境长度397千米。

作者简介 吴月，宁夏社会科学院农村经济研究所（生态文明研究所）助理研究员，博士。

（一）降水环境状况分析

2016 年，宁夏全区降水总量 155.927 亿立方米，折合降水深 301 毫米，较多年平均偏多 4.3%，属平水年。

1. 降水的年际与季节变化

2000—2016 年，宁夏降水量最小值为 199 毫米（2005 年），最大值为 364 毫米（2014 年）；大多数年份降水量在多年平均降水量上下波动，只有个别年份出现异常（见图 1）。表明宁夏降水年际差异明显。

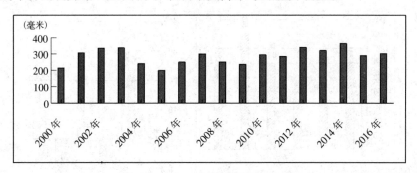

图 1　2000—2016 年宁夏全区降水量

根据《2016 年宁夏统计年鉴》可知，2015 年宁夏各市县降水量最大值均出现在 9 月，最小值出现在 2 月、3 月；4 月降水量较 2014 年明显增加；4 月、7 月、8 月、9 月降水量约占全年降水量总和的一半以上（见表 1）。以上数据表明宁夏降水季节分布不均匀，主要集中于夏、秋季节，且多暴雨。

表 1　宁夏各地市 2015 年分月度降水量

单位：毫米

地市	1 月	2 月	3 月	4 月	5 月	6 月	7 月	8 月	9 月	10 月	11 月	12 月	全年
银川市	0.7	0	0	26.2	6.3	4.4	20.5	21.1	98.7	24.2	17.7	7.3	227.1
石嘴山市	0.4	0	0	33.6	1.5	3.4	27.7	11.1	76.3	18.1	19	0	191.1
吴忠市	0.7	0	0	25.6	25.1	4.1	16.7	32.4	58.8	16.7	21.4	6	207.5
固原市	1.5	2.4	19.7	62.2	61.4	29.5	21.3	50.1	67.3	23.8	26.2	12.2	377.6
中卫市	2.4	0.7	0	9	36.8	9.2	11.5	11.6	47	9.9	13.4	3.7	155.2

2. 降水的空间分布

根据图 2 可以得出：宁夏降水分布空间差异较大，降水量较大的地区主要集中于南部山区（2016 年固原市降水量约 403 毫米），吴忠市次之（降水量约 298 毫米），位居第三、第四的为中卫市（降水量约 285 毫米）、银川市（降水量约 263 毫米），降水最少的为石嘴山市（降水量约 174 毫米）。宁夏各地年平均蒸发量 1312—2204 毫米，同心、韦州、石炭井最大（超过 2200 毫米），西吉、隆德、泾源较小（在 1336.4—1432.3 毫米之间）。以上数据表明宁夏降水空间分布不均匀，显示南湿北干的特征，加之蒸发强烈，加剧了水资源的短缺。

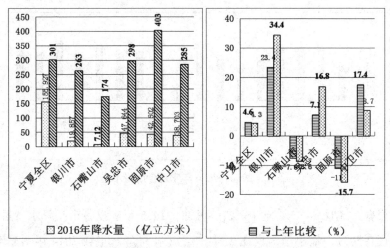

图 2　宁夏各行政分区 2016 年降水量变化

（二）地表水环境状况分析

2016 年，宁夏地表水资源量 7.472 亿立方米，折合径流深 14.4 毫米，比多年平均值减少 21.3%。各市县径流量和径流深最大值均出现在固原市（当地天然年径流量为 3.248 亿立方米，径流深 30.7 毫米），石嘴山市天然年径流量最低（为 0.556 亿立方米），吴忠市径流深最小（为 6.9 毫米）（见图 3）。以上数据表明，宁夏地表水分布具有明显的空间差异，径流量与径流深分布极不均匀。

宁夏地表水水质介于地表水 II—劣 V 类，其中黄河干流入境断面下河沿全年水质类别为 II 类，水质较好；出境断面麻黄沟全年水质类别为 III 类。清水河二十里铺水文站以上河段水体水质类别为地表水 II 类，水质较好；二十里铺水文站至韩府湾水文站河段水体水质类别为地表水 IV 类，受到污

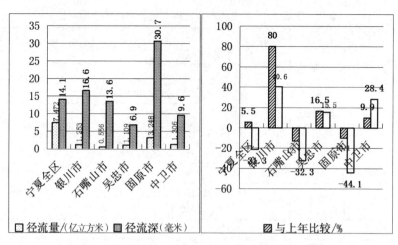

图3　宁夏各行政分区2016年地表水资源量变化图

染，主要污染物为氨氮和氟化物；韩府湾水文站至泉眼山水文站河段水体水质类别为地表水劣Ⅴ类，水质受污染严重。苦水河上中游河段基本没有人为污染，下游河段有少量工业废水、污水的汇入，水体受污染严重，导致河水水质差，为地表水劣Ⅴ类，主要污染物为氟化物、氨氮等。宁夏2016年主要河流、排水沟、水库等水体水质评价见表2。根据2017年2月宁夏环保厅监测数据显示：宁夏境内9条黄河支流监测的12个断面水质总体为中度污染，其中Ⅰ—Ⅲ类优良水质断面比例为66.7%，Ⅳ类水质断面比例为8.3%，劣Ⅴ类水质断面比例为25.0%；监测的12条主要入黄排水沟水质总体为重度污染，其中Ⅳ类水质断面比例为8.3%，劣Ⅴ类水质断面比例为91.7%。这表明，宁夏地表水污染仍很严重，应继续加强水污染治理及监管力度，逐步改善宁夏地表水环境质量。

2015—2016年，宁夏地表水水质年际变化情况显示：除望洪堡第一排水沟的水质有所好转、第五排水沟水质明显好转外，其他河流、排水沟及水库的水质检测结果都为地表水劣Ⅴ类，无明显变化。

（三）地下水环境状况分析

2016年，宁夏地下水资源量18.571亿立方米（重复计算量16.459亿立方米），较2015年减少了2.311亿立方米。其中，银川市最多，约6.234亿立方米（占宁夏地下水资源总量的34%），固原市最少，约1.867亿立方

表2　宁夏2016年主要河流、排水沟、水库的水质评价

河(沟)名	站名	pH值	主要污染物及最大超标倍数	水质类别
清水河	二十里铺	7.65—8.83		Ⅱ
清水河	韩府湾	7.83—8.72	氨氮(0.4)、氟化物(0.3)	Ⅳ
清水河	泉眼山	7.73—8.74		劣Ⅴ
清水沟	新华桥	7.10—8.47	氨氮(1.8)、总磷(2.9)、化学需氧量(2.6)	劣Ⅴ
苦水河	郭家桥	7.69—8.71	氨氮(0.6)、氟化物(0.6)、高锰酸盐指数(0.2)	劣Ⅴ
大武口沟	大武口	7.61—8.70		Ⅱ
中卫四排	中卫四排	7.58—8.22	氨氮(16.3)、五日生化需氧量(1.6)、高锰酸盐指数(0.5)	劣Ⅴ
北河子沟	北河子	7.49—8.09	氨氮(16.1)、总磷(1.8)、高锰酸盐指数(0.2)	劣Ⅴ
金南干沟	金南干沟	6.96—8.52	氨氮(0.2)、总磷(3.4)、石油类(2.8)	劣Ⅴ
大河子沟	大河子	7.60—8.48	氨氮(4.2)、氟化物(0.3)	劣Ⅴ
东排水沟	东排水沟	7.61—8.54	氨氮(4.3)、总磷(4.1)、高锰酸盐指数(0.4)	劣Ⅴ
中干沟	中干沟	7.44—8.69	氨氮(7.4)、总磷(2.9)、石油类(2.4)	劣Ⅴ
银新沟	潘昶	7.19—8.36	氨氮(24.2)、总磷(8.7)、五日生化需氧量(7.7)	劣Ⅴ
第一排水沟	望洪堡	7.69—8.34		Ⅲ
第二排水沟	贺家庙	7.63—7.99	氨氮(9.6)、总磷(2.6)、化学需氧量(1.2)	劣Ⅴ
第三排水沟	石嘴山	7.37—8.70	氨氮(18.9)、总磷(3.3)、化学需氧量(1.2)	劣Ⅴ
第四排水沟	通伏堡	7.51—8.43	氨氮(6.6)、总磷(2.4)、氟化物(0.4)	劣Ⅴ
第五排水沟	熊家庄	7.60—8.78	氨氮(0.1)、石油类(0.2)	Ⅳ
沈家河水库		8.50—8.89	总氮(26.1)、氨氮(17.4)、总磷(24.8)	劣Ⅴ
石头崾岘水库		8.61—8.86	总氮(1.2)、氟化物(0.5)	劣Ⅴ
三里店水库		7.99—8.67	总氮(1.0)、氨氮(2.4)、总磷(2.6)	劣Ⅴ
夏寨水库		7.69—8.31	总氮(36.0)、氨氮(32.8)、总磷(70.2)	劣Ⅴ

米。宁夏境内浅层地下水（潜水）埋深较浅（一般埋深1—30米）、矿化度较高，主要补给来源为引黄灌区渠系渗漏与田间灌水入渗补给，其他为地下径流侧向补给以及大气降水入渗补给；排泄主要是潜水蒸发和地下径流排入干支沟间接排入黄河。引黄灌区潜水矿化度灌前（4月）较灌期（8月）大，表明黄河水的水质对当地潜水矿化度影响显著。深层地下水（承压水）补给量少、水质好，主要作为城市生活用水水源。宁夏境内作为饮用水源的承压水水质均符合《地下水水质标准（GB/T14848–93）》Ⅲ类标准。这表明，宁夏浅层地下水水质具有明显的纬向分带性，即自南向北逐渐升高，

部分地下水受到一定污染；深层地下水基本未受到污染，水质较好。

宁夏全区存在 5 个地下水超采区，超采区总面积 741 平方千米，包括银川市 1 个，面积 294 平方千米，超采量 1987 万立方米，漏斗中心水头埋深 18.26 米，较 2015 年上升了 0.65 米；石嘴山市 4 个，面积 447 平方千米，超采量 796 万立方米，漏斗中心水位有升有降。较 2015 年地下水超采量降低明显，表明宁夏地下水超采问题正在逐步得到改善。

(四) 重要水功能区达标情况分析

对宁夏 14 个国家重要江河湖泊水功能区进行单因子评价，结果显示宁夏水功能区达标率为 79%（较 2015 年提高 4 个百分点），其中不达标的水功能区包括葫芦河宁甘缓冲区、渝河甘宁缓冲区、茹河甘宁缓冲区 3 个，主要控制项目为高锰酸盐指数（或化学需氧量）和氨氮。这表明宁夏全区水环境质量越来越好。

(五) 宁夏废水排放情况分析

宁夏地区化学需氧量（COD）排放主要有两个来源，工业废水及生活污水中 COD 的排放。根据《2016 年宁夏统计年鉴》，宁夏全区废水排放总量为 32024.6 万吨，其中，工业废水排放量 16442.8 万吨，城镇生活污水排放量 15572.9 万吨；COD 排放量为 21.1 万吨，其中，工业废水中 COD 排放量 6.8 万吨，农业 COD 排放量 10.2 万吨，生活污水及其他 COD 排放量 4.1 万吨；氨氮排放量为 1.6 万吨，其中，工业废水氨氮排放量 0.7 万吨，农业氨氮排放量 0.2 万吨，生活污水及其他氨氮排放量 0.7 万吨。废水排放源地主要集中在宁夏经济较发达、人口较密集、工业较集中的地区，其他地区水环境质量较好。

二、宁夏水环境存在的主要问题

(一) 水资源短缺，利用率低

宁夏地区降水量小而蒸发量大，且降水空间与时间分布不均匀，经济社会发展主要依赖于限量分配的黄河水及地下水，加之用水效率和效益较低，加剧了水资源短缺形势。由于大量开采地下水，破坏了原生储水环境，致使宁夏地下水超采严重。宁夏及周边地区建立的部分重大工程，破坏了

当地的自然环境，尤其是储水环境遭到人为干扰，部分地区近百年来首次出现缺水现象，甚至无法保证正常的生活用水，如隆德县自 2015 年 8 月至今常出现居民生活供水不足现象。

（二）水体污染严重

"十二五"期间，宁夏污水处理率由 2010 年的 67% 提高至 87.5%，截至 2016 年，宁夏城市污水处理率达 91.95%，表明宁夏水环境质量明显改善。但由于地表水流经城市的河段有机污染较重，企业排放的工业废水和城镇生活所排放的污水含有大量有机物质，致使宁夏绝大多数排水沟、湖泊、水库等水体都属于地表水劣 Ⅴ 类，表明宁夏水污染仍很严重。

（三）节水意识淡薄

社会公众对节约用水的认识不足，缺乏节水意识，政府及有关部门对节水意识及技术的推广和宣传力度不够。

三、改善宁夏水环境的对策

（一）严守生态保护红线

认真贯彻习近平总书记关于"划定并严守生态红线，牢固树立生态红线的观念"重要指示精神，加快实施自治区第十二次党代会提出的生态立区战略，宁夏于 2017 年 6 月确定生态保护红线划定区域总面积为 11742.42 平方公里，占宁夏国土面积的 22.59%。划定范围包括自治区级以上自然保护区、饮用水源地保护区、国家一级公益林以及沿河湖岸线、水土保持和水源涵养重要区、水土流失敏感脆弱性地区等。因此，要严守生态保护红线，守护宁夏的绿水青山，努力打造西部地区生态文明建设先行区。

（二）制定合理的水污染综合防治规划

根据环保部《水污染防治行动计划》《重点流域水污染防治规划 (2016—2020 年)》《全国地下水污染防治规划（2011—2020 年)》，宁夏环保厅《宁夏回族自治区水污染防治工作方案》《宁夏重点流域水污染防治"十三五"规划》等，结合宁夏水资源现状及水污染现状，制定短期及中长期水污染综合防治规划，以市域工业及生活污水防治为重点，以饮用水源地保护为核心，以科技、人才、排污设备投入为主要手段，以各水体水质改善和水功能区质量达标为阶段目标，以人民生活、生产和生态用水安全为最终目标，实现宁夏的绿水青山建设任务。

（三）加强水污染综合治理

通过重点行业专项整治行动，全面控制工业污染。调整经济结构，大力发展低耗能、低排放、低污染、高效益的产业，鼓励企业加大技术改造、增强水资源综合利用效率，并利用高新技术发展清洁生产与绿色产业，实现工业减量化、循环化、无害化排放目标。加大对新、改、扩建工业项目的监管力度，严禁在河道干流和主要支流控制线内开发工业项目，从源头上控制新增污染源。提高重污染行业的准入门槛，切实做到增产不增污。推行"河长制"，综合整治黄河支流、入黄排水沟、重点湖泊、城市黑臭水体，全面取缔企业直排口，进一步提高黄河宁夏段水质，确保黄河水环境安全。

严格控制农业面源污染。注重对乡镇及规模化养殖业的环境管理，运用各种综合措施使规模化养殖业污水实现全面达标；变废为宝实现养殖业废物资源化利用；加快农业产业结构的调整，防止农业、农村污染，建立并扩大以无公害农产品、绿色食品、有机食品基地为龙头的农业产业化发展道路，在提高农产品质量的同时，降低农业面源污染；加强农业科技投入，以资源高效利用和环境保护为基础，以农业经济增长与农业生态环境的改善为目标，建立生态合理、经济高效的现代农业发展模式；实现化肥、农药使用量零增长。

提升城镇污水处理能力和水平。采取集中处理和分散处理相结合的方式，提高污水处理程度，强化污水处理回用、中水利用和循环套用。

（四）实现跨区域协同发展

实现与陕甘蒙青等黄河中上游地区跨区域协同治理，打破地方保护主义，建立跨行政区划的水污染治理项目。协调推进南水北调西线工程前期工作，积极争取更多的客水支持。加快推进大柳树水利枢纽工程建设，进一步争取黄河水供水量指标。统筹区域水资源空间分配，与周边其他省份协商解决宁夏隆德及其他严重缺水地区生活用水来源问题，实现跨

区域调水。

（五）建立完善水资源监测体系

建立并完善水情、水质监测体系（包括地表水情、地下水资源信息、水环境信息、盐碱化监测等），按相关水源地重要程度，分级别（一、二、三级等）建立监测预警预报体系，加强水源地监管和监控，进行常规监测为主、移动监测和预警监测为辅的监测网络，对水环境和水源地的水质状况进行全面的掌控。构建水体水质实时监测网络平台，实现水管理信息化。

（六）推进节水型社会建设

水资源和水源地的保护需要全社会的共同实施和参与。加大水污染防治的重要性宣传，倡导"节流优先、保护每一滴水"思想，形成全社会共同参与的良好风尚，让更多的公众加入到治理水污染及节水型社会建设的工作中。

2017年宁夏林业与西部生态文明
先行区建设研究

徐　忠　　张仲举

　　面对全区森林资源不足、生态系统脆弱、水土流失严重、风沙灾害多发的现状，自治区党委、政府始终高度重视宁夏生态环境建设，按照党的十八大、十九大大力推进生态文明的要求，在自治区第十二次党代会报告提出实施生态立区战略，打造西部生态文明先行区，对当前和今后一个时期宁夏经济社会发展具有重大意义。

一、西部生态文明先行区建设的总体思路

　　宁夏建设西部生态文明先行区，必须树立尊重自然、顺应自然、保护自然的理念，把林业建设摆在突出重要的位置上，按照生态立区战略的整体部署，根据引黄灌区、中部干旱带和南部山区不同区域的特点，科学合理选择不同的生态修复模式和经济发展模式，实现全区经济社会的永续发展。

　　总体思路：认真贯彻落实党的十九大和自治区第十二次党代会精神，深入贯彻习近平新时代中国特色社会主义思想，牢固树立尊重自然、顺应自然、保护自然的理念，践行生态文明观，加快实施生态立区战略，推进

作者简介　徐忠，宁夏林业厅植树造林与防沙治沙处处长；张仲举，自治区林业厅植树造林与防沙治沙处工程师。

大规模国土绿化，严格保护森林资源，不忘初心，牢记使命，锐意进取，务实苦干，全力构筑祖国西部生态安全屏障。

按照这一总体思路，加快转变林业发展方式，坚持"以水定林"的原则，降雨量在 200 毫米以下的地区，坚持自然恢复的方针，实行全面封育保护。降雨量在 200—300 毫米的地区，坚持自然恢复为主，人工修复为辅助的方针，扎实做好封山（沙）育林措施，以现有灌草生物群落结构为依托，辅以人工促进改造，实施生态修复。降雨量在 300—400 毫米的地区，坚持以灌草为主，局部配置乔木（乔木比例小于 10%）的方针，工程措施、技术措施和生物措施齐上，控制水土流失。降雨量在 400 毫米以上的地区，坚持乔灌混交，多树种配置的原则，提升综合生态防护效益，打造功能完善、结构稳定的植物群落。同时，充分利用区域生态优势，将生态优势转化为经济优势，在绿水青山中寻找金山银山。

二、打造西部生态文明先行区的重大意义

（一）打造西部生态文明先行区，是宁夏与全国同步建成小康社会的基础

随着人民生活水平的提高，生态需求越来越成为广大人民群众的期盼和希望，不仅需要喝到健康的饮水，需要呼吸新鲜的空气，更需要享受绿色的生态产品。缺林少绿的区情决定了要继续前行，干旱少雨的自然条件决定了要负重前行，全面建成小康社会的要求决定了要快速前行。国土绿化承载着涵养水源、防风固沙、保持水土、改善环境等生态功能的同时，更承载着森林游憩、森林康养、提供生态产品等社会功能，而这些必须依赖大规模国土绿化，只有推进大规模国土绿化，才能满足广大人民的生态需求。良好生态环境是最公平的公共产品，是最普惠的民生福祉。打造西部地区生态文明建设先行区，这是宁夏生态文明建设的载体和路径，是环境优美的根本目标，这一战略部署，顺应了时代发展潮流、契合了宁夏发展实际，既是中央的要求，也是群众的期盼。生态文明示范区的建设，将巩固尊重自然、顺应自然、保护自然的绿色发展理念，将充分发挥林业改善民生的重要举措，将促进全社会像保护眼睛一样保护生态环境、像对待生命一样对待生态环境，坚决摒弃损害甚至破坏生态环境的发展模式，坚

决摒弃以牺牲生态环境换取一时一地经济增长的做法，为全区经济社会发展奠定坚实的基础。

(二) 打造西部生态文明先行区，是宁夏经济可持续发展的重要战略举措

林业在维护国土安全和统筹山水林田湖综合治理中占有基础地位，事关经济社会可持续发展的根本性问题。山区、沙区、林区要实现更大发展，林农群众要实现持续增收，必须践行绿水青山就是金山银山的战略思想，全面保护绿水青山，积极培育绿水青山，科学利用绿水青山，切实做好山水文章，把蓝天、碧水、青山、绿地留给广大群众和子孙后代，而要实现这些宏伟远景，关键在生态文明示范区的建设能否实现，如果将宁夏打造成西部生态文明先行示范区，那么就完全能实现全区经济社会协调可持续发展。

(三) 打造西部生态文明先行区，是构筑祖国西部生态安全屏障的需要

2016 年 7 月，习近平同志在宁夏考察时指出，宁夏是西北地区重要的生态安全屏障，要大力加强绿色屏障建设。宁夏作为西北地区重要的生态安全屏障，承担着维护西北乃至全国生态安全的重要使命，必须牢固树立绿色发展理念，大力实施生态立区战略，建设天蓝、地绿、水美的美丽宁夏，努力打造西部地区生态文明建设先行区。只有牢记使命，加快推进新一轮国土绿化步伐，全面建设好西部生态文明先行示范区，才能实现区域经济社会可持续发展，才能筑牢西北生态安全屏障。

三、宁夏林业在西部生态文明先行区建设中发挥的作用

林业在生态文明建设中具有主体性、首要性、基础性、关键性和独特性。必须立足宁夏自然条件恶劣、生态系统脆弱的实际，因地制宜，分区施策，在大规模国土绿化、特色产业发展等方面大胆探索，走在全国前列，把宁夏的生态环境变得更美，切实承担起维护西北生态安全的重要使命。

(一) 林业在生态文明示范区建设中的基础作用

自然生态是生态文明的基础，主要取决于森林生态系统、湿地生态系统、荒漠生态系统、生物多样性。宁夏缺林少绿，决定了生态文明示范区

必须要林业先行，充分发挥林业在生态建设中的首要地位和独特地位。宁夏先后以市民休闲森林公园、主干道路绿化、美丽乡村、园林城市、贺兰山东麓葡萄旅游产业带等建设为重点，建设宜居乡村、宜居城市，改善宜居环境，建设美丽宁夏。宁夏获得国家级园林城市（县城）、森林城市和绿化模范城市的比重在西北地区名列前茅，宁夏平原被评为中国"十大新天府"。

（二）林业肩负着西部生态文明先行区建设的重要职责

宁夏林业承担着保护自然系统、实施重大生态修复工程、构建区域生态安全屏障等职责。已经由传统的植树种草、美化环境，上升到提供生态产品、维护生态安全、促进绿色发展的全新高度，成为建设生态文明、全面建成小康社会、打赢脱贫攻坚战等国家战略的重要内容，并且在生态经济建设和生态产业发展中承担着重要职责和使命，在保护生物多样性中具有突出的不可替代的地位。近年来，全区坚持因地适宜、分类施策，坚持封山禁牧，加强封禁保护，紧紧依托三北防护林、天然林保护、退耕还林等国家重大林业工程，重点实施了六盘山重点生态功能区降水量400毫米以上区域造林绿化和引黄灌区平原绿洲绿网提升工程，全力推进新一轮退耕还林工程，全面加快造林绿化步伐，增加林草植被，不断提高森林覆盖率和林草覆盖率，全区生态环境和生产生活条件明显改善。

（三）林业是西部生态文明先行区建设的主要途径

坚决打赢脱贫攻坚战，是生态文明建设的基本要求。林业在精准脱贫中，发挥着重要作用。通过新一轮退耕还林工程在宁南山区和沙区落实退耕还林任务34万亩，兑现退耕农户政策补助资金2.5亿元。通过启动实施六盘山400毫米降水线造林绿化工程，使用建档立卡贫困户苗木1219.6万株，苗木销售收入4221万元；贫困户劳动力参与造林62220人次，劳务收入3240万元。通过聘用7500名建档立卡贫困户农民为生态护林员，人均年管护补助1万元，带动近3万贫困人口脱贫。此外，森林覆盖率、生物多样性、湿地保有量等，都是生态文明建设的主要指标，森林文化、湿地文化、野生动植物文化等，作为提高生态意识、发展生态文化的重要内容，列入生态文明建设的重要目标。要实现这些指标、目标，林业建设是主要途径。

四、宁夏加快西部生态文明先行区建设的对策建议

学习好、贯彻好自治区第十二次党代会精神，实施生态立区战略，打造西部生态文明先行区，给林业建设提出了新任务、新要求。宁夏林业建设将根据不同区域特点，在水源涵养、水土保持、防沙用沙、生物多样性保护等方面，加大工作力度，全面提升生态系统质量和稳定性，促进人与自然和谐发展。具体来说，就是重点做好以下七个方面工作。

（一）大力实施精准造林，推进新一轮国土绿化

按照"规划设计、造林小班、造林模式、造林措施、项目管理、成林转化'六精准'"的林业建设新理念，依托天然林保护、三北防护林、退耕还林等国家重点生态工程，全面实施六盘山重点生态功能区降水量400毫米以上区域造林绿化、引黄灌区平原绿洲生态区绿网提升、南华山及外围区域水源涵养林建设和同心、红寺堡（文冠果）生态经济林种植"四大工程"。确保到2022年，全区森林覆盖率达到16%以上，为宁夏与全国同步建成全面小康社会提供有力的生态支撑。同时，围绕现代休闲观光农业和全域旅游，将美丽乡村建设和创建自治区森林城市、生态园林城市和园林城市紧密结合，打造个性鲜明、特色突出的绿色城市、多彩村庄。

（二）大力实施防沙治沙工程，着力推进中部干旱带防沙治沙区建设

从严控制各类开发性建设，加强大面积连片沙化土地封禁保护，实施好国家沙化土地封禁保护区建设项目，重点保护好沙区原生植被，全力推进荒漠化治理，坚持防沙、治沙、用沙相结合，构建"五带一体""五位一体"防沙治沙技术示范带和绿色防沙治沙阻隔网。实施防沙治沙综合示范区建设，重点建设盐池、灵武、同心、沙坡头4个全国防沙治沙示范县。加快国家沙漠公园建设，积极推进防沙治沙国际合作，推广中卫沙坡头"五带一体"铁路防风固沙、盐池沙漠化土地综合治理、毛乌素沙地草方格固沙等模式，加强防沙治沙对外交流合作，讲好防沙治沙的"宁夏故事"，传播好防沙治沙"中国经验"，全力构筑北方防沙带。

（三）大力实施生态屏障工程，着力推进"三山"森林生态功能区建设

加快推进生态保护红线划定工作，加强空间规划管控，探索建设西部生态脆弱区生态环境科学管理新模式，确保以自然保护区、国家森林公园等为主的重点生态功能区得到全面有效保护。加快自然保护区能力建设，通过实施天然林保护工程，加快自然保护区综合整治，保护好森林生态系统和生物多样性，提高贺兰山、罗山、六盘山保护区生态功能。完善贺兰山、六盘山等主体功能区配套政策，持续开展自然保护区整治绿盾行动，加强贺兰山、罗山和六盘山生态保护和修复。实现自然保护区土地权属明确、边界清晰、功能区科学合理、管理规范，全面提升自然保护区生态系统稳定性和生态服务功能。

（四）大力发展绿色富民产业，着力实施枸杞产业优势再造工程

按照自治区"1+4"特色产业现代化推进方案要求，重点抓好基础研究、良种培育、基地建设、精深加工、品牌建设、文化引领"六大工程"，以功能性产品研发与市场有效供给，要将国土绿化与林业产业升级和增收富民充分结合，把握优质、安全、绿色的工作导向，围绕标准体系建设、质量安全监管、区域公共品牌塑造等重点环节，推动枸杞、红枣、苹果、花卉等特色林产业全环节升级、全链条增值。发挥林业产业特有的投资潜力、市场潜力、就业潜力和增长潜力，大力培育森林旅游、休闲、康养、创意等新兴业态，以林业的多功能发展推动乡村振兴战略，服务全域旅游和第一、第二、第三产业融合发展。积极发展生态旅游业，重点依托六盘山、贺兰山、罗山、沙湖、哈巴湖等国家级森林、湿地、湖泊等自然保护区，在有效保护的前提下，大力发展生态旅游业，培育新的绿色增长点。

（五）坚持依法行政，着力强化资源管理

结合中央七部委正在开展的"绿盾行动"，全面排查非法侵占林地问题，督促整改，进一步提升林政执法监管水平，坚持依法治林，在全力服务自治区重大项目建设的前提下，强化林权管理，节约集约用地，坚决制止、从严惩处各类破坏生态环境的违法犯罪行为，还自然以宁静、和谐、美丽。编制林地、湿地、林木等林业自然资源资产负债表，为实行领导干部生态资源资产责任和离任审计提供依据。

（六）坚持改革创新，着力释放发展活力

按照中央和自治区部署要求，在认真总结吴忠市湿地产权确权试点经验的基础上，稳步扩大湿地产权确权试点，在全区范围开展湿地产权确权登记试点，开展自治区重要湿地认证和湿地监测工作，在沿黄经济区积极参与保护黄河母亲河行动，推进退耕还湿还滩，为在全国开展湿地产权确权登记工作提供可参考、可复制的"宁夏经验"。在全面完成国有林场主体改革的基础上，深化改革步伐，完善配套政策，继续深化集体林权制度改革。

（七）坚持制度保障，建立并完善生态建设制度体系

加快建立和完善生态文明示范区各项法律法规，将生态文明建设的各项工作纳入法制化轨道，及时制定颁布各类适合宁夏生态文明建设的法规制度，规范生态文明建设各种行为，确保生态文明建设有法可依，为保证生态文明建设的有序开展奠定坚实基础。完善林业资源产权制度，重点对葡萄、枸杞、红枣和农田林网等林地落实所有权，放活经营权，推进规模化、产业化经营。建立健全资源保护制度。编制完成自然资源资产负债表，配合自治区相关部门开展领导干部自然资源离任审计、建立生态环境损害责任追究等制度体系。建立生态补偿制度，完善林业建设综合考核评价制度。对地方政府森林防火、年度营造林、森林覆盖率、有害生物防治、防沙治沙等责任考核，建立生态建设奖罚机制，对地方领导实行生态建设责任离任审计制度。完善林业投入保障制度。积极建立国家、地方、企业、社会多层次、多领域投资林业的鼓励和保障机制。

2017 年宁夏草原生态保护建设研究

张 宇　赵 勇　苏海鸣　刘希鹏

自治区第十二次党代会报告首次提出大力实施生态立区战略，深入推进绿色发展。要构筑以贺兰山、六盘山、罗山自然保护区为重点的"三山"生态安全屏障，持续推进天然林保护、三北防护林、封山禁牧、退耕还林还草、防沙治沙等生态建设工程。自治区党委、政府出台的《关于推进生态立区战略的实施意见》中提出，草原生态保护建设的重要任务是坚持禁牧封育政策不动摇，严格落实全区封育禁牧各项措施。加快基本草原和保护红线划定，开展草原确权登记，建立基本草原保护制度和草原生态补偿制度，完善草原承包经营责任制，建立草原生态管护公益岗位，健全草原管护机制等，明确了草原生态保护建设的重要任务，为草原生态保护建设指明了方向。

一、宁夏草原生态保护建设成效

宁夏草原面积为 3665 万亩，天然草原集中分布在南部黄土高原和中部风沙干旱地区，干旱草原和荒漠草原是宁夏草地植被的主体，分别占草地

作者简介　张宇，宁夏回族自治区草原工作站科长，高级畜牧师；赵勇，宁夏回族自治区草原工作站站长，高级畜牧师；苏海鸣，宁夏回族自治区草原工作站畜牧师；刘希鹏，宁夏回族自治区草原工作站副科长。

总面积的 24% 和 55%，是宁夏生态系统的重要组成部分和黄河中游上段的重要生态保护屏障。

自治区党委、政府历来重视生态建设与环境保护，出台了一系列保护草原生态的扶持政策，在草原经营体制、基础设施建设、科技进步等方面，积累了许多成功的经验，取得了阶段性成果。2003 年 5 月，面对草原生态持续恶化局面，宁夏实行禁牧封育，加大草原治理，推行草原承包经营责任制，组织实施退牧还草、退耕还草等重大草原保护建设工程，落实国家草原生态保护补助奖励政策，加强草原生态保护建设。确立了"立草为业、为养而种、以种促养、以养增收"的思路，出台了加快草畜产业发展扶持政策，组织实施宁南山区草畜产业工程、中南部设施养殖工程、百万亩人工种草工程、十万贫困户养羊工程、少生快富工程、现代畜牧业发展工程等项目，解决了禁牧后续产业发展、农民收入不减的问题。全区草原植被恢复进程加快，草原生态明显改善，草原生物多样性增加，草原生态进入了"整体遏制，局部好转"的阶段。经过十多年的努力，全区草原综合植被覆盖度由 2003 年的 35% 提高到现在的 53.5%；重度退化草原所占比例由 45.3% 下降到现在的 26.7%；沙化草原面积所占比例由 25% 下降到现在的 16%，沙化面积减少 300 万亩。累计补播改良退化草原 800 万亩，开展鼠害虫害防治 2000 万亩。全区人工草地面积稳定在 850 万亩。草畜饲养量由禁牧前的 1010 万头增长到 1950 万头。畜牧业总产值 139 亿元，比禁牧前（36.35 亿元）增长 2.8 倍。

二、宁夏草原保护建设面临的主要困难和问题

草原具有生态生产双重功能，人、草、畜都是草原生态系统的组成部分。受自然、地理、历史和人为活动等因素影响，宁夏草原生态保护欠账较多，人、草、畜矛盾依旧存在，统筹草原环境保护与牧区经济社会发展难度大，仍面临一些困难和问题。主要体现在以下四个方面。

（一）草原生态系统整体仍较脆弱

草原地区自然条件总体比较严酷，降雨少、蒸发量大，中部荒漠草原沙化退化严重，草原鼠旱灾频发。虽然近年来草原生态系统建设取得明显

成效，但整体仍较脆弱，处在不进则退的爬坡过坎阶段，草原生态安全仍是自治区生态安全的薄弱环节。

（二）草原违法案件多发常发

一些地方在草原上乱开滥垦、违法违规开矿、随意挤占草原修建厂房和旅游点，特别是一些大型采矿项目，征占用草原面积大，对草原生态系统破坏严重。

（三）产业化水平较低

草牧业龙头企业少，现有的企业和合作社辐射带动能力不足，难以推动生产经营向专业化和商品化发展，在禁牧封育大背景下，缺草料和低水平是草原畜牧业发展的最大制约。

（四）草原监督管理能力亟待加强

目前，草原管理机构设置和人员配置较为薄弱，机构小、人员少，与草原重要的生态地位和作用不相匹配，难以适应当前繁重的草原监督管理工作需要。管理能力方面，目前尚未建立草原调查统计制度，实际工作中仍沿用 20 世纪 80 年代末第一次全国草地资源调查数据，在落实草原承包、实施草原补奖政策等方面已经不能满足开展精准化管理的实际需要。

三、加强宁夏草原保护建设的建议

按照党的十九大关于"加快生态文明体制改革、建设美丽中国"的部署要求和自治区生态立区战略推进意见，贯彻落实创新、协调、绿色、开放、共享的发展理念，牢固树立社会主义生态文明观，坚持山水林田湖草是一个生命共同体，坚持节约优先、保护优先和自然恢复为主的方针，坚持面上治理与重点突破相结合、自然修复与工程措施相结合，深入推行草原生态环境保护制度措施，实施草原生态系统保护和修复重大工程，治理退化沙化草原，转变草原畜牧业生产经营方式，推动形成人、草、畜和谐发展的新格局。

（一）实施草原生态保护建设工程

从生态保护建设、开发利用和防灾减灾三个方面，实施一批草原保护建设利用重点政策项目，不断提升草原生态保护、科学利用和防灾减灾的能力和水平。

1. 草原生态保护建设政策项目

草原生态保护补助奖励政策。继续在盐池、同心、海原、兴庆、平罗、青铜峡、红寺堡、原州、彭阳、泾源、西吉、隆德、中宁、沙坡头 14 个县（市、区）实施草原补奖政策。在全区实施绩效评价奖励。通过实施草原补奖政策，促进草原生态环境稳步恢复、牧区经济可持续发展、农牧民增收，为加快建设生态文明、全面建成小康社会、维护民族团结做出积极贡献。

退牧还草工程。继续在盐池、同心、海原、青铜峡、红寺堡、原州、彭阳、西吉、中宁、沙坡头、灵武 11 县（市、区）实施退牧还草工程，将这些县（市、区）退化严重的草原整体纳入治理范围。实施退化草原改良、人工饲草地建设、舍饲棚圈建设等内容，加大退化草原治理，加快恢复草原植被，推进草原畜牧业生产方式转变，促进草原生态和畜牧业协调发展。

新一轮退耕还林还草工程。继续在 25 度以上陡坡耕地、重要水源地 15—25 度坡耕地以及严重沙化耕地实施退耕还林还草工程，提高草原植被盖度，恢复草原生态，进一步加快水土流失和土地沙化治理步伐。

农牧交错带已垦草原治理工程。继续在同心县实施农牧交错带已垦草原治理工程，引导配套建设饲草贮藏库，推广应用饲草播种加工贮运机械等措施，提高治理区植被覆盖率和饲草生产、储备、利用能力，保护和恢复草原生态，促进农业结构优化。

2. 草原合理开发利用政策项目

粮改饲项目。扩大粮改饲实施范围，坚持以养定种、因地制宜，合理确定粮改饲面积、品种，持续加强饲草料生产规模化、产业化，提升饲草质量水平，推动农业结构调整，实现"粮、经、饲（草）"三元结构协调发展。

振兴奶业苜蓿发展行动。继续在苜蓿优势产区和奶牛主产区实施振兴奶业苜蓿发展行动，建设高产优质苜蓿示范基地，促进草畜配套，为奶牛提供优质苜蓿产品。

草牧业发展试验试点。通过建设一批标准化规模化的草种和草产品生产基地，集中解决草牧业发展中优质饲草供应不足的瓶颈，夯实产业发展基础，推进牧区生产方式转型升级；打造一批效益好、技术精、示范带动能力强的现代草业生产经营主体，推动形成草原生态环境好、产业发展优势突出、农牧民收入水平高的现代草牧业生产经营新格局。

草原畜牧业转型示范工程。推动启动该工程，通过建设家庭示范牧场、合作示范牧场、饲草示范基地、良种繁育体系、草原畜牧业综合服务，加快草原保护建设步伐，推进草原畜牧业转型发展。

3.草原防灾减灾与支撑保障政策项目

草原防灾减灾工程。推动在全区重点草原灾害易发频发高发区启动实施草原防灾减灾工程，建设草原防灾减灾监控信息系统，建立健全自治区—重点区域监测预警网络，实现对草原火灾、生物灾害的监测、预警、灾情评估、应急指挥，增强草原灾害综合防控能力。

草原监理监测体系建设工程。推动启动该工程，草原执法基础设施建设以完善交通、通信、办案取证以及宣传培训设施设备为主要内容，改善各级草原执法机构的执法装备条件，增强执法监督手段，提高草原违法案件查处率，有效保护草原资源和生态环境，维护农牧民合法权益。建设国家级草原固定监测点，填补相关监测区域和指标空白，全面提升草原监测数据采集能力。完善自治区—县草原资源与生态监测网络，建立健全草原资源与生态监测与评价体系。组织开展草原承载力监测评价与草原禁牧执行效果考核评价。

金融扶持草牧业发展政策。推动建立完善草原保险、贷款和融资担保制度。设置并推广草牧业大型机具、设施、草种制种、畜牧业和草场遭受灾害损失等保险业务。探索推进"一次核定、随用随贷、余额控制、周转使用、动态调整"的牧户信贷新模式。推广以草牧业机械设备、运输工具、承包草原收益权为标的的新型抵押担保方式。积极创新保险产品、金融产品和贷款服务、抵（质）押担保方式和融资工具，进一步提升草牧业发展的金融支持力度和水平。

（二）创新草原保护制度

按照国家《推进草原保护制度建设工作方案》要求，认真落实，积极探索，不断完善，全面建立起权属明晰、保护有序、评价科学、利用合理、监管到位的草原生态文明制度体系，促进草原实现休养生息、永续发展。

1. 草原产权制度

草原承包经营制度。坚持"稳定为主、长久不变"和"责权清晰、依法有序"的原则，依法赋予广大农牧民长期稳定的草原承包经营权，稳定完善现有草原承包关系，规范承包工作流程，完善草原承包合同，颁发草原权属证书，加强草原确权承包档案管理，健全草原承包纠纷调处机制，扎实稳妥推进承包确权登记试点，实现承包地块、面积、合同、证书"四到户"。

全民所有草原资源分级行使所有权制度。结合全国主体功能区规划，按照生态功能重要程度对国有草原资源空间进行划分，草原重点生态功能区明确由中央政府行使所有权，其他草原区域明确由地方政府行使所有权，提出全民所有中央政府直接行使所有权、全民所有地方政府行使所有权的资产清单，并进行分级管理。

全民所有草原资源资产有偿使用制度。依据产权、市场配置、地租、制度变迁和生态经济学等基础理论，认真分析国有草原使用管理现状与存在的问题，研究国有草原有偿使用、有偿流转的客观实现途径，建立健全国有草原有偿使用管理政策制度，并积极推动落实。

2. 草原保护制度

草原生态空间用途管制制度。统筹协调草原生产、生活、生态空间，严守生态保护红线，明确草原用途管制的目标任务和基本要求。采取严格保护、区域准入、用途转用、审批管理和修复提升等手段，加强草原保护、减轻利用活动对草原的占用和扰动，恢复草原生态。

基本草原保护制度。推动出台基本草原保护条例，依法划定和严格保护基本草原，实行基本草原用途管制、征占用总额控制等制度，加强监督检查，强化基本草原管理，确保基本草原面积不减少、质量不下降、用途不改变。

草原生态补偿机制。完善财政支持与生态保护成效挂钩机制，有效调动全社会参与草原生态环境保护的积极性，加快草原生态文明建设步伐。

3. 草原监测预警制度

草原动态监测预警制度。推动开展草原资源调查，逐步完善草原生态文明目标监测评价体系，综合运用地面监测观测、3S技术等方法，结合草原地区气象信息，对草原基本情况、草原生态状况、草原关键生长期植被生长状况、草原自然灾害和生物灾害情况等进行动态监测预警，及时提供动态监测和预警信息服务。

草原承载力监测预警机制。通过地面调查、数据统计、3S技术等方法，在完善和参照相关标准的基础上，科学测算全国或某一区域天然草原产草量、合理载畜量、实际载畜量和超载率等数据指标，分析草地资源的实际承载水平，为合理利用天然草原、因地制宜地制定草原保护政策提供支撑。

草原生态价值评估制度。以"草原类型→健康状况→实物量→价值量"为技术路线，制订主要草原类型生态价值评估技术规程，建立完善草原生态价值评估制度，全面开展各草原类型健康状况年度监测，建立主要草原类型健康指数评价体系，估算草原固土、保水、固碳、供氧等生态产品与服务价值量，综合评估草原生态价值。

4. 草原科学利用制度

禁牧、休牧、轮牧和草畜平衡制度。对严重退化、沙化、盐碱化、石漠化的草原，生态脆弱区的草原和重要水源涵养区的草原实行禁牧、休牧制度。继续实施草原生态保护补助奖励政策，对纳入政策范围的草原给予禁牧补助和草畜平衡奖励，实行禁牧、划区轮牧或轮刈等措施，防止过度利用，切实减轻天然草原承载压力，实现草原永续利用。

草原类国家公园体制。借鉴国内外国家公园建设管理经验，系统分析我国草原自然保护区建设管理体制机制存在的问题，推动建立草原类国家公园建设管理体系。探索草原类国家公园建设的指导思想、任务、目标、思路和原则。

5. 草原监管制度

编制草原资源资产负债表。紧跟自然资源资产负债表编制试点进展，确定编制草原资源资产负债表方案，建立草原资源资产专业统计制度，依据不同类型草原水源涵养、水土保持、固碳储氮等生态作用和价值，真实反映草原生态"家底"变化情况。

领导干部草原自然资源资产离任审计制度。建立领导干部草原资源资产离任审计指标体系，区别对待自然与人为因素影响，客观反映草原保护建设利用成效和工作业绩，提出离任审计建议。

草原生态环境损害评估和赔偿制度。研究确定草原生态环境损害的评估主体、评估办法、赔偿范围、赔偿对象以及实施途径等，从制度层面破解当前草原生态环境损害赔偿制度不完善、破坏草原违法成本低的难题。

草原生态保护建设成效评价制度。引入第三方评价机构，建立健全草原生态保护建设成效评价指标体系，完善评价方法，开展动态评价考核工作，全面评价草原政策项目目标实现情况。根据评价结果，进一步提高草原生态保护建设政策项目的管理水平，提升政策项目实施效果。

2017年宁夏生态旅游资源开发研究

王红艳

党的十九大报告明确指出"坚持人与自然和谐共生，树立和践行绿水青山就是金山银山的理念，实行最严格的生态环境保护制度，形成绿色发展方式和生活方式，坚定走生产发展、生活富裕、生态良好的文明发展道路"，为旅游业实现科学持续发展指明方向。发展生态旅游是宁夏经济发展、产业转型升级，居民生活水平提升的现实选择，对建设开放富裕和谐美丽新宁夏、实现地区跨越式发展，与全国同步进入小康具有重要意义。

一、宁夏生态旅游资源基本情况

宁夏虽地小却物博，旅游资源特色鲜明。自然条件的过渡性、不均衡分布和资源地域组合性造就了宁夏生态旅游资源丰富多样，自然生态和历史人文两种生态旅游资源交相辉映。在自然生态资源方面，大山、平原、河流、沙漠、森林、戈壁、湿地、峡谷、草原、堰塞湖、黄土高坡、丹霞地貌一应俱全。草原植被是宁夏自然植被的主体，森林覆盖率为12.63%。现有贺兰山、六盘山、沙坡头、白芨滩、罗山、哈巴湖6个国家级自然保护区，苏峪口、六盘山、花马寺3个国家级森林公园，阅海、鸣翠湖2个国家级湿地公园和火石寨国家地质公园，其中六盘山自然保护区核心区森林资源十分丰

作者简介　王红艳，中共宁夏区委党校管理教研部教授。

富，被专家称为"黄土高原的绿岛"。首府银川市获得中国优秀旅游城市称号，有"七十二连湖"之称。在历史人文生态资源方面，有3万年前的古人类遗址水洞沟、浓郁的回乡风情、神秘的西夏古韵和被誉为"中国长城自然博物馆"遗存自秦至明的古长城等。1999年，中国科学院地理研究所对宁夏旅游资源进行摸底调查后发现，全国10大类、95种基本类型的旅游资源中，宁夏占有8大类、46种，在旅游界有"中国旅游微缩盆景"之称。

二、生态旅游资源开发现状

旅游业作为朝阳产业、民生产业和幸福产业，在宁夏起步较晚。30多年来，围绕自治区党委、政府工作部署和全面建成小康社会总目标，宁夏大力发展和培育旅游产业，经历了旅游产业从无到有、从小到大、从大到强的发展轨迹，先后开发了系列旅游产品，以及集观光、探险、休闲、娱乐等风格迥异、独具特色的旅游线路，保持了旅游业持续、快速、健康发展的态势。到目前已形成沿黄城市带、贺兰山东麓旅游带和沙坡头旅游区、六盘山旅游区"两带两区"发展格局。

宁夏"十三五"规划提出把宁夏全境作为一个大景区来谋划，依据"全景、全业、全时、全民"要求，构建全域旅游示范区，这是宁夏党委、政府深入贯彻中央经济工作指导方针，立足宁夏区情做出的重大战略决策。2016年7月，习近平总书记在宁夏视察工作时对全域旅游发展理念和模式给予了充分肯定，指出"发展全域旅游，路子是对的，要坚持走下去"，为宁夏生态旅游业进一步发展指明了方向。根据《宁夏全域旅游发展三年行动计划》，宁夏将全面构建"一核、两带、三廊、七板块"的全域旅游产业区域协调发展新格局，并规划实施核心产品培育提升、综合交通网络覆盖、旅游城镇优化提升、乡村旅游精准扶贫等十大工程。

三、宁夏生态旅游资源开发面临的主要问题

（一）思想认识不到位，缺乏生态旅游教育与引导

宁夏旅游总体上仍处于传统旅游资源开发阶段，旅游产品单一、产业链条短、消费结构不合理、景区旅游特征明显、过度追求经济效益等问题

较为突出；现有旅游及相关部门对生态旅游认识不足，效果不明显；公众参与度低，缺乏协调机制；项目开发整体规划不足，理论研究薄弱，对实践的指导不足。尤其一些地方本身虽具备丰富生态旅游资源，但领导不重视推介，在国内外主流旅游展会上均以"高、大、全"目标为主，不注重生态旅游的展示。而旅行社在组织线路上多重视热点旅游景区开发，缺少战略性眼光，不看重生态旅游的潜在市场。同时，受经济发展水平及消费习惯等因素影响，大多数游客对保护生态环境、回归自然的意愿并不是很强烈。

（二）资源布局不合理

受自然资源和经济区位因素影响，宁夏生态旅游资源主要集中在个别地区。全区5市和各县（市、区）的开发发展不均衡，呈现"西线强、东线弱""中间强、南北弱""沿山强、沿河弱"的困局。生物景观类旅游资源开发不足，原生自然景观发展到半人工生态景观资源不足，以提高游客自然科学知识的动物园、植物园、园艺博览园及自然博物馆等科普生态旅游资源严重不足，现已经建成的场所未能充分发挥应有的作用。立足于人与自然共同创造的具有生态美的景观以及对融合了天人合一文化内涵的传统农业基础上的农业生态旅游资源开发不足。

（三）旅游管理体制不顺，机制不活

当前，宁夏旅游管理体制陈旧，资源存在多头管理情况。旅游资源管理中的部门分割、条块分割、区域分割、所有权分割的现象比较严重。尤其在资源保护与旅游开发方面矛盾突出，难于形成统一领导、统一规划、统一开发合力，致使出现一流资源、二流开发、三流管理状况，使生态游资源的统筹开发、有效保护目标难以进行。在经营机制上，大多景区开发主要靠政府投资和社会投资，自身缺少景区改造和完善服务功能能力，缺乏核心竞争力，在一定程度上制约了宁夏生态旅游的快速发展。

（四）交通问题制约旅游业快速发展

宁夏旅游交通环境虽比以往有了较大改善，但由于宁夏处于内陆地区，交通体系整体仍处于较落后阶段。铁路等级低，客运速度慢，始发班次少，运力不足，速度慢，无动车高铁，使之无法满足外地游客的休闲出行需求，尤其是旅游旺季矛盾突出。空运航班少，中卫香山机场和固原机场规模小、班次少，吞吐能力有限，转机多、运力小，直接增加了旅行社自联组团成本，极大地打击了他们境外营销的积极性。旅游公交车辆疏少，目前银川开通的 6 条旅游公交线路，发车班次少，无法为市民、游客节假日出行提供便捷服务，自驾出行成为近几年旅游新方式，但受到道路交通与停车场所困扰，难以发挥应有作用，而自驾出行在某种程度上又会加重环境污染的压力，对生态环境造成破坏。

（五）旅游资源开发资金投入不足

一是宣传资金不足。近年来，自治区党委、政府高度重视旅游业发展，不断加大旅游宣传营销的投入，连续在中央电视台投放"塞上江南·神奇宁夏"形象广告，提升了宁夏旅游知名度和美誉度，带动了来宁旅游人数大幅增长。但与周边省区相比，宁夏旅游宣传投入仍显不足，尤其是对目前经济效益还不凸显的生态旅游资源的宣传远远不够，宣传推广的对象、渠道都还有待于进一步深入开发。经调查，2015 年来宁的外地游客中，西北地区（除宁夏）占 24.0%，华北地区占 12.6%，东北地区占 1.5%，华东地区占 4.9%，华中地区占 2.8%，华南地区占 1.9%，西南地区占 2.3%。二是直接投入旅游业的资金不足，没有形成良好的经济环境支撑，导致宁夏旅游业景区资源保护不力、基础设施建设不足、生态旅游商品开发不够等问题长期存在。

（六）配套服务功能不完善，行业综合竞争力弱

对照世界旅游组织对国际旅游目的地的标准和要求，宁夏在"优质的旅游基础设施与服务、高品位的旅游产品与便捷出入方式及饮食、住宿、旅游信息系统通畅、友好文明的旅游氛围、网上预订和结算、旅游市场规范管理、高水平的旅行社团组织"等方面与发达地区相比存在较大差距，使外地游客来宁热情受到影响。目前，游客人均消费仍以交通费、景区门票、住宿费、餐饮费为主，无法满足游客多元个性消费需求。未来旅游业发展将以观光休闲旅游为主，而宁夏无论从管理部门、还是生态旅游资源经营者都未充分认识到这种变化趋势，并做出积极应对。

四、宁夏生态旅游资源开发战略思考

国际经验表明，当一国或地区居民恩格尔系数下降到 50% 以下，人均

GDP达到4000美元以后，意味着国民消费需求将呈现快速增长，甚至是井喷态势，宁夏已处于一个文化旅游消费大幅增长的黄金时期，发展生态旅游有着前所未有的绝佳经济背景条件。

（一）强化生态环境保护意识，开展保护活动

宁夏生态旅游资源开发，首先，要提高科学技术的参与性，让旅游资源开发者和经营者熟悉所在地区生态系统，掌握生态环境保护专门知识。避免他们由于不了解生态旅游的核心内涵，把生态旅游作为一种招牌来欺骗，而在实际操作中与生态旅游目的背道而驰。其次，在市场开拓方面，提升参与者的环保意识，着力改变目前生态旅游过度强调"认识自然、走进自然"的一面，而忽略其"保护自然"的目标要求。再次，明确相关主体责任，保证生态旅游管理的有效性。对于景区管理人员应加强环境保护教育和景区管理技巧。游客可以通过宣传标语、环保知识小册子及制定游客旅游行为规范等形式受到生态环境教育。

（二）更新发展观念，优化产业结构

贯彻实施创新、协调、绿色、开放、共享发展新理念与自治区十二次党代会提出生态立区战略，全域旅游所说的"全域"不仅仅是个"地域"范畴，更要突出抓好旅游供给侧改革，有效破解发展"瓶颈"，构建"共建共享，让人民生活更美好"的全域旅游新理念，形成全社会要共同营造"有个景区叫宁夏"的全域旅游发展氛围。发展全域旅游要融合产业、链式服务的思想，围绕旅游激活拓展各类产业功能，在城旅融合、农旅融合、文旅融合、工旅融合上不断深化，在扶贫、就业、教育等方面不断发挥功能，推动产业升级、优化。

1.推动农业结构调整，促进第一产业转型升级

2016年，全区乡村旅游接待人数578万人次，实现旅游收入3.88亿元，同比增长55.81%和44.09%。宁夏生态旅游资源开发应结合美丽乡村建设目标，布局一批特色化、主题化的旅游村镇，完善服务设施，一镇一特色、一地一风情。充分挖掘农业和农村环境潜力，培育一批以枸杞、硒砂瓜、酿酒葡萄等特色农产品为主的观光农园、农业公园、采摘基地等新业态，发展田园观光、农事体验、自助采摘等乡村旅游新产品。依托六盘山

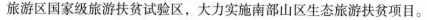

旅游区国家级旅游扶贫试验区，大力实施南部山区生态旅游扶贫项目。

2. 推动第二产业转型升级提质

在巨大经济下行压力下，宁夏发展必须寻求新动能，加快发展旅游业，就是适应人民群众消费升级和产业结构调整的必然要求，对扩大就业、增加收入，促进经济平稳增长和生态环境改善意义重大。加快推动工业企业开展"工业+旅游"，以工业拓展旅游业，以旅游业促进工业发展，实现工业和养生、养老和运动等产业深度融合。推出一批工业旅游示范基地，重点打造观光工厂、工业博物馆、工业遗址、工业文化创意基地、工业旅游小镇等一批工业旅游设施，开发工业主题公园、主题饭店、主题购物中心等特色产品，鼓励工业企业和社会资本利用空余或闲置工业厂房、仓储用房、地下空间等存量房地资源发展文化创意产业，让消费者通过参观体验，增强环境保护意识及夙愿。

3. 推动第三产业优化

发展文化、商贸、金融、美食等业态，统筹吃、住、行、游、购、娱六要素，搞好旅游宾馆、文化旅游产品、精品旅游线路、特色餐饮服务等旅游配套服务规划，满足游客个性消费需求。

(三) 立足区情，构建多元开发新模式

深度挖掘宁夏的胜利之红、生态之绿、大漠之美，重构"塞上江南·神奇宁夏"旅游版图。依托沙湖、西北影视基地、西夏王陵、贺兰山岩画、沙湖等王牌景点，重点开发"东线大漠长河，中线湖泊奇石主题公园，西线贺兰山古迹、葡萄酒基地，南线六盘生态"等特色精品旅游线路。充分发现和挖掘其自然品质与文化特质。宁夏人文生态旅游资源独具地域特征，要让旅游者时时处处感受到宁夏风情。实施一批文化工程，建设一批文化设施，组建一批实力较强的文化企业，加大对手工编织、剪纸、绘画、歌舞等民俗、民间艺术整理，形成品牌产品、重要产品、配套产品梯形结构的旅游产品体系，增强宁夏旅游产品的市场竞争力和号召力。大力开发半人工生态景观资源。通过提升动物园、植物园、园艺博览园及自然博物馆、葡萄酒酒庄等场馆品质，向游客普及自然科学知识。

(四) 加强基础设施建设，强化管理

健全政府主导工作机制，探索建立与五市政府、各县（市、区）的联系推进机制，形成全区上下贯通的一盘棋局面。修建或改造各市、县（区）通往生态旅游景区的高等级公路，开通旅游直通车、直达景区的公交专线，使城市公交服务向周边主要景区和乡村旅游点延伸拓展，形成常态化运行机制。开发新的旅游区和在旅游区内兴建新的旅游景点及旅游接待设施，必须进行环境影响评价，严格控制污染的来源。另外，加强综合整治和社会监督，规范旅游市场秩序。既要对旅游过程中环境保护情况进行监管，更要对过程前和过程后情况进行监管。及时掌握旅游区环境变化特点，了解旅游活动对生态环境的影响和自然资源的利用程度，为旅游管理者的决策提供科学依据。

（五）加大投入，建立生态保护的资金支持体系

一要充分发挥宁夏"两区"建设、全国第二个省级创建全域旅游示范区等政策优势，争取国家专项建设基金支持。二要按照"谁投资谁经营、谁受益"的原则，鼓励社会上的各类投资主体向生态环境投资。三要按照"谁受益、谁补偿、谁破坏、谁恢复"的原则，建立生态效益补偿制度。四要坚持"谁造谁有，合造共有"的政策，充分调动广大群众保护和建设生态环境的积极性；加强资金的监管力度；对生态建设基金的使用，要进行严格的审计和监督，做到专款专用，防止挪用。

（六）适度开发，永续发展

绿色可持续发展是判断生态旅游的决定性标准。伴随着旅游活动的深入，目的地自然资源会受到破坏，文化资源会受到外来文化的冲击，导致旅游地伦理道德标准下降，文化认同逐渐降低甚至被摧毁，丧失个性和特色。宁夏作为经济后发地区，应吸取其他地区在旅游资源开发中出现的经验教训，合理规划旅游开发，保证生态环境安全。首先，要加强对旅游区旅游环境承载力研究，使生态旅游资源开发更加合理。其次，对生态旅游资源进行全面综合评价，确定生态资源的特色，进行市场定位，做出科学规划，实现生态旅游线路的优选。再次，为保证生态旅游的环境质量的高品位，旅游区建设必须遵循"适度有序、合理开发"的原则，能够以自然景观为主，就地取材，依景就势，体现自然之美，对那些高投入、高污染、高消费等项目应坚决制止，不允许任何形式的有损自然的开发行动。

专题篇

ZHUANTI PIAN

宁夏生态保护补偿机制创新路径研究

束锡红 聂 君 施海智

近年来，宁夏在生态补偿方面开展了一些工作，取得了一定的成效，但在生态补偿机制方面仍面临诸多问题，导致生态保护与经济利益的关系扭曲。要解决这一问题，必须以调整相关者经济利益的分配关系为核心，创新生态保护补偿机制，探索出一条符合宁夏实际的生态保护补偿之路，将经济利益与环境利益有机结合，激励人们更加积极地从事生态环境保护与治理活动，形成经济发展与环境保护的双赢局面。

一、宁夏生态补偿实践

(一) 林业生态补偿实践

1. 退耕还林

宁夏林业生态补偿最为典型的是退耕还林工程。退耕还林工程的实施大体经历了三个阶段。第一个阶段是试点阶段（2000—2001 年）。这个阶段国家下达宁夏退耕还林任务 6.9 万公顷（其中退耕地造林 3.1 万公顷），全部安排在水土流失及沙化严重的中南部山区八县区。第二个阶段是大发展阶段（2002—2006 年）。这是退耕还林工程蓬勃发展阶段，共完成退耕

作者简介　束锡红，北方民族大学社会学与民族学研究所所长、教授；聂君，北方民族大学社会学与民族学研究所讲师；施海智，北方民族大学法学院副教授。

还林和荒山造林69万公顷（其中退耕地造林28.3万公顷）。第三个阶段是巩固退耕还林成果阶段（2007—2010年）。2007年以来，国家暂停了退耕地造林任务安排，但仍继续安排荒山造林和封山育林任务，并且延长退耕还林补助期，设立了巩固退耕还林成果专项资金。宁夏制定了《巩固退耕还林成果专项规划》，明确了基本口粮田、生态移民、农村能源、后续产业及退耕农民就业创业转移技能培训以及补植补造等重点任务，标志着退耕还林进入到"巩固成果，稳步推进"的新阶段。"十二五"期间，国家累计兑现宁夏退耕还林各类政策补助资金42.36亿元，其中种苗造林补助费1.14亿元，直接兑现给退耕农户的政策补助资金23.65亿元，巩固退耕还林专项资金17.57亿元。

2. 天然林资源保护

天然林资源保护工程从2000年开始实施，国家安排专有资金用于森林管护、社会保险补助、政策性社会性支出补助、职工分流安置、职工培训和其他补助等天然林保护的专项费用支出。2000年以来，宁夏共有1530万亩林地纳入管护范围，解决了6879名国有林业场圃职工的养老保险、医疗保险、失业保险、工伤保险、生育保险。工程的实施，使国有林场职工队伍进一步稳定，森林资源得到有效保护。

3. 森林生态效益补偿基金

宁夏森林生态效益补偿基金项目自2004年启动实施。根据财政部、国家林业局制定的《中央财政森林生态效益补偿基金管理办法》，由中央与地方建立生态公益林补偿基金，宁夏纳入中央森林生态效益补偿基金的面积为36.1万公顷，纳入地方森林生态效益补偿基金的面积为4.4万公顷。中央重点公益林生态效益由中央森林生态效益补偿基金补偿补偿标准为75元/公顷·年，地方重点公益林生态效益由地方生态公益林补偿基金支付，补偿标准为67.5元/公顷·年。森林生态效益补偿基金主要用于公益林营造、抚育、保护和管理。从2010年起，集体和个人的国家级重点公益林中央财政补偿标准由每年每公顷75元提高到150元。森林生态效益补偿基金制度的确立与全面实施，结束了长期无偿使用森林生态效益的历史，开始进入有偿使用森林生态效益的新阶段，极大地调动了公益林所有者和经营者以及广大农民管护公益林的积极性。

（二）草原生态补偿实践

1. 封山禁牧

2003年5月1日起，宁夏在全国率先实行以省为单位的全域禁牧，依赖天然草原放牧的牲畜从此全部实行舍饲圈养，全区天然草原得以休养生息。为促进畜牧业增长方式根本转变，巩固草原生态建设取得的成效确保农牧民收入不减少，2006年自治区政府出台了《全面推进宁南山区草畜产业发展的若干政策意见》，启动了南部山区草畜产业工程等项目，每年投入5200多万元，对发展人工种草每公顷补助300元，建设棚圈每座补助500元，建设"三贮一化池"每立方米补助50元、购置小型饲草加工机械每台补助500—800元等，培育壮大了草原禁牧后续产业，对禁牧给农户带来的损失给予了一定补偿。

2. 退牧还草

2003年宁夏全面完成了草原第二轮承包到户的任务，将216万公顷应承包的天然草原全部承包到户，承包面积占全区天然草原总面积的88.4%。

3. 草原生态补助奖励

根据国务院关于在主要草原牧区省（区）建立草原生态保护补助奖励机制的决定，宁夏从2011年起全面落实草原生态保护补助奖励机制。禁牧补助覆盖全区22个县（市、区），178个乡镇和农牧场等，禁牧草原总面积3556万亩，年补助标准为6元/亩，年补助资金为2.1336亿元，5年总补助资金为10.668亿元。农牧户生产资料综合补贴范围覆盖盐池县、同心县、海原县的177480户农牧户，每户每年补贴资金500元，年补贴资金8874万元，5年总补贴资金4.437亿元。牧草良种补助采取种草工程项目管理和牧草良种现金补贴的方式兑现到种草农牧户，补助标准为50元/亩。

（三）湿地生态补偿实践

宁夏的湿地补偿处于试点阶段，石嘴山星海湖湿地、吴忠黄河滨河湿地已于2011年开始开展湿地生态补偿试点，财政部为两处湿地分别安排300万元和400万元的经费，用于科研监测体系、宣传教育体系和保护管理体系建设。2014年9月，在自治区林业厅的争取下，"中央财政湿地补助资金——宁夏哈巴湖国家级自然保护区湿地生态效益补偿试点项目"正式实施，项目补助资金3000万元，主要用于保护区内及周边地区受损耕地补偿、湿地生态修复和社区环境整治。到2015年8月，受保护区鸟类和野生动物活动、迁徙、繁殖等损害的5个乡镇5464户农民的19万余亩受损耕地，得到项目补偿资金1161.08万元，亩均60元，户均超过2000元。保护区用项目资金封滩（湖）育林3646公顷，为湖泊清淤22万立方米，给湖泊及湿地补水100万立方米，并建设了2处生态湿地监测站，项目实现了经济、生态、社会效益的"三赢"目标。

（四）水资源生态补偿实践

2004年，黄委批复了宁夏3个水权转换试点项目，转换水量4482万立方米。黄委共批复宁夏水权转换项目9个，3个试点项目节水改造工程基本完成。鸳鸯湖电厂一期、水洞沟电厂一期、石槽村电厂一期、灵州矸石电厂一期项目水权转换费用全部到位。鸳鸯湖电厂、水洞沟电厂节水灌域大清渠、马莲渠利用续建配套资金实施了水权转换节水改造工程任务。通过水权转让，企业获得了生产用水，带动了区域经济的协调发展，农户因为灌溉设施得到改善，农作物产量稳定增长而收入增加；湖泊湿地和生态建设获得了充足的水源保障，有效提高了区域水资源承载能力，为科学解决我国西北严重缺水地区工业化发展和农业现代化面临的水资源刚需性约束问题进行了有益探索。

（五）矿产资源开发生态补偿实践

自2004年起，国家从探矿权、采矿权价款和使用费中安排矿山地质环境治理项目资金，对因计划经济时期矿业开发造成的矿山环境破坏现状进行综合治理。近年来，自治区人民政府也从矿产资金专项收入拿出大量资金用于矿山地质环境治理。2008年自治区制定了《宁夏矿山环境治理和生态恢复保证金管理暂行办法》，2015年出台正式管理办法，按照"企业所有，政府监管，专户储存，专款专用"的原则，根据审定的治理方案，核定的治理费用确定缴纳的保证金缴存金额，历史遗留矿山的环境治理问题由自治区政府筹措资金解决。

（六）大气资源生态补偿的实践

自 2016 年起，银川市实施《环境空气质量生态补偿暂行办法》，凡大气环境质量同比恶化的县（市、区）要向市级政府缴纳生态补偿资金，大气环境质量同比改善的县（市、区）将由市级政府给予补偿。银川市将以各县（市、区）环境空气中可吸入颗粒物、细颗粒物、二氧化硫、二氧化氮季度平均浓度同比变化情况为考核指标，建立考核奖惩和生态补偿机制。对各县（市、区）实行季度考核，每季度根据考核结果下达补偿资金额度。年度空气质量达到《环境空气质量标准》二级标准的县（市、区），由银川市政府给予一次性奖励。

二、宁夏生态保护补偿机制创新所面临的问题

宁夏生态补偿工作起步较晚，涉及的利益关系复杂，对规律的认知水平有限，实施工作难度较大，因此在工作实践中还存在不少矛盾和问题。

（一）政策法规建设滞后

国务院早在 2010 就已启动了制定生态补偿条例的立法工作，目前已经完成了立法草案的起草工作。宁夏的生态补偿涉及森林、草原、湿地、水资源、矿产资源、大气环境等多个方面，目前仅银川市出台了《环境空气质量生态补偿暂行办法》，并已颁发实行。现有涉及生态补偿的法律规定分散在多部法律之中，缺乏系统性和可操作性。

（二）生态补偿资金投入不足

一是补偿范围偏窄。宁夏现有生态补偿主要集中在森林、草原、矿产资源开发等领域，流域、湿地等生态补偿尚处于起步阶段，耕地及土壤生态补偿尚未纳入工作范畴。二是补偿标准普遍偏低。《宁夏回族自治区森林生态效益补偿基金管理实施细则》，规定针对的主要是自治区级公益林林地，并且没有区分是否国有，均实行统一的补偿标准。三是补偿资金来源渠道和补偿方式单一。补偿资金主要依靠中央财政转移支付，地方政府和企事业单位投入、优惠贷款、社会捐赠等其他渠道明显缺失。除资金补助外，产业扶持、技术援助、人才支持、就业培训等补偿方式未得到应有的重视。

（三）保护者和受益者权责不清

一是对生态保护者合理补偿不到位。重点生态功能区的人民群众为保护生态环境做出很大贡献，但由于多种原因，还存在着保护成本较高、补偿偏低的现象。二是生态保护者的责任不到位。补偿资金与保护责任挂钩不紧密，尽管投入了补偿资金，但有的地方仍然存在生态保护效果不佳的状况，甚至在个别地方还存在着一边享受生态补偿、一边破坏生态环境的现象。三是生态受益者履行补偿义务的意识不强。生态产品作为公共产品，生态受益者普遍存在着免费消费心理，缺乏补偿意识，需要加强宣传和引导。四是开发者生态保护义务履行不到位。例如，还有少数矿产资源开发企业没有缴纳矿山环境恢复治理保证金。

（四）多元化补偿方式尚未形成

在宁夏生态补偿财政转移支付中，以中央对地方的转移支付为主。宁夏作为生态服务的提供者在西部，而受益者大多集中在周边及中东部省区，导致宁夏无法得到合理补偿，区域之间、流域上下游之间、不同社会群体之间的横向转移支付很少涉及。资源税改革尚未覆盖煤炭等主要矿产品种，环境税尚在研究论证过程中，制约了生态补偿资金筹集。目前，宁夏水权交易已获得了一定的成效，但森林碳汇交易、排污权交易等市场化补偿方式仍处于探索阶段。

（五）配套基础性制度缺失

一是相关产权制度不健全。明确生态补偿主体、对象及其服务价值，必须以界定产权为前提，产权不够明晰制约生态补偿机制的建立。二是基础工作和技术支撑不到位。生态补偿标准体系、生态服务价值评估核算体系、生态环境监测评估体系建设滞后，有关方面对生态系统服务价值测算、生态补偿标准等问题尚未取得共识，缺乏统一、权威的指标体系和测算方法。现有重点生态领域的监测评估力量分散在各个部门，不能满足实际工作的需要。

（六）管理部门职责交叉重复

生态补偿分别涉及林业、农业、水利、国土、环保等部门，这些部门主导着生态保护政策的制定和执行，生态补偿实际上成为"部门主导"的补偿。以部门为主导的生态补偿，责任主体不明确，缺乏明确的分工，管理职责交叉，在监督管理、整治项目、资金投入上难以形成合力，资金使用不到位，生态保护效率低，造成生态保护与受益脱节的"三多三少"现象：一是部门补偿多，生态保护区农牧民得到补偿少；二是物资、资金补偿多，扶持生态保护区产业、生产方式转换补偿少，输血多，造血功能弱；三是直接向生态建设补偿多，支持经济发展、扶贫补偿少。生态补偿资金不仅数量少，而且资金使用不到位。

三、推动宁夏生态保护补偿机制创新的对策建议

随着宁夏工业化、城镇化快速发展，资源约束趋紧、环境污染严重、生态系统退化的形势将更加严峻，必须进一步加快创新生态保护补偿机制的进程，为推动生态环境质量改善，推进生态文明建设做出贡献。

（一）制定《宁夏生态保护补偿条例》

按照中央统一部署，积极探索建立生态保护补偿机制，逐步建立生态保护补偿的政策体系。成立条例起草小组，制订《宁夏生态保护补偿条例》草案，并适时提交自治区人大常委会通过实施，不断推进生态保护补偿的制度化和法制化。

（二）加大生态保护补偿资金投入

将生态保护补偿纳入宁夏各级政府财政预算安排，在财政预算安排中增设相关科目，并尽量提高补偿额度。进一步调整优化财政支出结构，建立省级生态保护补偿资金投入机制。建议中央财政在均衡性转移支付中，加大对宁夏重点生态功能区的转移支付力度，中央预算内投资对重点生态功能区内的基础设施和基本公共服务设施建设予以倾斜。

（三）探索多元化生态保护补偿方式

搭建协商平台，完善支持政策，引导和鼓励开发地区、受益地区与生态保护地区、流域上游与下游通过自愿协商建立横向补偿关系，采取资金补偿、对口协作、产业转移、人才培训、共建园区等方式实施横向生态保护补偿。积极开发生态产品，建立生态产品交易市场，完善生态产品价格形成机制，使保护者通过生态产品的交易获得收益。探索建立用水权、排

污权、碳排放权初始分配制度，完善有偿使用、预算管理、投融资机制，培育和发展交易平台。探索地区间、流域间、流域上下游等水权交易方式。推进重点流域、重点区域排污权交易，扩大排污权有偿使用和交易试点。积极培育碳汇林，纳入全国森林碳汇交易市场。

（四）开展生态保护补偿试点工作

以森林、草原、荒漠、湿地、泾河流域、西电东输生态保护补偿为试点，由自治区发改委牵头，林业厅、财政厅、农牧厅等相关部门共同制订《宁夏森林生态保护补偿机制试点方案》《宁夏草原生态保护补偿机制试点方案》《宁夏荒漠生态保护补偿机制试点方案》《宁夏湿地生态保护补偿机制试点方案》《宁夏泾河流域跨省生态保护补偿机制试点方案》和《宁夏西电东输生态保护补偿机制试点方案》，明确补偿主客体和范围、补偿标准、补偿资金来源等内容，并根据试点方案实施生态保护补偿。

（五）完善生态保护补偿管理体制

建立生态保护补偿领导小组，负责自治区生态保护补偿的协调管理，领导小组由发改委、财政厅、林业厅等相关部门领导组成，行使生态保护补偿工作的协调、监督、仲裁、奖惩等相关职责。研究解决生态保护补偿机制建设工作中的重大问题。指导各地按照中央的总体部署，严格资金使用管理，强化监督检查，确保生态保护补偿政策落到实处。

（六）健全配套制度体系

进一步深化产权制度改革，明确界定林权、草原承包经营权、矿山开采权、水权，完善产权登记制度。加快建立生态保护补偿标准体系，根据各领域、不同类型地区的特点，完善测算方法，分别制定生态保护补偿标准，并逐步加大补偿力度。切实加强监测能力建设，健全重点生态功能区、跨省流域断面水量水质重点监控点位和自动监测网络，制定和完善监测评估指标体系，及时提供动态监测评估信息。将生态保护补偿机制建设工作成效纳入地方各级政府的绩效考核。强化科技支撑，开展生态保护补偿理论和实践重大课题研究。

（七）实施精准脱贫补偿工程

在宁夏中南部生存条件差、生态系统重要、需要保护修复的地区，结合生态移民和生态恢复，探索生态脱贫新路子。生态保护补偿资金、国家重大生态工程项目和资金按照精准扶贫、精准脱贫的要求向中南部地区倾斜，向建档立卡贫困人口倾斜。转移支付要考虑贫困地区实际状况，加大投入力度，扩大实施范围。加大贫困地区新一轮退耕还林还草力度，合理调整基本农田保有量。利用生态保护补偿和生态保护工程资金使当地有劳动能力的部分贫困人口转为生态保护人员。

（八）提升全社会生态保护补偿意识

"谁开发谁保护、谁受益谁补偿"的意识深入人心，是生态保护补偿机制建立和真正发挥作用的社会基础。要进一步加强生态保护补偿宣传教育力度，使各级领导干部确立提供生态公共产品也是发展的理念，使生态保护者和生态受益者以履行义务为荣、以逃避责任为耻，自觉抵制不良行为；引导企业、社会团体、非政府组织等各类受益主体履行生态补偿义务，督促生态损害者切实履行治理修复责任；充分发挥社会和媒体的监督作用，进一步健全生态保护补偿信息公开和举报奖励制度，努力营造生态保护补偿的良好社会氛围。

在大力推进生态保护补偿工作的同时，还要继续实施天然林保护、退耕还林还草、六盘山自然保护区等重点生态建设工程，加强荒漠化、水土流失综合治理，强化重点流域和区域水污染防治，使生态保护补偿、生态建设和环境综合治理得到同步推进。

宁夏可再生能源发展调研报告

民盟宁夏区委会

为了做好民盟中央委托调研课题《关于可再生能源发展的调研》工作，进一步了解宁夏可再生能源发展情况，民盟宁夏区委会组成调研组，于2016年9月对宁夏可再生能源发展情况进行了专题调研。调研组在红寺堡区政协和中宁县政协的配合下，实地察看了风电、光伏发电、秸秆利用等可再生能源项目规划布局、产业发展规模、生态环境保护、建设用地、开发应用及企业运行等情况。调研组召开座谈会，听取了各地可再生能源发展总体情况的汇报，并与中国自动化集团有限公司、宁夏嘉泽新能源股份有限公司、宁夏中宁发电项目公司、中卫香山第二风电场、宁夏源林生物发电有限公司5家企业进行了深入座谈。

一、宁夏可再生能源发展基本情况

近年来，宁夏在国家《可再生能源法》和新能源政策的推动下，充分发挥风能、太阳能和荒地等资源优势，大力发展可再生能源产业，可再生能源开发利用进入了全面、快速、规模化的发展阶段，对转变发展方式、提升产业水平、扩大投资规模、改善能源结构、推进节能减排、保障改善民生、促进经济发展发挥了重要作用。

（一）规划引导，推动可再生能源快速规模化发展

自治区政府先后出台了《关于加快发展新能源产业的若干意见》《关于

加快新能源装备制造业发展的意见》，制订了《宁夏创建新能源综合示范区实施方案》，为加快风电、光伏发电、垃圾发电等可再生能源规模化、产业化、集约发展提供了强有力的保障。截至 2016 年 9 月，宁夏已建成风电场102 个、光伏电站 106 个、水电厂 2 个、垃圾发电厂 1 个，全区可再生能源装机总规模达到 828.8 万千瓦，占全区统调装机规模的 30.4%。

(二) 政策扶持，优化可再生能源发展环境

宁夏把可再生能源作为战略新兴产业，加大政策扶持力度优先发展。为简化审批程序，政府还将可再生能源建设项目纳入"绿色通道"审批，同时把可再生能源建设项目环境影响评价审批权下放到市、县环保部门办理，进一步提高了行政审批效率，促进了项目建设进度。为了加大可再生能源应用试点示范项目资金支持力度，制定了《可再生能源应用试点示范项目专项资金管理暂行办法》，良好的政策环境吸引了 49 家大型能源企业投资 650 亿在宁开发可再生能源产业。

(三) 综合利用，可再生能源开发应用初见端倪

宁夏在发展可再生能源的过程中，除了建设集中式发电场（站），鼓励在通信、交通、照明灯领域采用分散式光伏电源外，还拓宽开发利用新途径，进行了卓有成效的探索实践。与生态移民、保障民生紧密结合起来，探索了光伏扶贫等新模式；与提高生产效率相结合，形成了光伏设施农业等应用新模式。宁夏源林生物电厂向农民收购秸秆等支付 1 亿元左右，避免农民自由焚烧废弃物对环境造成的污染，有利于改善农村环境，既节约能源，又增加农民收入。

(四) 自主创新，提高可再生能源开发利用科技水平

宁夏可再生能源企业围绕太阳能高效利用，积极开展技术创新，取得了明显成效。银川瑞明太阳能企业目前已拥有自主知识产权国家专利 20项，承担了 6 项国家示范项目。企业通过科技投入填补了光伏板热气流发电、热气流大棚、单体最大种植养殖大棚 3 项国内技术空白。宁夏嘉泽公司红寺堡基地建设了新能源智能微电网项目，在目前主流的风、光资源应用基础上，引入微燃机冷热电三联供技术，结合储能系统的应用，探索出了新能源与传统工业的有效结合，此项智能微电网示范项目技术创新达到

了国家领先水平。

二、存在的主要问题

虽然以宁夏为代表的西部地区可再生能源开发利用进入了全面、快速、规模化的发展阶段，但发展中仍存在一些问题亟待解决。

（一）可再生能源发展在国家层面缺乏长远系统的战略布局

首先，我国能源战略不够清晰、变动频繁。从能源换外汇、国内外开发并举、由以煤为基础的能源体系向煤油气并重的能源体系转变，到节能降耗、发展新能源和清洁能源等战略相继提出，表明我们缺乏明确的长远发展的指导思想，各时期的能源战略仅着眼于平衡当时的能源格局，没有顾及未来。其次，可再生能源政策的发展滞后，很少考虑能源、环境、经济三者之间的协调关系，能源结构不合理造成了可再生能源发展缓慢。再次，一些能源政策以及经济和环境政策的不配套、不同步导致了许多问题和矛盾难以解决。最后，我国东西部现有的能源、经济、环境政策存在脱节现象，能源规划、能源的决策机制和经济改革三者之间存在着不协调问题。

（二）可再生能源发展的税收政策激励不足

对于可再生能源产品，国内还没有制定新的增值税优惠政策，而且缺乏完整性和系统性。此外，目前小水电6%的增值税税率、风电8.5%的税率和人工沼气等生物质能13%的增值税税率还是偏高。财政部、国家税务总局关于风力发电和煤矸石、煤泥、油母页岩等发电企业利用国家工商行政管理总局的相关规定实行增值税减半征收的政策，企业增值税退税优惠政策在一定程度上还缺乏系统性。而房产税、城镇土地使用税、土地增值税、耕地占用税等地方税对可再生能源企业来说，国家还没有出台相应的减税政策，不利于企业降低运营成本，从而推进可再生能源产品的消费。

（三）可再生能源发电与限电矛盾日益凸显

可再生能源发电全额保障性收购制度是《可再生能源法》的一项重要制度，但尚未得到有效落实。由于可再生能源发展与电网建设统一规划滞后，电网建设与可再生能源开发利用不能同步实施，造成西部部分地区可再生能源接入电网较为困难。随着可再生能源装机总量、发电量的持续快速增长，弃风弃光比例逐年增大，造成可再生能源的浪费。特别是风电，今年上半年，宁夏弃风电量达 1.34 亿千瓦时，占风电总发电量 2.77%，同比上升了近 4.6 倍，可再生能源开发利用形势不容乐观。

（四）可再生能源的研究与开发整体水平低，创新能力不足

西部地区在可再生能源开发与研究方面不足，使得成果零碎，系统化、工程化、产业化水平低，虽然已经在基础、重点支持、高技术研发、攻关计划等不同层次对可再生能源科技研究与发展进行了部署，但由于能源科研基础设施薄弱，对可再生能源技术创新价值链的艰巨性认识不足，加之针对性措施缺乏，重大可再生能源技术的研发难以形成创新价值链和产业链，无法对技术需求实现有效供给。工业示范主要靠企业投入和承担风险，单一凭借技术创新的主体企业自身完成是十分困难的，加之缺乏商业化技术和投资、融资政策和信贷渠道，在相当程度上影响了可再生能源产业技术创新的商业化应用。

（五）可再生能源企业生产成本高，电价补贴等配套政策落实不到位，发展困难

部分企业引进的国外进口设备价格高，渠道、接入系统等辅助工程的造价高，造成风力发电成本为煤电的 1.7 倍，光伏发电为煤电的 11—18 倍。与传统能源相比缺乏竞争力，可再生能源不具备与常规发电和火力发电的商业竞争能力。宁夏可再生能源发电企业普遍反映，国家可再生能源电费补贴迟缓，累计拖欠资金数额巨大，仅北京京能新能源有限公司宁夏分公司自 2013 年 9 月并网发电以来，被拖欠补贴电费总计 3.36 亿元，导致企业经营困难。另外，国家对光伏发电采用全国统一标杆上网电价，"一刀切"的价格政策不利于西部地区光伏发电大规模应用。

三、宁夏可再生能源发展的对策建议

以宁夏为代表的西部地区可再生能源的发展离不开国家在财政、税收、信贷、融资等方面的支持，离不开当地群众的接纳和企业的应用，也离不开与市场的良性互动。因此，把握"十三五"时期的重要发展机遇，充分利用国家的优惠政策，加速可再生能源的普及，科学合理地配置可再生能

源产业结构，探索最高效的发展模式，是西部民族地区发展可再生能源的必由之路。

（一）优化国家层面的战略布局，推行强制配额

国家应以法律的形式对可再生能源发电的市场份额做出强制性的规定，要求电力供应商每年所提供的电力必须有一定的比例来自可再生能源。我国西部地区拥有丰富的可再生能源，适合发展可再生能源项目，而经济发达的东部沿海地区对电力需求巨大，也具备消费绿色电力的意愿，可以通过建立绿色能源交易系统为东西部"绿色证书"交易提供平台，东部沿海地区用户可直接购买"绿色证书"，西部的绿色电力也无需长途跋涉输入到东部电网，只需就近输入当地电网，从而极大地降低交易成本，实现资源的合理配置。

（二）完善能源税收制度，发挥宏观调控作用

能源税收制度是国家针对能源开发、生产、消费等行为制定并实施的有助于节约能源和保护环境的税收制度，在促进可持续发展方面具有其他经济手段难以替代的作用。在传统税种的完善中应在原有基础上继续增加对可再生能源利用的减免税优惠政策。例如对水电、太阳能所代表的清洁能源、可再生能源实行增值税税收优惠对制造可再生能源设备的企业实行所得税低税率，甚至给予一定范围和时期的免税。对购置生产节能产品的设备，可以在一定额度内实行投资税收抵免优惠政策等。并为中、长期引入碳税创造条件。

（三）加强电网基础设施建设，提高发电全额保障性收购能力

西部民族地区可再生能源资源分布与化石能源分布重合度较高，用电负荷区域分布不平衡，就地消纳困难，需要远距离、大容量输送通道与之相配套，因此电网基础设施建设已成为今后发展可再生能源的一个关键环节。要进一步加强电源和电网统一规划，同步建设，形成布局合理、结构优化、衔接流畅、安全可靠的能源生产运输和供应服务体系。加快推进电力外送工程建设，积极争取大型水利枢纽工程早日上马，提升电力调峰消纳能力，进一步扩大电力外送规模，保障可再生能源发电应发尽发，应收尽收，切实落实全额保障性收购制度。

（四）创新驱动，完善可再生能源开发管理体制机制

重视科技创新，加快可再生能源开发利用密切相关的智能电网、储能技术等关键技术研发和应用。加大对企业自主研发的支持力度，促进企业成为技术创新主体。应建立可再生能源、常规能源与电网等电源利益协调机制，积极构建"集约化发展、集中上网、高压送出"和"分布式发展、分散接入、就地消纳"相结合的开发格局。充分发挥市场配置资源的基础性作用，进一步完善市场准入机制，提高准入标准，探索建立可再生能源配额制，规范市场开发秩序，同时要加强对可再生能源电力项目接入电网和并网运行的监督和管理，规范企业开发行为。

（五）积极争取国家政策支持，努力解决可再生能源开发企业面临的困难

西部地区可再生能源开发企业在生产经营过程中，遇到的电价补贴不到位、上网电价"一刀切"政策不合理等问题，给企业生产经营造成了很大困难。政府及有关部门应多方争取中央财政支持，加快可再生能源电价附加补助清算资金工作。同时，要加强与电力部门沟通协调，疏通资金拨付渠道，尽快将资金拨付可再生能源发电企业，保护好企业开发利用可再生能源的积极性。对前期投入资金巨大的可再生能源企业，根据企业资金流的现状延长贴息期限，使企业运行更平稳、更有效；引导一般金融机构参与特定的低息贷款，拓展新能源融资渠道，让更多的闲置资金投入到新能源产业，促使其发展。

宁夏生态移民迁出区生态修复研究

李禄胜　崔万杰

生态移民是一项重大的民生工程，是宁夏解决中南部地区贫困问题、决胜脱贫攻坚的战略抉择，是树立和践行绿水青山就是金山银山重要理念的具体行动，也是落实党的十九大精神以及自治区第十二次党代会提出的生态立区战略、维护祖国西北生态安全的重要使命，对于实现宁夏经济繁荣、民族团结、环境优美、人民富裕，与全国同步建成全面小康社会目标具有重大现实意义和历史意义。

一、宁夏生态移民迁出区生态修复的基本情况

实施生态移民工程是自治区党委、政府作出的一项重大战略决策。加快生态移民迁出区生态修复与建设，确保实现移民迁出一片、生态恢复一片的目标，逐步改善生态移民迁出区生态环境质量，是促进宁夏中南部地区经济社会可持续发展的重大举措。

（一）生态移民迁出区生态修复措施

2013年，宁夏制定了加强生态移民迁出区生态修复的措施，即采取围栏封育、人工植树种草、自然修复等具体措施，全面启动生态移民迁出区

作者简介　李禄胜，宁夏社会科学院农村经济研究所（生态文明研究所）研究员；崔万杰，宁夏环境宣传教育中心干部。

水土流失治理，提高林草植被覆盖度，着力改善迁出区生态环境，逐步建立健全生态迁出体系。明确提出生态移民迁出区生态修复的五项措施：一是纳入林业重点工程建设范围。积极争取国家增加宁夏三北防护林、天然林资源保护、中央财政造林补贴等重点工程项目建设，将生态移民迁出区土地纳入国家重点林业工程建设范围，优先安排、重点倾斜，用活用足国家扶持政策，加快生态移民迁出区生态修复步伐。二是加强移民迁出区零星树木的保护。对移民迁出区农民房前屋后种植的树木，由当地林业部门清查登记，根据树木大小、数量多少，由当地政府依据自治区确定的补偿原则，给予适当的补偿，并统一管理，落实管护人员和责任，严禁任何人砍伐、移栽树木。三是做好退耕还林地政策衔接。对在原居住地享受退耕还林政策的搬迁农户，按照政策调整和完善承包合同、落实管护责任后，继续享受国家退耕还林补助政策，直至此项政策结束。四是支持组建国有林场。支持鼓励当地政府将生态移民迁出区退出的土地就近划归国有林场、自然保护区管理，对新组建的国有林场纳入全区国有林场管理，享受相关政策支持，并在林场基础设施建设、国有林场扶贫、森林防火、林业优势特色产业发展等方面给予倾斜。五是鼓励社会投资建设。鼓励社会自然人和经营大户组建家庭式林场，从事林业建设和生态修复，并实行规模化承包经营，享受相关林业扶持政策。

（二）出台《宁夏生态移民迁出区生态修复工程规划（2013—2020年)》

对 2001 年以来宁夏易地扶贫搬迁移民、中部干旱带县内生态移民和"十二五"中南部地区生态移民整村搬迁区域内退出的土地实施分类管理，进行生态修复。其中：现有林地、草地、园地等生态用地 557.9 万亩和未利用地 321.8 万亩，共计 879.7 万亩进行自然恢复，加强封育管护；交通用地和水域共计 12.3 万亩保持地类不变；耕地和宅基地共计 380.1 万亩实施人工修复。在迁出区生态修复过程中，坚持封育自然修复为主，辅以必要的人工修复措施，根据坡度、降雨量等地形地貌和气候条件，宜林则林、宜草则草。移民实施整村搬迁后，先行封禁，土地由所在移民迁出县（区）收归国有，进行确权登记统一管理，建立健全和完善相应的组织机构，通过划归周边自然保护区、林场管理或设管理站等形式，加强对移民迁出区退出土地的有效管理。依托国家重点生态治理工程，整合林业、农牧、水利等相关生态建设项目，逐步实施房屋拆迁及废弃物填埋、林业生态修复、草地恢复、水土保持四大工程，增强移民迁出区水源涵养、水土保持和防风固沙的生态功能。

（三）印发出台《关于加强生态移民迁出区生态修复与建设意见》

按照生态文明建设的总体要求，坚持生态效益优先，自然恢复为主，因地制宜，分类指导，科学规划，封造管相结合，自然修复与人工治理相结合，确保实现移民一片、生态恢复一片的目标，全面加强生态移民迁出区生态修复与建设，切实改善生态移民迁出区生态环境质量，努力把生态移民迁出区建成国家级生态修复示范区。

迁出区生态修复与建设的基本原则是，坚持自然修复为主，强化管护、建管并重；坚持尊重科学，因地制宜、宜林则林、宜草则草；坚持以迁出县（区）政府为主导，社会参与、部门配合；坚持生态效益优先，生态、经济、社会效益兼顾。

迁出区生态修复与建设的主要目标，到 2017 年，移民迁出区水土流失和土地退化得到初步控制，森林覆盖率达到 16%，植被覆盖度达到 56%。到 2020 年，移民迁出区生态环境质量明显改善，水源涵养、水土保持和防风固沙等生态功能显著增强，森林覆盖率达到 18% 左右，植被覆盖度达到 70%。

（四）划定生态移民迁出区生态红线

实施生态移民迁出区生态建设与修复，改善生态移民迁出区生态条件，是促进宁夏中南部地区经济社会可持续发展的重要举措，也是巩固生态移民成果的根本途径。《关于加强生态移民迁出区生态修复与建设的意见》《宁夏生态移民迁出区生态修复工程规划（2013—2020 年）》和《宁夏生态移民迁出区生态修复工程年度实施方案》，明确了任务，落实了责任，制订了方案，细化了措施，划定严守两条"红线"：一是 2017 年之前移民迁出区土地必须全部收归国有；二是 2020 年之前移民迁出区土地不得进行任何经营性开发建设，不准以任何名义引入企业、个人对移民迁出区土地进行承包、经营和使用。各移民迁出区按照全区生态修复与建设的总体思路，结合本地实际，以封育管护和植树造林种草为主，因地制宜，分类指导，科学制订规划或方案，确保目标明确、重点突出、措施得力、取得实效。

（五）启动六盘山400毫米降水线造林绿化工程

2017年，宁夏全面启动了引黄灌区平原绿网提升工程和六盘山400毫米降水线造林绿化工程，六盘山400毫米降水线造林绿化工程基本涵盖了生态移民迁出区生态修复的范围。根据全区自然生态状况，宁夏在南部山区、引黄灌区和中部荒漠草原区3个不同的生态功能区，分别启动实施了3项重点生态林业建设工程。工程建设的重点有三个方面：一是要抓好年度新造林，不断扩大森林资源面积，改善生态环境质量，为今后全区森林覆盖率的不断提升奠定基础；二是要抓好未成林地补植补造，确保成林转化，为确保实现"十三五"末森林覆盖率达到15.8%的目标全力冲刺；三是要加强退化林分改造，促进林木健康生长，提高林分质量和生态防护功能。目前，工程正在有序推进。

二、宁夏生态移民迁出区生态修复的重要意义

（一）打破资源约束，促进农民脱贫致富

宁夏地处我国内陆，自南向北，由半湿润区渐变为半干旱区、干旱区。地表径流由南向北逐渐减少，北部平原虽然地表径流少但有引黄河过境水之利发展了灌溉农业，粮食生产稳产高产，南部山区则因严重缺水和自然灾害频繁，导致农业生产水平呈波动状态。实施生态移民，克服资源约束，把部分生活在自然条件严酷、自然资源贫乏、生态环境恶化地区的贫困人口，实行搬迁，易地安置，是从根本上解决中南部山区贫困落后的有效手段之一，以保护迁出区生态环境和脱贫致富为出发点，使脱贫开发和生态环境建设有效结合起来创造了条件，通过改善迁入地的生产生活条件，在帮助移民脱贫致富的同时，缓解当地人与自然环境不可持续发展的局面，为迁出区人工生态修复和生态重建打下基础。

（二）有利于民族融合，对经济社会发展和维护社会稳定具有一定的促进作用

宁夏是少数民族聚居区，尤以宁夏南部山区表现最为突出。在西吉、

海原、泾源、同心等县区，少数民族人口占比均超过全县总人口的一半以上。宁南山区是生态移民的重点迁出区域，也是生态修复的重点区域。移民迁出后必将与迁入地原住居民产生各方面的交流，有利于增进民族情感，对消除历史上民族不平等，促进少数民族地区经济社会发展和文化交流，实现各民族共同繁荣具有一定的促进作用。

（三）具有显著的生态效益、经济效益和社会效益

人可以改造环境，环境也能改造人。20世纪80年代以来，宁夏组织实施的吊庄移民，成功地将山区特困户搬迁到有开发潜力的地区，吊庄移民的实践证明，开展生态移民，对于缓解贫困、改善生态环境质量具有一定的促进作用，可减少人均生态足迹对自然生态的占有。移民搬迁后，减轻了环境承载压力，缓解了人与自然失衡的矛盾，有利于迁出地生态环境的恢复和良性发展。

（四）增加生态移民迁出区生态存量

人口既是生态消费者，也是生态建设者。宁夏实施生态移民，把居住在重点生态区域、土石山区、高寒山区、严重缺水和地表裸露严重区域的人口，整村搬迁到新建的扬黄灌溉区域或交通便利的平原地区，可使迁出区在增加生态存量的同时减少人口的生态消费，从而达到从根本上脱贫的目的。减少或禁止迁出区人口生态消费与生态修复并举，让人口脱离生态脆弱区，通过调整迁出区居民的生活能源消费结构和生活模式，倡导以电、气为主要原料的烹饪取暖的模式，从而构建人口与自然生态的和谐，对缓解迁出区生态压力、恢复生态平衡具有十分重要的意义。

三、宁夏生态移民迁出区生态修复的长期性和艰巨性

宁夏移民迁出区分布在六盘山水源涵养区、黄土丘陵水土保持区、干旱带防风固沙区三个类型区，生态类型复杂多样，生态环境脆弱敏感，生态修复的任务十分迫切和艰巨。其生态移民迁出区生态修复的长期性和艰巨性是由宁夏复杂的生态环境特点决定的。宁夏的生态环境的特征可以概括为以下三个方面。

（一）迁出区环境条件复杂，生态类型多样

宁夏位于西北干旱区和东部季风区域，西南靠近青藏高寒区，处在这三大自然区域的结合部位，其地理环境具有明显的过渡性。宁夏水平地带性、垂直地带性、非地带性自然因素和人为活动影响综合交织，构成复杂多样的环境条件，形成多种生态类型。宁夏干旱半干旱草地占全区土地面积的40%以上，以荒漠草原和干旱草原为主。宁夏生态移民迁出区大多属于宁夏中南部地区，环境条件更加复杂、脆弱和敏感。

（二）迁出区干旱缺水，自然生态功能脆弱

宁夏是欠发达地区，经济基础相对薄弱，发展方式较为粗放，工业倚重倚能特征明显，生态环境容量小，生态环境脆弱。有关数据显示，宁夏多年降水量不足300毫米，不足全国平均水平的一半；水资源总量11.7亿立方米，仅占全国水资源总量的0.04%；水资源规模数2.3万立方米/平方公里，仅为全国平均水平的7%。水资源严重短缺，就意味着地表覆盖植物生长量的低下，宁夏单位地表植物生长量明显低于全国平均水平。天然林木生长量1.5立方米/公顷，明显低于1.84立方米/公顷的全国平均水平。天然植被覆盖度很低，尤其是中部干旱带地区，这一组数字会更低，常年降水量低于蒸发量。

（三）迁出区自然灾害频繁，人与自然矛盾突出

宁夏的生态移民迁出区属于黄土高原的西南边缘地带，千沟万壑，山大沟深，降水量低于蒸发量且季节分配严重不均，土地贫瘠，水土流失严重。中北部三面环沙，被腾格里沙漠、毛乌素沙漠和乌兰布和沙漠包围，故而移民迁出区风沙也大，风蚀也很严重。尤其是中部地区，冬寒夏热，春秋短促，主要灾害性天气有干旱、霜冻、冰雹、暴雨、干热风和沙尘暴等。有研究表明，宁夏生态环境容量小，生态承载力低下，除引黄灌区及部分库井灌溉区域外，大部分地区人口增长速度严重超过自然承载力，人与自然矛盾较为突出，人均生态足迹超过其土地生态承载力，生态环境处于不可持续的发展状态，且生态赤字绝对值呈逐渐增加的变化趋势。宁夏生态移民迁出区的特征决定了迁出区生态修复必将是一个长期的过程，是一项艰巨的历史任务、政治任务、民生工程。

四、推进宁夏生态移民迁出区生态修复的对策建议

党的十九大报告为宁夏实施生态立区战略、保护生态环境又一次指明了方向，也为生态移民迁出区生态修复提出了更高、更广的要求，更重要的是，它为宁夏生态移民迁出区生态修复提供了政治保障。

（一）坚持生态移民作为生态建设的主要措施之一

生态移民是把生态脆弱区的贫困人口搬离原有居住地，在其他自然环境较好的地方定居，并重建家园的人口迁移。从而全面缓解并最终解决生态脆弱地区群众生活与生态之间的矛盾，因此要把移民迁出区生态环境的修复渗透到各个领域和各个角落，把生态移民作为生态建设的主要措施之一，审时度势，适当扩大生态移民的范围和规模。但前提是要尽快建立健全已搬迁人口的社会保障问题，包括医疗、教育等方面。

（二）把迁出区生态修复工作落实到具体工程项目中

移民工程是一项世界性课题，美国、日本等国家的移民工程在走过一段曲折之路后，结果都不太理想。但中国的移民工程，虽然经过了很长的时间，却探索出了一条成功的路，尤其在宁夏，实施生态移民工程，由政府组织引导，市场调节，自发流动等多种形式，在国内外各种移民工程中颇具典型性。实行生态移民，是宁夏党委、政府解决南部山区贫困问题的一项新创举，利用生态移民的方式解决南部山区贫困问题。各移民迁出县（区）按照全区生态修复与建设的总体思路，结合本地实际，以封育管护和植树造林种草为主，因地制宜，分类指导，科学制订规划或方案，确保目标明确、重点突出、措施得力、取得实效。

（三）严格确定迁出区土地权属和用途

对生态移民迁出区土地全部收归国有，由县级人民政府统一管理，组织实施生态修复工程。各移民迁出县（区）根据相关法律规定和法定程序对移民迁出后的所有土地进行地类区分、面积核定和权属界定。明确管护主体，落实管护措施。对省际交界区域和生态破坏严重的区域要采取围栏封育的方式加以管护。同时严格土地用途管制，土地使用必须符合国家和自治区各项土地法规和政策，严禁将耕地变为建设用地，严禁在移民迁出

区进行工业建设和任何破坏生态环境的开发活动。生态移民迁出区土地在2020年以前不得进行任何经营性开发建设，不准以任何名义引入企业、个人对土地进行承包、经营和使用。严禁移民个人私自买卖、出租和转让迁出区土地。

（四）全面加强林木资源和公共设施管护

各移民迁出县（区）要对移民个人林地、宅基地"四旁"树木进行调查摸底，建立档案。个人林地、林木全部收归国有，宅基地"四旁"树木由当地政府给予补偿后，就近划归国有林场统一管理，严禁任何人砍伐、移栽。要保护好移民迁出区现有重点公用基础设施，保留移民迁出区原有的乡镇、村部、学校房屋及配套的动力通电线路、水井、水窖等重点基础设施，保护和利用好移民迁出区原有农村道路，为今后开展生态建设和管护提供便利条件。同时要整合林业、水利、农牧等部门项目资金，集中用于生态移民迁出区生态修复与建设。

（五）建设生态文化，普及环保知识

建设生态文化，要把生态文明建设理念和自治区第十二次党代会提出的生态立区战略，贯穿于生态移民迁出区和迁入地的各个领域和各个环节，落实到日常生活的方方面面，让生态文明成为移民的惯性思维模式、行为方式和生活方式。同时要普及生态环保知识，依据《宁夏环境教育条例》和其他环保法律法规，让移民懂得"尊重自然、顺应自然、保护自然。人类只有遵循自然规律才能有效防止在开发利用自然上走弯路，人类对大自然的伤害最终会伤及人类自身"这一无法抗拒的规律。从道德约束的层面，积极提倡保护生态环境和改善生态环境质量的行为，严格禁止破坏生态环境和危害生态环境质量的行为，形成全社会保护环境的良好氛围。

（六）完善制度体系，建立绿色生产生活方式

党的十九大报告提出："必须坚持节约优先、保护优先、自然恢复为主的方针，形成节约资源和保护环境的空间格局、产业结构、生产方式、生活方式，还自然以宁静、和谐、美丽。"我们要倡导简约适度、绿色低碳的生活方式，反对奢侈浪费和不合理消费，开展创建节约型机关、绿色家庭、绿色学校、绿色社区和绿色出行等行动。为此，要通过法律法规制度

的完善和系统化，构建迁出区的法律机制、政策机制、经济机制等，用有效的机制来保障迁出区生态修复工作。同时，要鼓励清洁生产，发展循环经济。通过创建节约型机关、绿色家庭、绿色学校、绿色社区和绿色出行等行动，提高移民生态环保的参与能力，增强移民生态环保意识。

（七）把迁出区生态修复的责任落实到干部选拔任命

党的十九大报告指出"建设生态文明是中华民族永续发展的千年大计"。迁出区生态修复工作，功在当代，利在千秋，与党的十九大报告坚持人与自然和谐共生一脉相承。要牢固树立社会主义生态文明观，推动形成人与自然和谐发展现代化建设新格局，为保护生态环境做出我们这代人的努力。同时，要把生态移民迁出区生态修复工作纳入到相关部门和迁出区领导干部任期政绩考核，作为选拔任用干部的一项指标。生态修复必须以科技作为支撑，生态修复必须在保护现有生态的前提下进行，决不能"拆东墙补西墙"。生态修复的目的是改善迁出区脆弱的生态环境，改善环境质量，改善到什么程度，需要广大干部群众的广泛认可，也需要对修复成果进行科学评估。

宁夏森林碳汇功能及其经济价值评价

高桂英　张娥娥

森林生态系统是陆地上最经济和有效地吸收 CO_2 的工具，森林碳汇可以在一定程度上吸收和固定经济发展过程中排放出的 CO_2，这种方式不但不会阻碍区域更好地发展经济，而且可以从森林碳汇贸易中获取经济、生态和社会效益。估算宁夏森林碳汇功能、评价其经济价值，旨在全面、科学地评价宁夏乔木林分的碳汇量及经济价值，分析宁夏森林碳汇在经济发展中的重要性，为宁夏发展碳汇项目、估算生态补偿机制中的补偿量、化解经济发展与减轻环境污染之间的矛盾提供基础数据和资料。

一、宁夏森林碳汇功能及其经济价值评价方法

（一）数据资料来源

本文所采用的宁夏乔木林分的不同龄级、面积和蓄积量以及宁夏森林总面积和蓄积量数据均来源于第九次全国森林清查宁夏森林资源调查数据，根据主要组成树种，本文将宁夏森林资料中的乔木分成以下 10 个乔木树种（组）：云杉、柏木、桦木、落叶松、油松、华山松、栎类、其他硬阔类、软阔类、针阔混交。另外，文章中采用的 2015 年宁夏区域 GDP 值通过查阅《2016 宁夏统计年鉴》所获得，宁夏三种含碳能源（煤炭、石油、天然

作者简介　高桂英，宁夏大学西部发展中心研究员；张娥娥，宁夏大学硕士研究生。

气）CO_2 排放量直接采用作者 2016 年发表的论文《宁夏城镇化与含碳能源 CO_2 排放量的关系研究》中的计算结果。

（二）乔木林分生物量计算

计算宁夏回族自治区 2015 年的林分生物量时，采用的方法是方精云等在 1996 年建立的生物量转换因子连续函数模型，是一个简单的回归方程，具体的计算公式为：

$$B = aV + b$$

式中：B 代表单位面积生物量(t/hm^2)，V 代表单位面积蓄积量(m^3/hm^2)，a 和 b 为参数。

各主要树种（组）生物量与蓄积量的转换关系如表 1 所示：

表 1 估算林分生物量的参数值

树种(组)	参数		R	n
	a	b		
落叶松	0.967	5.7598	0.99	8
云杉	0.4642	47.499	0.99	13
油松	0.7554	5.0928	0.98	82
柏木	0.6129	26.1451	0.98	11
华山松	0.5856	18.7435	0.95	9
栎类	1.3288	−3.8999	1.00	3
桦木	0.9644	0.8485	0.977	4
其他硬阔类	0.7564	8.3103	0.0986	11
软阔类	0.4754	30.6034	0.929	10
针阔混交	0.8019	12.2799	0.998	9

（三）林分碳储量及碳密度计算方法

通常，由植物生物量转化为碳储量可以根据植物干重有机物中碳所占的比重进行计算。不同树种组成、年龄和种群结构，转化率有轻微差距，但一般在 0.45—0.5 之间变化。由于很难获取各种植被类型的转化率，本文设定转化率为 0.5。碳储量计算公式为：

$$C = Y \times C_c$$

式中：Y 为林分生物量；C_c 为生物量中的碳含量（0.5）；C 为各树种（组）森林碳储量。

森林碳密度即单位面积森林的碳贮量，由森林碳贮量与森林面积之比得出。

(四) 森林总碳储量估算方法

本文在计算碳储量时采用的方法是李顺龙（2005、2006）、吕景辉（2008）等学者提出的森林蓄积量扩展法，该方法以区域所拥有的森林蓄积量为数据基础，首先计算出森林生物量的干重，然后用碳转化率计算森林碳汇量。森林全部碳汇量（C_{tf}）的具体计算公式为：

$$C_{tf} = \sum (S_{ij}C_{ij}) + \alpha \sum (S_{ij}C_{ij}) + \beta \sum (S_{ij}C_{ij}) \qquad (1)$$

$$C_{ij} = V_{ij}\varepsilon\lambda\Phi \qquad (2)$$

$$V_f = \sum (S_{ij}V_{ij}) \qquad (3)$$

通过整理以上公式，可以得出：

$$V_{tf} = (1+\alpha+\beta)V_f\varepsilon\lambda\Phi \qquad (4)$$

式中：C_{tf} 表示森林全部碳汇量，S_{ij} 表示第 i 类地区第 j 类森林类型的面积，C_{ij} 表示第 i 类地区第 j 类森林类型的生物量碳密度，V_{ij} 表示第 i 类地区第 j 类森林类型的单位面积蓄积量，V_f 表示森林蓄积量，α 表示林下植被碳转换系数，β 表示林地碳转换系数，ε 表示生物量蓄积扩大系数，λ 表示容积密度或干重系数，Φ 表示含碳率。在计算我国森林碳汇的过程中，各种换算系数均采用国际上通用的 IPCC（1996）默认值，即 $\alpha=0.195$，$\beta=1.244$，$\varepsilon=1.9$，$\lambda=0.5$，$\Phi=0.5$。

(五) 宁夏森林碳汇经济价值估算方法

森林具有固定和吸收二氧化碳的功能，可以将大气中的 CO_2 吸收并固定在植被或土壤中。学者们尚未对宁夏森林碳汇做过准确的计算，更未评估过宁夏森林碳汇的经济价值，本文选用造林成本法对宁夏森林碳汇的经济价值进行核算，这种方法也更接近其实际价值，设定固定每吨碳的成本为 305 元来估算宁夏 2015 年森林碳汇的经济价值，即森林碳汇经济价值=森林碳储量×305 元。

(六) 宁夏森林碳汇在区域发展中的重要性分析方法

本文主要以森林固碳量在三种含碳能源 CO_2 排放量中所占的比重和森林碳汇经济价值占区域 GDP 的比重两个方面来衡量森林碳汇在区域经济发

展中的重要性。

二、宁夏森林碳汇功能及其经济价值评价计算

（一）不同树种（组）生物量和碳储量

由表 2 可以得出，宁夏主要树种（组）的林分总生物量为 10088×10³ t，主要树种林分碳储量为 5043.6×10³ t。不同树种（组）中，软阔类碳储量最大，为 2885.05×10³ t，占宁夏林分总碳储量的 57.20%，其次是其他硬阔类，占 18.93%，再次为落叶松、云杉和油松，分别占 8.08%、7.60%、5.20%，其余树种（组）的碳储量占比较小。可见，宁夏地区森林类型分布不均匀，软阔类的碳汇能力在宁夏发挥着主导作用。

表 2　宁夏主要树种（组）总生物量和碳储量

单位：10³ t

主要树种(组)	生物量	碳储量	主要树种(组)	生物量	碳储量
落叶松	814.88	407.44	云杉	766.35	383.18
油松	524.63	262.32	柏木	85.08	42.54
华山松	55.93	27.97	栎类	62.26	31.13
桦木	5.55	2.78	其他硬阔类	1909.71	954.86
软阔类	5770.98	2885.49	针阔混交	92.65	46.32
合计	10088.02	5004.03			

（二）不同树种（组）各龄级树种的生物量与碳贮量

引用宁夏森林资源清查资料，将森林各树种（组）分幼龄林、中龄林、近熟林、成熟林、过熟林共 5 个龄级组。不同森林类型各龄级树种（组）的生物量与碳贮量（见表 3）。

1. 同一树种（组）不同龄级的碳汇能力比较

森林的碳贮量与森林的年龄结构组成密切相关。从表 3 可知，由于年龄结构的差异，同一森林类别不同龄级的碳汇能力是不一样的，宁夏的树种（组）都比较年轻，成熟林和过熟林的面积非常小，故其固碳能力比较小。落叶松不同龄级碳储量中，中龄林最高，占比为 69%，其次是幼龄林，占比 22%，再次是近熟林，占比 9%，暂时没有成熟林和过熟林；云杉不同龄级的碳储量由高到低为中龄林>近熟林>幼龄林>成熟林，无过熟林；油

表3　不同树种（组）各龄级的生物量与碳贮量

树种(组)	项目	幼龄林	中龄林	近熟林	成熟林	过熟林
落叶松	生物量	180.36	562.48	72.04	0	0
	碳储量	90.18	281.24	36.02	0	0
云杉	生物量	38.38	424.61	265.98	37.38	0
	碳储量	19.19	212.31	132.99	18.69	0
油松	生物量	0	110.51	258.52	155.6	0
	碳储量	0	55.26	129.26	77.80	0
柏木	生物量	28.27	14.44	42.37	0	0
	碳储量	14.14	7.22	21.19	0	0
华山松	生物量	12.36	43.57	0	0	0
	碳储量	6.18	21.79	0	0	0
栎类	生物量	15.58	46.71	0	0	0
	碳储量	7.79	23.36	0	0	0
桦木	生物量	0	5.55	0	0	0
	碳储量	0	2.78	0	0	0
其他硬阔类	生物量	894.07	709.72	243.92	62.00	0
	碳储量	447.04	354.86	121.96	31.00	0
软阔类	生物量	3332.5	1691.1	391.52	336.24	19.62
	碳储量	1666.3	845.06	195.76	168.12	9.81
针阔混交	生物量	15.12	49.36	28.17	0	0
	碳储量	7.56	24.68	14.08	0	0
合计	生物量	4516.6	3658.1	1302.5	591.22	19.62
	碳储量	2258.4	1828.6	651.26	295.62	9.81

松不同龄级的碳储量由高到低为近熟林>成熟林>中龄林，无幼龄林和过熟林；柏木不同龄级的碳储量由高到低为近熟林>幼龄林>中龄林，无成熟林和过熟林；华山松、栎类只有幼龄林和中龄林，其中中龄林的碳汇能力大于幼龄林的碳汇能力；其他硬阔类、软阔类不同龄级的碳储量由高到低为幼龄林>中熟林>近熟林>成熟林，无过熟林；针阔混交不同龄级的碳储量由高到低为中龄林>近熟林>幼龄林，无成熟林和过熟林。可见，年龄结构差异也是导致碳汇能力大小差异的主要原因之一，宁夏森林趋于年轻化，碳汇潜力有待进一步认真的挖掘和发挥。

127

2.同一龄级不同森林类型的碳汇能力比较

在同一龄级组中，不同森林类型的碳汇能力各不相同。幼龄林是碳储量最多的一个龄组，占宁夏总乔木林分碳储量的44.78%。在幼龄林中，软阔类就占了整个幼龄林组的73.78%。中龄林碳储量较多的是软阔类、其他硬阔类、落叶松、云杉、油松，桦木的碳汇功能最小。近熟林中，碳汇功能较大的依次为软阔类、云杉和油松。成熟林中碳汇功能最大的为软阔类。宁夏树种（组）只有软阔类有过熟林，所以过熟林中只有软阔类具有碳汇功能。

（三）宁夏森林总碳储量计算

根据宁夏2015年森林资源二类清查资料，宁夏森林面积共65.60万公顷，活立木总蓄积量为1111.14万立方米，其中森林蓄积为835.18万立方米。根据森林蓄积量扩展法，将宁夏森林蓄积量以及对应的系数值分别带入公式（4）中，通过计算整理，可以得到宁夏森林全部碳汇量为967.58万吨。

三、宁夏森林碳汇经济价值评价

（一）宁夏主要林分树种（组）碳汇经济价值

根据宁夏主要树种（组）碳储量计算结果，根据黄方等人的研究估算，固定每吨纯碳的成本约为305元，由此可以计算出宁夏回族自治区2015年森林碳汇的经济价值。宁夏林分碳汇经济价值估算结果如表4所示。

由表4可知，宁夏林分碳汇总价值为153830.4×10⁴元，其中：落叶松林分碳汇价值为12426.92×10⁴元，云杉林分碳汇价值为11686.99×10⁴元，

表4 宁夏主要林分树种（组）碳汇价值

单位：10^4元

林分类型	碳汇经济价值	林分类型	碳汇经济价值
落叶松	12426.92	云杉	11686.99
油松	8000.76	柏木	1297.78
华山松	853.09	栎类	950.08
桦木	84.79	其他硬阔类	29123.23
软阔类	87994.03	针阔混交	1412.76
合计	153830.4		

油松林分碳汇价值为 8000.76×10⁴ 元，柏木林分碳汇价值为 1297.78×10⁴ 元，华山松林分碳汇价值为 853.09×10⁴ 元，栎类林分碳汇价值为 950.08×10⁴ 元，桦木林分碳汇价值为 84.79×10⁴ 元，其他硬阔类林分碳汇价值为 29123.23×10⁴ 元，软阔类林分碳汇价值为 87994.03×10⁴ 元，针阔混交林分碳汇价值为 1412.76×10⁴ 元。

（二）宁夏不同龄林碳汇经济价值

根据宁夏不同龄林碳储量计算结果，根据黄方等人的研究估算，固定每吨纯碳的成本约为 305 元，由此可以计算出宁夏回族自治区 2015 年不同龄林碳汇的经济价值，估算结果如表 5 所示。

由表 5 可以得出，宁夏不同龄组碳汇经济价值不同，具体价值分别为：幼龄林的碳汇经济价值为 68880.59 元，成熟林的碳汇经济价值为 9016.11 元，过熟林的碳汇经济价值为 299.21 元，近熟林的碳汇经济价值为 19863.43 元，中龄林的碳汇经济价值为 55771.08 元。按大小顺序排列为幼龄林＞中龄林＞近熟林＞成熟林＞过熟林，这主要是由于不同龄林的森林面积以及蓄积量不同造成的，森林面积及蓄积量占比大的龄林所实现的碳汇经济价值也相对较多，所以我们可以扩大森林种植面积，增加森林碳汇，进而使森林碳汇总经济价值得到提高，为区域实现生态经济提供便利。

表 5　宁夏分龄林碳汇经济价值

单位：10⁴ 元

不同龄林	碳汇经济价值
幼龄林	68880.59
中龄林	55771.08
近熟林	19863.43
成熟林	9016.11
过熟林	299.21

（三）宁夏森林总碳汇经济价值

根据宁夏总碳储量计算结果，根据黄方等人的研究估算，固定每吨纯碳的成本约为 305 元，由此可以计算出宁夏回族自治区 2015 年总森林碳汇的经济价值，结果显示宁夏森林总碳汇经济价值为 2.95×10⁹ 元，其中林分碳汇价值为 1.54109 元，占森林碳汇经济价值总值的比例为 52.13%。

（四）宁夏森林碳汇的重要性评价

本文主要以森林固碳量在三种含碳能源 CO_2 排放量中所占的比重和森林碳汇经济价值占区域 GDP 的比重两个方面来衡量森林碳汇在区域经济发展中的重要性。森林碳汇的重要性指标值如表6所示。

可以看出，宁夏回族自治区森林固碳量在含碳能源 CO_2 排放总量中所占比例较小，仅占9.5%，说明宁夏的含碳能源产生的 CO_2 量很大，但是通过森林吸收和固定的量却只占了很小一部分，其他的 CO_2 量就飘浮在空气中，严重污染环境，导致宁夏空气质量极度下降，尤其是进入冬季取暖的一段时间，煤炭消费量大幅度上升，由此产生的 CO_2 量也大幅度增加，宁夏甚至出现雾霾天气，对人们的生活带来很多不便，也危害人们的健康。所以宁夏可以通过增加森林面积来吸收和固定更多的 CO_2，增加居民的安全感和幸福感。另外，宁夏森林碳汇经济价值占地区生产总值的比重为0.1%，这要求宁夏在发展经济的同时，要在保护原有森林面积及森林质量的基础上，增加森林面积，促使森林发挥更大的碳汇功能，实现更多的碳汇价值。

表6 宁夏森林碳汇的重要性指标值

指标	数值
森林面积（万公顷）	65.60
森林蓄积量（万立方米）	835.18
森林总固碳量（万吨）	967.58
含碳能源 CO_2 排放量（万吨）	10184.45
森林固碳量在 CO_2 排放量中所占的比重（%）	9.50
碳汇总经济价值（亿元）	2.95
2015年宁夏 GDP（亿元）	2911.77
碳汇经济价值占 GDP 比重（%）	0.10

宁夏主要依托三北防护林、退耕还林、天然林保护等国家重点工程，深入实施封山禁牧、防沙治沙、湿地保护等生态工程，增加森林面积，提高森林覆盖率，但由于受自然地理、气候条件的限制，另有个别地区只重视数量而不重视质量，只是为了完成任务而造林，造林质量偏低，森林功

能不够完备，其能够吸收的 CO_2 只占地区碳排放量的一小部分，所以宁夏未来可以尝试通过造林、再造林项目和加强森林保护来增加森林面积，提高森林覆盖率，缓解大气 CO_2 的浓度，增加随之带来的森林碳汇经济价值，为宁夏建立碳汇市场营造一个良好的环境，使宁夏的森林资源走向市场，成为经济社会可持续发展的一项基础产业和公益事业。对宁夏森林碳汇功能及经济价值的研究处于初步探索的阶段，还有很多需要完善的地方，本文鉴于数据的可获取性，在对宁夏森林碳汇大小的计算方面，仅仅计算了宁夏乔木林不同树种（组）、不同龄林的碳汇大小，未对其他森林类型如经济林、灌木林和竹林等的碳汇进行计算，在估算森林碳汇经济价值时，确定固定每吨纯碳的成本约为 305 元，计算结果可能会存在小幅的偏差。

鄂陕蒙应对气候变化对宁夏的启示

杨桂琴　马术梅　周海忠

全球气候变化是人类共同面临的巨大挑战，关系经济社会发展全局，我国作为世界第二大经济体和最大发展中国家，在应对气候变化方面向国际作出了承诺。为学习借鉴国内相关省区的做法经验，高质量编制《宁夏应对气候变化"十三五"规划》，推进宁夏应对气候变化工作，规划编制组赴鄂陕蒙三省区，通过座谈、到碳交易中心等第三方服务机构和低碳试点示范基地实地调研等方式，进行了广泛深入的学习交流，形成了调研报告。

一、鄂陕蒙应对气候变化工作中的主要做法

鄂陕蒙三省区依托各自的比较优势，在应对气候变化领域探索出了一些好做法好经验，对宁夏应对气候变化工作具有借鉴意义。

（一）强化组织保障，分解落实减排目标

建立健全组织机构，鄂陕蒙三省区均在政府成立了应对气候变化工作领导小组，在省区发展改革委成立了应对气候变化处，专门负责落实领导小组办公室各项职责，此外，湖北省还成立了应对气候变化专家委员会，形成了"政府主导，专家咨询，多部门参与"的组织领导和决策协调机制；

作者简介　杨桂琴，宁夏回族自治区发改委经济研究中心副主任、副研究员；马术梅，宁夏回族自治区发改委经济研究中心发展研究部部长、助理研究员；周海忠，宁夏回族自治区政府办公厅秘书五处主任科员。

内蒙古自治区将应对气候变化与节能减排工作领导小组合并，成立了"内蒙古自治区应对气候变化及节能减排工作领导小组"，领导小组办公室设在发改委环资气候处。强化考核抓减排目标责任落实，湖北省发布了《单位国内生产总值二氧化碳排放降低目标责任考核评估实施方案（试行）》，将全省碳强度降低目标分解到各市州，每年对各市州碳强度降低工作进行考核评分，考核结果纳入市州政府工作评价体系。

（二）积极开展低碳试点，发挥示范带动效应

鄂陕蒙三省区在争取国家低碳试点示范方面成效显著，同时积极开展省区级低碳试点示范。湖北省 2010 年获批成为国家低碳试点省份；2011 年获批成为碳排放权交易试点省份，截至 2017 年 4 月底，累计完成交易 43569 笔，交易量 2.96 亿吨，占全国交易量的 75%；交易总额 69.94 亿元，占全国交易总额的 80%，碳市场活跃性和连续性稳居全国首位；2015 年，武汉市成为首批国家"海绵城市"试点和第二批国家低碳城市试点，并在中国城市可持续发展国际论坛上被联合国开发计划署授予"中国可持续发展城市奖"，武汉花山生态新城被确定为首批国家低碳试点城镇，武汉金口垃圾填埋场生态修复项目在巴黎世界气候大会上获得 C40 城市奖；2017 年，宜昌市长阳县入围全国第三批低碳城市试点，武汉市和十堰市入围国家气候适应型城市试点，武汉青山经济开发区、孝感高新技术产业开发区、黄石黄金山工业园区 3 个园区成为首批国家低碳试点园区。同时，湖北省政府确定在襄阳和咸宁 2 个城市、武汉东湖新技术开发区和黄石黄金山工业园 2 个园区、武汉百步亭社区和鄂州峒山社区 2 个社区开展省级低碳试点示范。陕西省 2010 年获批成为国家低碳试点省份，延安市、安康市先后被列为国家低碳试点城市，延安市 2015 年随习主席出访美国，参加"中美低碳城市峰会"，并在全省率先宣布 2029 年实现碳峰值目标。2017 年，商洛市和西咸新区获批全国首批气候适应型城市建设试点。"十二五"期间确定了两批 31 家低碳试点单位，积极探索城市、工业、园区等领域的低碳发展新路径和新模式。2015 年陕西省组织开展了省级低碳社区、低碳城镇和低碳商业试点，2016 年 12 月组织在全省开展了近零碳排放示范区试点工作。内蒙古自治区呼伦贝尔市和乌海市先后获批成为国家第一批、第三

批低碳城市试点；在国内首次开展跨区域碳排放权交易试点，启动了呼和浩特市、鄂尔多斯市与北京市（简称京蒙试点）、包头市与深圳市（简称包深试点）跨区域碳排放权交易试点工作；同时，内蒙古积极开展自治区级低碳园区、低碳社区试点。几年来，低碳试点在促进鄂陕蒙三省区应对气候变化方面发挥了重要引领和示范带动作用。

（三）设立专项资金，强化资金引导

湖北省在年度财政预算中设立了低碳发展专项资金，规模达 3.7 亿元，其中低碳试点专项资金 2000 万元，主要用于支持低碳试点示范项目和能力建设项目，2010 年以来省财政累计投入 8000 万元用于支持低碳试点太阳能路灯、社区地源热泵系统、沼气工程、低碳发展规划（方案）等示范项目和能力建设项目。内蒙古自治区党委、政府 2013 年批准设立了应对气候变化及低碳发展专项资金，目前，资金额度由设立初期的 300 万元提高到 3000 万元。用于支持应对气候变化基础研究、能力建设、试点示范等方面工作，重点在低碳城市建设、低碳社区试点、清单编制、碳汇方法学研发、统计体系建设、重点课题研究、人才队伍建设等方面给予支持。

（四）重视智库建设，增强研发支撑

鄂陕蒙三省区都重视应对气候变化智库建设和研发支撑，并注重与国家级科研机构或高校合作。湖北省与美国环保协会、英国驻华使馆、德国国际合作机构（GIZ）等单位在低碳农业、低碳城镇、森林碳汇项目、碳交易、应对气候变化能力建设等方面开展务实合作，在资金、项目等方面积极支持二氧化碳捕集、利用和封存试验示范工程建设。华中科技大学的国内首套世界第三套 3MW 规模全流程富氧燃烧试验平台、亚洲最大的 35MW 富氧燃烧示范项目已在湖北应城建成。陕西省 2010 年在全国率先建立省级二氧化碳捕集、利用和封存工程中心，构建了政府、大学和企业"三位一体"研发应用体系。2016 年 10 月，国家发改委批复在西北大学设立 CCUS（碳捕获与封存技术）国家工程研究中心，陕西省延长石油集团碳捕集、封存和驱油示范项目居全国领先地位，成功列入 2015 年《中美元首气候变化联合声明》。2017 年 5 月，亚行确定向延长 CCUS 示范项目提供绿色低碳技援赠款 550 万美元，6 月签约启动。内蒙古自治区专门成立了节能与应对气候变化中心，同时，内蒙古自治区政府与中国社科院联合成立了"内蒙古气候政策研究院"，办公室设在内蒙古节能与应对气候变化中心。近三年内蒙古财政安排研究经费800多万元，支持开展了大量基础研究工作，为推进内蒙古应对气候变化提供决策参考。

（五）结合地方实际，突出地方特色

三省区应对气候变化工作特点突出、亮点鲜明的方面，正是各自以自身发展实际或优势资源为基础创新性开展工作的结果。如湖北省的碳排放权交易试点之所以在全国最具代表性，是因为湖北的经济发展水平、产业结构特点、能源使用强度与全国平均水平相近。湖北省、陕西省应对气候变化智库建设的成功，正因为立足于其发达的教育体系、雄厚的科研机构或实力雄厚的能源能耗企业等实际。内蒙古的森林草原碳汇和光伏农业项目也源于其独特的地域、生态特点。

（六）完善政策法规体系，强化制度保障

湖北省近年来先后出台了《关于加强应对气候变化能力建设的意见》《关于发展低碳经济的若干意见》《应对气候变化行动方案》《"十二五"控制温室气体排放工作实施方案》《低碳发展规划》《碳排放权管理和交易暂行办法》《应对气候变化和节能"十三五"规划》等一系列法规和规范性文件。陕西省近年来先后出台了《陕西省应对气候变化"十二五"规划》《应对气候变化"十三五"规划》等文件。内蒙古自治区近年来先后制定了《节能减排低碳发展行动方案》《2014年度大气污染防治实施计划》《"十三五"节能降碳综合工作方案》《应对气候变化"十三五"规划》等一系列政策文件。这些文件为鄂陕蒙三省区应对气候变化提供了制度保障。

二、鄂陕蒙应对气候变化的主要经验

鄂陕蒙三省区的经验告诉我们，做好应对气候变化工作，组织体系是保障，改革创新是支撑，低碳试点是抓手，资金保障是关键，能力建设是基础。

（一）组织体系是保障

鄂陕蒙三省区都重视应对气候变化组织机构建设，经不断探索创新，

135

领导机构逐步完善，决策咨询机构不断强大，真正发挥了政府机构的领导作用和"战略顾问团""智囊思想库"的决策咨询作用，集思广益，集体决策，形成了政府领导、专家咨询、部门协调、多方参与的应对气候变化组织架构和工作机制，有效保障应对气候变化工作顺利开展。同时，重视目标责任分解落实和各部门、研究机构紧密配合，齐心协力推进减排降碳总体目标。

（二）改革创新是支撑

鄂陕蒙三省区都将改革创新作为应对气候变化工作的重要支撑，注重制度创新与科技创新相结合，通过出台考核评估方案、发展规划、试点办法、行动方案和管理条例等一系列法规制度和规范性文件，为应对气候变化工作提供了及时、有效的政策和制度保障。同时，加强应对气候变化基础研究、技术研发基地建设，形成了研发支撑长效机制。

（三）低碳试点是抓手

鄂陕蒙三省区都将低碳试点作为积极推进应对气候变化工作的重要抓手，在争取国家碳排放权交易试点、低碳城镇试点、低碳园区试点、海绵城市试点、气候适应型城镇试点的同时，积极开展省区级低碳城镇、低碳园区、低碳社区、低碳校园、低碳商业等试点，真正发挥了以点带面、点面结合的示范带动效应。

（四）能力建设是基础

鄂陕蒙三省区都将能力建设作为应对气候变化的重要基础，不断完善温室气体统计核算体系，建立健全温室气体排放基础统计制度，加强温室气体排放核算工作。同时，注重培育应对气候变化第三方服务机构，不断加强应对气候变化培训工作，对行业、企业、个人和地方主管部门开展了多频次、多层次、全方位的培训，提高了政府官员、企业管理人员及相关专业人员应对气候变化的意识和工作能力。

三、宁夏应对气候变化的几点建议

结合宁夏应对气候变化工作实际，学习借鉴鄂陕蒙三省区应对气候变化的经验和做法，调研组建议宁夏在体制机制创新、试点示范带动、资金投入、智库建设等方面进一步加大改革创新力度，有效推进宁夏应对气候变化工作。

（一）加大体制机制创新力度

1. 建立组织协调机制

充分发挥自治区应对气候变化及节能减排工作领导小组的职能作用，建立组织协调机制，协调督导各地、各有关部门履行职责，有效落实国家和自治区应对气候变化重大战略目标任务，落实控排降碳目标，引导企业、社会团体、公众积极参与应对气候变化工作，形成部门协作、上下联动、全民参与的应对气候变化整体合力。

2. 完善政策法规

法治是根本，是其他所有政策工具的依据和有效落实的保障，宁夏应在落实好既有应对气候变化相关法律法规和政策的基础上，加快修订完善生态建设、环境保护等方面的政策法规，研究制定促进绿色发展、大气污染防治等地方性法规，使应对气候变化工作沿着法制化和规范化轨道发展。

3. 加强制度建设

根据国家的统一安排与部署，建立宁夏温室气体排放第三方核查机构遴选与动态更新制度和企业温室气体排放报告与核查制度。完善市、县、企业温室气体排放统计核算制度。结合宁夏空间规划（多规合一）改革试点工作，完善自然资源资产产权及用途管制制度，明确各类国土空间开发、利用、保护边界，设定并严守资源利用上限、环境质量底线、生态保护红线。健全资源有偿使用制度，严格执行工业用地出让最低价制度，完善矿山地质环境保护和恢复治理保证金制度。

4. 严格考核问责

强化宁夏对应对气候变化工作的考核，把应对气候变化考核纳入美丽宁夏考核体系中，明确考核重点指标和考核办法，重点考核资源消耗、生态环境、空气质量、水资源利用等可量化、约束性指标，逐步取消重点生态功能区和生态脆弱市、县（区）GDP考核。

（二）强化试点示范带动

在做好银川市、吴忠市第三批国家低碳城市试点和固原市国家海绵城市试点的基础上，积极争取更多城镇进入国家级试点范围。同时，积极开展自治区级低碳城市、低碳园区、低碳社区、低碳商业及低碳校园试点，强化试点示范带动和引领，努力探索低碳发展宁夏新模式，不断创造低碳发展新优势，促进经济社会低碳化、可持续发展。

（三）加大资金投入力度

在积极争取国家应对气候变化领域相关资金的基础上，加大自治区财政投入力度，设立宁夏应对气候变化和低碳发展专项资金，形成资金投入稳定增长机制。依托美丽宁夏建设基金，重点抓好生态建设、污染防治、节能减排、环保产业等领域发展，提高资金使用效益。降低准入门槛，通过特许经营、PPP等模式，完善投资回报和退出机制，引导民间和社会资本投入。发展绿色金融，引导金融机构开发绿色信贷、保险、证券、担保、基金等产品和服务，支持具备条件的企业项目在资本市场融资。建立广渠道、多元化、多层次宁夏应对气候变化的投融资模式。

（四）加强智库建设和科技支撑

积极探索建立应对气候变化智库，加大基础研究和关键技术攻关。按照国家和自治区建设新型智库的基本标准，以服务宁夏应对气候变化科学决策为目标，以推动咨询研究、成果转化为方向，加强与中科院、社科院或国家气候战略中心等国家级科研机构的合作交流，争取共建宁夏应对气候变化研究中心，提高宁夏应对气候变化领域基础研究能力，借智借脑为宁夏应对气候变化建言献策；依托宁夏高校、国家实验室等科研平台，争取项目和资金，开展应对气候变化领域关键技术研发；根据宁夏优势主导产业、节能环保产业、碳排放权交易市场和重点生态功能区建设的重大技术需求，积极引进吸收国内外关键共性技术，并进行推广应用，进一步提升宁夏重点行业、重点企业、重点工程的节能降碳技术水平，夯实应对气候变化科技支撑。

支持科技创新平台建设。加快建立政产学研用有效结合，支持建立低碳发展、生态环保重点实验室、研发中心，培育科技中介服务机构。强化大学科技园、企业孵化器、产业化基地、高新技术开发区等对技术产业化的平台支持力度。

宁夏绿色有机农业发展调研报告

民盟宁夏区委会

发展绿色有机农业有利于推动农业实现优质增效，帮助农民稳定增收，促进区域经济协调稳定增长。2017年，民盟中央将"以加快西部地区绿色有机农业发展推动农业供给侧改革"确定为联合调研课题，由甘肃、青海、宁夏三省区共同承担。为此，民盟宁夏区委会专门成立了课题组，通过召开座谈会、实地考察等方式，对宁夏绿色有机农业的发展优势、现状及存在的问题展开了专题调研。

一、宁夏发展绿色有机农业的优势

宁夏有丰富的土地资源及得天独厚的光热资源优势，为绿色有机农业的发展提供了许多有利条件，是我国绿色有机农业发展潜力最大的地区之一。

（一）资源环境优势

宁夏工厂企业相对较少，农村远离城镇工厂企业，很多地方的水质、空气、土壤基本上不受污染，病虫害较轻，使用农药现象较少，为发展绿色有机农业提供了有利条件。宁夏农业发展历史悠久，依据地理、资源、自然环境和经济发展水平，分为北部引黄灌区、中部干旱带和南部山区三大区域。北部引黄灌区拥有黄河灌溉条件，土壤肥沃，地势平坦，农业生产条件优越；中部干旱带草原辽阔，物产丰富，以旱作农业和特色种养殖为主；南部山区雨水充足，环境洁净，是发展特色农业的较佳区域，三大区域的特色资源优势和生态环境优势为宁夏发展绿色有机农业奠定基础。其中葡萄产业资源环境优势在于贺兰山东麓日照充足（2851—3106小时），热量丰富，土壤透气性好，富含矿物质，昼夜温差大，降水量少（不足200毫米），黄河灌溉便利，这些自然条件优势使产区的葡萄具有香气发育完全、色素形成良好、糖酸度协调、病虫害少等特征，具备生产中高档葡萄酒的基础。而枸杞种植在宁夏已有600年历史，长期种植总结出了一套成熟的枸杞栽培技术，同时清水河流域及黄河两岸土地肥沃、矿物质丰富、气候适宜、灌溉便利，形成了宁夏枸杞种植的先天环境和技术优势。

（二）社会经济优势

近几年，宁夏农业生产条件得到显著改善，农业经济发展迅速，农业综合能力得到提高。2016年，宁夏粮食种植面积1167.5万亩，粮食总产量370.61万吨，实现连续13年丰收。完成农林牧渔业总产值489.99亿元，优势特色农业产值418.96亿元，占农林牧渔业总产值的85.5%。全年农村常住居民人均可支配收入9851.6元，比2015年增长8.0%，人均生活消费支出9138.4元，增长8.6%，农民生活水平显著提高，农村经济条件迅速发展。这也为宁夏绿色有机农业发展提供了一定的经济优势条件。

（三）特色产品优势

宁夏着力发展水稻和小麦种植、奶牛、清真牛羊肉、枸杞、葡萄、淡水特色养殖、退耕还林（草）、脱毒马铃薯、压砂西甜瓜、灵武长枣、道地中草药、优质牧草、脱水蔬菜等特色优势农产品。其中，宁夏枸杞种植面积达到90万亩，平均亩产干果200—250公斤，枸杞干果总产量达9.3万吨，综合产值130亿元，已经形成了以中宁为核心、清水河流域和银川北部为两翼的枸杞产业带，枸杞产品从单一枸杞干果发展到现在的枸杞果酒、枸杞芽茶等100多种系列产品，培育了百瑞源、宁夏红、早康、沃福百瑞等200多家枸杞种植、加工、营销企业。贺兰山东麓葡萄酒产区种植面积达到62万亩，酿酒葡萄54万亩，已建成酒庄86个，正在建设的113个。

(四)农业生产技术优势

宁夏的农业发展与中部、东部农业大省相比，相对较慢，多数还处于传统的农耕模式，以农家肥为主，受污染的程度还不算严重。众所周知，绿色有机农业主要是指在农业生产中不施用人工化学合成的化肥、农药、饲料添加剂和生长调节剂等物质，且非基因工程生物或产物，遵循自然规律和生态学原理，协调种植业和养殖业的平衡，维持农业生态系统持续稳定的一种农业生产方式，而宁夏传统的农耕方法使得发展绿色有机农业生产技术更容易实现，甚至部分农产品只需要进行相关的认证即可成为绿色或有机食品。因此，发展绿色有机农业，宁夏传统的农业生产技术是基础，同时由于宁夏农业规模相比其他省区较小，容易实现绿色有机农业整体发展。

二、宁夏绿色有机农业发展现状

宁夏具有发展绿色有机农业的区域优势。近年来，随着人们生活水平的提高和消费观念的改变，对绿色有机农产品的需求日趋旺盛，宁夏抢抓机遇取得了一定的成效。

(一)农业标准化生产稳步推进

宁夏创建全国绿色食品原料标准化生产基地14个，涉及全区12个市县214万亩土地。建设全国有机农业示范基地2个。通过推进农业标准化示范县（区）建设项目，发挥其辐射带动作用，使得农业生产标准化水平大幅提升。围绕"1+4"（优质粮食，草畜、蔬菜、枸杞、葡萄）农业特色优势产业，起草完善了有关产地环境标准、生产技术标准、品种标准、质量标准及加工、包装、储藏、保鲜、运输等标准；正在创建国家级农业标准化示范县及示范区、自治区级农业标准化示范区、全国绿色食品原料标准化生产基地和标准化规模养殖场等。

(二)农业面源污染治理效果明显

按照"两减三基本"（努力减少化肥和农药施用量，基本解决畜禽粪便污染、地膜残留污染、秸秆焚烧污染等问题）目标，加大控制治理农业面源污染，取得了积极成效。在减少化肥施用方面，通过测土配方施肥等技术提高用肥的准确性，提高利用率；通过绿肥、农家肥的利用来替代化肥，培肥地力。在减少农药使用方面，进一步推广"管住高毒，减少低毒，科学用药"的做法。抓种养结合和沼气工程，解决畜禽粪便污染，推进资源化利用；通过增加地膜厚度和建立回收利用机制，加大解决地膜残留污染问题；通过推进秸秆肥料化、饲料化、基料化，有力解决秸秆焚烧污染问题。

（三）监管支撑体系持续加强

各级农产品质量安全监管机构坚持问题导向，以风险防控为目标，针对粮食加工品、食用农产品等30个大类150多个品种的食品，开展安全监督抽检，总体合格率98%。依据国家质检总局《检验检测机构资质认定管理办法》《检验检测机构资质评审细则》，指导获证机构做好自查，对自查情况进行审核，及时更新资质认定检验检测机构档案。进一步加强各级各类农残速测点、日检、公示、市场准入等制度建设。

（四）农产品质量安全水平持续提高

农业部监测数据，宁夏主要农产品检测合格率为98.6%，其中，蔬菜类合格率为97%，畜禽类合格率为99%，水产品类合格率为99.1%，高出国家控制指标3.6个百分点。尤其是生产基地的蔬菜类合格率为99%，畜禽类合格率为100%，水产品类合格率为100%。2015年，宁夏生产基地合格率指标居全国第一位，受到农业部陈晓华副部长的表扬。宁夏连续15年没有发生农产品质量安全事件。绿色食品和有机农产品抽检合格率达到99%。

（五）优质农产品品牌建设力度强劲

为加大绿色食品和有机农产品质量安全管理力度，宁夏颁布了《宁夏回族自治区实施〈中华人民共和国农产品质量安全法〉办法》，明确了各部门对绿色食品和有机农产品监督管理职责和违法处罚措施，增强了绿色食品和有机农产品的公信力。绿色食品和有机农产品作为国家优质安全农产品的公共品牌，是许多市场特别是南方超市入门的必要条件，因此也成为企业争取的品牌标志。特别是近几年，随着宣传力度的加大，绿色食品和有机农产品知名度越来越高，成为社会各界关注的焦点和消费者追求的优质产品。绿色食品和有机农产品已成为宁夏农产品走出区门的敲门砖。

绿色篇

三、宁夏绿色有机农业发展存在的主要问题

充分利用宁夏的农业资源和良好的生态环境，推进农业供给侧结构性改革，对于实现优质增效、农民增收、经济协调发展具有极大的促进作用，但实际中还存在一些问题。

（一）自然环境和基础设施方面

宁夏灌区耕地盐碱化面积大，山区农田干旱瘠薄，发展绿色有机农业受到限制。同时，农业面源污染治理任务重；农业机械化不足；节水农业发展基础设施建设滞后；绿色生态农业总体规模层次有待提升，土地流转、农业合作社、农业生产兼业化组织化程度不高等问题，都严重制约着宁夏规模化生产。

（二）制度机制方面

农业标准化体系建设、农产品质量安全追溯体系建设还不完善，缺乏完整的种植、生产、加工、销售、流通全过程的农业标准化体系。农产品质量安全监管、检测、执法体制机制不顺，监管主体涉及农牧、质监、工商、卫生、食药监等多个部门，全程监管还难以统一协调。绿色有机食品认证监管混乱，监管队伍力量、农业监管与食品监管衔接、监管能力有限。

（三）科技、资金保障方面

宁夏在绿色有机农业方面科技投入不足，新技术、新品种、新化肥、新农药和新机具引进、研发能力较弱，示范推广力度不够，尤其是绿色化肥、绿色农药、可降解地膜等由于产量低、价格高致使示范推广严重滞后，绿色有机农业抗灾害、抗风险、质量效益提升难度加大。

（四）市场供求和产品结构方面

面对国际国内市场的激烈竞争，由于信息不畅，农民和新型经营主体进入市场带有较大的盲目性。特色优势农产品区域布局零乱、规模较小，块状、片状、带状结构不明显，限制了机械化使用、规模化经营和实用技术的大面积推广应用，未能发挥出集聚效应和比较优势。同时，绿色有机农业龙头企业数量少、规模小、布局分散，农民专业合作组织运行不规范、带动能力弱，农产品的市场竞争力还不强。

145

（五）认证等其他方面

目前，公众对有机食品、绿色食品和无公害农产品的消费意识还不是很强，在市场销售上，不能做到优质优价。由于"农业三品"是自愿性认证，企业的认识不足，大部分只是为取得认证多个招牌，在生产过程管理和持续保证"三品"条件上还有差距，市场管理不规范，执法力度不够，真正的"农业三品"规模小、成本高，假冒产品扰乱了有机绿色销售市场秩序，说明宁夏在绿色有机认证认识和强化监管方面还有待于进一步提高。

四、推进宁夏绿色有机农业发展的对策建议

2017 年是国家农产品品牌质量年。以"创新、绿色、协调、开放、共享"五大发展理念为引领，大力发展绿色有机农业是增强农业竞争力、推进农业供给侧结构性改革、实现农业现代化的必由之路。

（一）发挥西部地区的比较优势，制订发展区划

西部地区发展绿色有机农业具有得天独厚的优势。建议国家应立足西部地区的农业资源禀赋，因地制宜，合理制定适度超前的绿色有机农业发展规划。以系统规划促进西部地区绿色有机农业科学有序发展，建立健全促进绿色有机农业发展的政策法规。同时，加大节水农业、循环农业等基础设施建设方面的投入；加大绿色有机农业补贴力度，设立绿色有机农业发展专项资金、大型农业机械补贴等。

（二）创新绿色有机的体制机制，激活发展潜能

进一步理顺政府部门对绿色有机农业管理的体制机制，建议在各级农牧部门成立权、责统一的农产品质量安全机构，统一领导农药兽药饲料管理、农产品质量安全监管检测及定点屠宰管理等监管工作，彻底扭转当前农产品质量安全管理、执法、监督部门分割的局面，切实提高监管效率，确保农产品质量安全。建立以政府投入为导向、绿色食品加工企业和农民投入为主体、其他投入为补充的多元投入机制，不断创新投入机制。

（三）培育国际化的龙头企业，打造一流品牌

以绿色有机农业国际化标准为目标，以产业为链条，培育做大做强绿色有机农业龙头企业，进一步做活绿色有机农业市场，积极培育和壮大龙

头企业、农民专业合作社、家庭农场等新型经营主体，引导土地流转，推进绿色农业规模化经营、组织化生产，搭建依托平台，以规模化推进绿色生态有机农业发展。以名牌为战略，做精绿色有机农业品牌；以园区为载体，做大绿色有机农业基地。

（四）加快研发推广，强化技术支撑

根据绿色有机农业的发展目标，建立绿色科技创新体系，重点在新品种选育、生物防控、有机肥料、农产品储藏加工等领域加快研发推广步伐，选育推广一批优质、高产、高抗的新品种，开发应用一批高效、高利用、无残留、无污染的新工艺。应重点突破有机肥料生产和施用技术、生物农药研制技术、良种培育技术、特色产品加工技术等；加大研发队伍的建设力度；强化农业科技成果转化措施。针对西部特色优势农业可持续发展的重大科技需求，加强农业面源污染成因、阻控、消减等应用基础研究，积极开展肥药替代、病虫害绿色防控、肥药减施增效、农业农村废弃物资源化利用等技术研发和集成创新，加快构建农业面源污染防治技术体系，保障西部生态安全和农产品安全。

（五）完善国家标准制度，强化质量监管

进一步规范标准化生产，保障农产品质量安全；建立健全农产品质量安全检测检验体系和质量追溯体系，从根本上保证生产、运输、销售等所有环节的农产品质量安全。进一步加强对绿色、有机、无公害食品生产的监督管理，严厉打击假冒伪劣产品，切实保障生产企业和消费者的合法权益。强化源头控制和管理，进一步加强农业监管与食品监管的衔接，统一认证，提升认证公信力。

（六）强化宣传培训，营造发展氛围

广泛深入宣传，提高认知程度，增强广大干部群众开发有机绿色农业的积极性和自觉性，使绿色有机食品得到大家的认可，真正做到优质优价销售。进一步规范绿色有机产品市场，提高绿色有机产品的市场竞争力，使之成为培育绿色有机品牌农业供给侧结构性改革的着力点。

宁夏绿色扶贫建设研究

李 霞

绿色扶贫是融入环境机制要素的现代性扶贫方略，其实质是从以经济发展为中心转向以生态发展为中心，兼顾经济和社会效益的一种绿色减贫路径，是扶贫开发由"漫灌"向"滴灌"，由"输血"向"造血"的深化发展。近年来，自治区党委、政府高度重视绿色扶贫工作，积极探索，大胆实践，根据贫困地区资源环境承载能力，科学制订精准扶贫工作方案，合理布局绿色产业和项目，着力实施乡村旅游扶贫、生态扶贫、光伏扶贫和电商扶贫等绿色扶贫，全力构建宁夏绿色扶贫的动力机制，走出了一条绿色扶贫之路，实现了精准扶贫的绿色化与可持续发展。

一、宁夏绿色扶贫发展现状审视

（一）乡村旅游扶贫成为脱贫致富的生力军

旅游业是扶贫效果最好、成本和返贫率最低、受益面最宽、拉动性最强的产业之一。宁夏通过大力实施乡村旅游精准扶贫工程，建设了一批具有历史、民族、文化特点的特色旅游扶贫村镇，扶持发展了一批农家乐经营户，优化了旅游资源，创新了旅游扶贫与贫困人口脱贫致富的利益联结

作者简介 李霞，宁夏社会科学院农村经济研究所（生态文明研究所）副所长、研究员。

机制，提高了精准扶贫的有效性，乡村旅游扶贫取得了显著成效。

2017 年国庆中秋节期间，全区"农家乐"接待游客 47.43 万人次，实现营业收入 3435.54 万元。固原市国庆中秋节期间，接待乡村旅游游客 18.94 万人次，实现营业收入 1034.80 万元，成为全区乡村旅游的排头兵。泾源县冶家村为回族聚居村，是旅游扶贫重点村，全村共有 341 户 1459 人，其中建档立卡贫困户 96 户。现从事"农家乐"经营的群众 78 户，有床位 1000 多张，农家超市 2 家。年接待游客 80 万人次，旅游收入突破 1000 万元，户均纯收入超过 10 万元，最高的达到 70 万元，成为宁夏发展乡村旅游实现脱贫致富的典范村，被农业部、国家旅游局认定为"全国一村一品示范村"。西吉县龙王坝村是宁夏旅游发展委员会帮助的旅游扶贫重点村和乡村旅游示范村，2016 年被国家旅游局授予"全国旅游创客基地"。仅 2017 年"开斋节"5 天小长假，接待游客 1.5 万人次，实现旅游收入 60 万元。被评为四星级旅游农家乐的隆德县神林山庄，采取"合作社+农户旅游扶贫"模式，安排当地的 12 户建档立卡贫困户在山庄就业，人均年收入达到 2 万元以上。盐池县哈巴湖景区和花马湖景区，年接待游客达 15 万人次，实现旅游收入 85 万元。截至 2017 年 10 月底，全区有 67 个扶贫重点村通过发展乡村旅游业，使 4.21 万建档立卡贫困户实现了脱贫致富。

（二）生态扶贫迈上新台阶

宁夏在我国生态安全战略格局中居于重要位置，是我国西部重要的生态屏障，肩负着维护西北乃至全国生态安全的重要使命。近年来，宁夏着力打造西部地区生态文明建设先行区，以生态文明建设带动精准扶贫。《六盘山重点生态功能区降水量 400 毫米以上区域造林绿化工程规划》的实施，使规划区每个建档立卡贫困户户均收入可达到 1 万元。同时，宁夏积极发展林下经济，截至 2017 年 10 月，全区集体林地林下种植面积 95 万亩，产值达到 3.3 亿元；林下"生态鸡"养殖规模达到 260 万只，实现产值 9000 多万元；林产品加工企业达到 280 家，实现产值 75 亿元。彭阳县通过项目扶持、订单收购等措施，鼓励农民发展朝那鸡、月子鸡和中华蜂为重点的林下养殖业，全县林下养殖经营面积达到 1.2 万亩，培育养殖示范点 20 个，成立生态鸡养殖协会 17 个，发展林下朝那鸡、月子鸡 50 万只，产值达到 3000 万元。西吉县已建设国家级林下经济示范基地 1 个，自治区级 4 个，县级 4 个，县级林下经济培训中心 1 个。林下经济面积 49 万亩，总产值 1.4 亿元。特色经济林产业在宁夏生态建设、农民增收等方面发挥着重要作用，全区已有 4 个县（市）被国家林业局命名为"中国名特优经济林之乡"，有 2 个县（市）被评为"全国经济林建设先进县"。以枸杞、葡萄、红枣、苹果、设施果树（花卉）为主的经济林产业规模和效益快速增长，中宁、青铜峡、灵武等一些特色经济林产业大县（市），农民增收的 30% 以上来自经济林产业，枸杞主产县中宁县，农民的经济林产业收入已占到总收入的 60%，实现了减贫脱贫与生态文明建设的"双赢"。

（三）光伏扶贫驶入快车道

近年来，宁夏大力发展光伏产业，已初步形成了太阳能光伏发电产业链。2016 年，宁夏已规划了 10 个光伏产业园区，分布在中卫、中宁、海原、青铜峡、宝丰、盐池（2 个）、同心、红寺堡，其中超过 1GW 的光伏园区就有 6 个，在"十三五"期间可以形成上千亿的市场规模，这是促进产业转型升级、实现精准扶贫的重要途径。永宁县闽宁镇光伏农业科技示范园实施的小型分布式光伏电站项目，形成了以花卉、食用菌、有机蔬菜种植为重点，以蚯蚓、蝎子特种养殖为亮点的产业布局，产品已出口日本和阿联酋，其花卉出口量已占迪拜市场第三位，使贫困户户均年收入达 1 万元。二期计划投资 2 亿元，闽宁镇原隆村将实现 2000 户光伏扶贫项目全覆盖。同心县制订了 22 个村分布式光伏项目规划，菊花台移民村屋顶光伏扶贫项目和下马关镇的陈儿庄、三山井等村的农光互补、畜光互补项目正在建设中，总装机容量达到 65.5 万千瓦。海原县张堡生态移民村有建档立卡贫困户 183 户，低保户 223 户。光伏发电项目自 2016 年 6 月建成并网发电以来，年发电总收入 126 万元，张堡村村集体收入达 12 万元，实现了经济效益、社会效益和生态效益共赢。

（四）电商扶贫成为脱贫增收的新引擎

电商扶贫通过互联网将优质农副产品带进城市，不仅推动了农产品供需双方直接对接，而且改变了贫困地区的整体面貌，使农民真正走上致富之路。2015 年以来，固原市启动"互联网+农村扶贫电子商务项目"，制订出台了《固原市农村扶贫电子商务"十三五"规划》，建成了6个电子商务平台，依托京东集团资本、人力、技术、硬件设施、品牌影响力等资源，推广农村电子商务，推动人才培养，实现更多的农民就业。同心县抢抓国家和自治区实施"互联网+"战略行动计划政策机遇，建成村级电商服务站77个，其中贫困村34个，电商普惠性培训覆盖率达到80%以上。通过实施"电商+实体经济+群众创业就业"工程，培育了"中国·回回集市"电商品牌。目前，同心县"回回集市"营销平台入驻企业40多家，带动2万人实现了就业。西吉县建立了县、乡、村三级互联网平台，电商孵化园培育了100多家电商，"一号店特产中国西吉馆"上线5个品类12种产品，宣传推广西吉县农副特产、特色手工艺品、旅游产品，马铃薯日销售量达到50700斤，扩大了农产品知名度，提高了销售量。贺兰县依托阿里巴巴跨境电商和农村淘宝培训平台，全县培养了100多位跨境电商专业人才，电商年销售额达10.6亿元，同比增长285%，电商从业人员2200多人，121家本地企业通过跨境电商平台，把宁夏特色产品卖向全球。

（五）金融扶贫模式不断创新

宁夏自"金扶工程"开展以来，各县（市、区）积极筹措资金，建立了风险补偿金，为"金扶工程"顺利实施提供保障。各级金融机构主动作为，特别是宁夏黄河农村商业银行打造的"富农卡""滩羊通"等金融产品，使贫困农户"贷得出、用得好、有效益"。同时，各县（市、区）结合自身实际，积极创新，涌现出了盐池县、西吉县、彭阳县、同心县等各具特色的金融扶贫模式。盐池县建立的"小额信贷"社区互助模式、龙头企业带动产业合作模式、"合作社+基地+贫困户"产业发展等模式，实现了企业发展与贫困户增收致富的双丰收。目前，盐池县互助社已发展到91个，累计贷款2.16亿元，受益农户达到1.03万户；同心县建档立卡贫困户户均贷款2.1万元；西吉县向17650户建档立卡贫困户贷款8.7亿元。贫困农户贷款难、贷款少、发展资金不足的问题得到初步缓解。实践证明，金融扶贫不仅使"有借有还、再借不难"观念植根于农户心中，极大地改善了农村信用环境，而且创新了银行的评级授信系统，收到了"双赢"的效果。这一做法得到了国务院扶贫办的高度评价，并向全国扶贫系统推广宁夏经验。

二、宁夏绿色扶贫面临的严峻挑战

（一）生态脆弱的瓶颈依然存在

目前，全区仍有水土流失面积 1.96 万平方公里，水土流失十分严重。全区 3665 万亩天然草原中，90％以上存在着不同程度的退化，其中重度退化面积 1346 万亩、沙化面积 1177 万亩，草原生态系统仍然十分脆弱。森林资源总量不足，质量不高，全区森林覆盖率低于全国平均水平，人均森林面积仅占全国人均面积的 62％，人均森林蓄积量仅为全国人均的 9.3％，森林生态功能较低。

（二）环境污染依然严重

宁夏境内 9 条黄河支流水质和全区监测的 8 个重要湖泊水库水质总体为中度污染。6 个黄河支流国控断面中，未达到地表水考核目标的占 50％，其中劣 V 类水质断面占到 33.3％。个别地级市集中式饮用水水源地水质未达到功能要求，主要入黄排水沟和城市黑臭水体综合治理急需加强。银川市 PM2.5、固原市 PM10 年均浓度不降反升，全区冬季大气污染依然严重。

（三）电商扶贫仍处于起步阶段

1. 基础设施依然滞后

虽然全区村级宽带网络信号已基本实现全覆盖，但光纤接入率低，网络信号仍不稳定，上网资费较高，现有基础设施难以满足电商扶贫现实需求。

2. 物流体系有待完善

由于农村电商尚未形成规模，物流成本过高，绝大多数物流快递站点仅延伸到重点乡镇一级，村级物流"最后一公里"问题未能得到有效解决，很大程度上制约了贫困村电子商务的快速发展。

3. 产业支撑力不强

全区大部分贫困村产业基础薄弱，产业规模小，网络适销产品少，质量参差不齐，且包装、认证等跟不上市场需求，网上推介没有形成整体效应，网销收入占比仍较小，带动贫困户脱贫致富的成效不够明显。

（四）光伏扶贫令人担忧

光伏发电行业属于资金密集型行业，同时具有较强的专业性、技术性，且投资回报周期较长，目前还严重依赖相关补贴政策扶持。从宁夏光伏扶贫现状来看，部分电站在安全性能、施工质量、运行和维护等方面存在一定问题，使农户的收益得不到保障。实施光伏扶贫项目时，只有选择有经营能力、信誉品牌良好、售后服务完善的企业，才能确保村级光伏扶贫电站发挥应有经济效益，保障贫困村、贫困户能顺利脱贫。

（五）金融扶贫的积极性还不够高

1. 涉农信贷产品较单一

从整体看，金融机构在支持农村经济发展的信贷产品开发上积极性还不高，产品开发相对滞后，涉农信贷产品较单一。

2. 农民主动融资意愿不强

据 2017 年 7 月课题组对宁夏农村金融服务状况的一项问卷调查显示：农民贷款的只有 19.8%，从未申请过贷款的农户占比达到 37%，其中，40 岁至 49 岁年龄段农村劳动力没有申请贷款的占 46%。

三、加快宁夏绿色扶贫的对策建议

将绿色产业、低碳产业与生态建设相融合发展，是今后宁夏实现绿色脱贫的重要支撑。要认真学习贯彻党的十九大精神，以习近平新时代中国特色社会主义思想为指导，加快形成绿色发展方式，加强生态文明教育，倡导绿色生产方式、生活方式和消费模式，让尊重自然、顺应自然、保护自然、共享自然成为全社会的自觉行动。

（一）着力实施"蓝天、碧水、净土"三大行动

实施"蓝天、碧水、净土"三大行动，全面淘汰城市建成区 20 蒸吨及以下燃煤锅炉，实现主要城市集中供热。深化施工、道路等扬尘控制，确保城市空气质量稳步提升。抓好异味治理，重点对永宁等县区异味行业企业实行全过程管控，加大执法检查力度，坚决贯彻落实中央环保督察工作要求。加强黄河支流、重点湖泊保护和入黄排水沟整治，加快建设人工湿

地等综合治理工程。全面取缔工业企业直排口，推进污水集中治理、废水深度治理，强化水源保护和水质监测。加快推进土壤污染详查，实施土壤环境监测全覆盖。严格整治农业面源污染，从源头保障人居环境安全。

（二）实施品牌带动战略

品牌不仅是一个企业的信誉和无形资产，而且是一个地区综合经济实力的象征。要积极鼓励、扶持不同所有制企业，通过培育市场，开拓发展名优产品和名牌商标，从而带动整个地区经济发展。要发挥"中国马铃薯之乡""中国枸杞之乡""中国甘草之乡""中国滩羊之乡""中国硒砂瓜之乡"等品牌效应，加快培育特色农产品品牌，做大盐池滩羊、彭阳辣椒、西吉芹菜、固原胡麻油、固原黄牛肉、固原马铃薯、彭阳朝那鸡等一批区域品牌，做强鑫河、华林、泾河源、天启等一批企业品牌，提升品牌影响力。

（三）形成较为完整又富有宁夏特色的旅游扶贫产业链

围绕"吃、住、行、游、购、娱"六要素，形成较为完整又富有宁夏特色的旅游扶贫产业链。

1. 加强顶层设计

积极争取国家旅游局等有关部委支持，加快推进休闲农庄建设向宁夏贫困村倾斜布局，推动建立旅游扶贫与贫困人口脱贫致富利益联结机制。

2. 积极发展乡村旅游业

加大招商引资力度，精心包装、推介、开发好原州休闲农庄游、盐池草原农家游、同心回乡风情游、彭阳林果山花游、西吉林下经济游、红寺堡葡萄园及酒庄观光游、隆德与泾源生态休闲游等一批特色休闲旅游项目，鼓励旅游扶贫重点村发展农家乐、生态农庄、客栈民宿、观光农业、果蔬采摘园等乡村旅游业。

3. 着力推广"乡村旅游扶贫模式"

对于示范带动强、扶贫效果好的西吉县龙王坝村、泾源县冶家村、盐池县四墩子村，要总结提炼其成功的做法和经验，加大示范推广力度。

（四）加快光伏扶贫减贫步伐

光伏发电扶贫是精准扶贫的未来走向，将在农村有着广阔的发展前景。

宁夏光照资源条件好，因地制宜开展光伏扶贫，既有利于扩大光伏发电市场，又有利于促进贫困人口稳收增收。

1. 做强光伏产业园

按照《宁夏 2015—2020 年光伏园区规划》，重点围绕体制机制创新、新能源综合应用等示范应用，做强中卫市沙漠光伏产业园、吴忠市太阳山园区、中民投宁夏（盐池）国家新能源综合示范区等光伏产业园区，促进产业转型升级，带动贫困户就业。

2. 加强光伏扶贫管理

光伏行业及相关管理部门要制定管理制度和行业管理标准，进一步严格承建单位和光伏扶贫的准入条件，严格按照扶贫电站设备造型质量要求，选择行业内一线品牌，强化技术评审，从源头保证电站 25 年的安全可靠运行，推动光伏扶贫产业的健康发展。

3. 大力加强贫困地区的基础设施建设

贫困地区不仅需要加快完善交通基础设施，互联网、通信等信息基础设施建设，还要建立并完善数字基础设施，包括云计算、大数据、电子支付等领域。

4. 加快光伏发电项目建设

在村集体荒山、荒滩上建设光伏电站，通过占用资源付费、设施租赁收益、土地入股分红、就地转移就业等方式，让贫困村、贫困户在光伏发电项目建设中壮大村集体经济，增加农民收入，实现脱贫致富。

5. 加强配套电网建设和运行服务

电网企业要加大贫困地区农村电网改造工作力度，为光伏扶贫项目接网和并网运行提供技术保障，并将其接网工程纳入绿色通道办理，确保配套电网工程与项目同时投入运行。要制订合理的光伏扶贫项目并网运行和电量消纳方案，确保项目优先上网和全额收购。

6. 建立扶贫收益分配管理制度

各市、贫困县政府应建立光伏扶贫收入分配管理办法，各级政府资金支持建设的村级光伏电站的资产归村集体所有，由村集体确定项目收益分配方式，大部分收益应直接分配给符合条件的扶贫对象，少部分可作为村集体公益性扶贫资金使用；在贫困户屋顶及院落安装的户用光伏系统的产权归贫困户所有，收益全部归贫困户。

（五）激活农村金融扶贫链条

农村金融一直是农村经济中的难题，农民贷款难、农村金融覆盖率低的问题普遍存在。

1. 积极开展信用贷款

创新金融扶贫机制，打响具有宁夏特色的金融扶贫·小额信贷"金扶工程"品牌，积极开展"金扶工程"信用贷款，对建档立卡贫困户进行评级授信，鼓励金融机构为贫困户提供更多的扶贫小额信用贷款，使全区贫困人口脱贫致富。

2. 探索多种扶贫融资模式

大胆实践，积极探索"贫困户+合作社+龙头企业+金融机构""贫困户+互助社+金融机构""贫困户+经济组织+扶贫投融资公司+金融机构"等多种扶贫融资模式，实现扶贫资金与金融资金捆绑放大，建立全方位、多层次、多渠道的金融扶贫合作体系。

3. 推动金融产品和服务方式创新

适应绿色发展、绿色转型要求，围绕农村生态资源，积极试点，引入各类金融机构，针对宁夏金融特点，发展多样化的农村信贷产品，满足专业大户、家庭农场、农民合作社等规模化经营主体的金融需求。

（六）建立低碳扶贫模式

以碳汇资源作为宁夏贫困地区发展的创新点，以此形成宁夏绿色扶贫的良性互动机制。

1. 发展林业碳普惠制

《国务院"十三五"控制温室气体排放工作方案》中，明确提出了"推进低碳扶贫"要求，鼓励大力开发贫困地区碳减排项目，改进扶贫资金使用方式和配置模式。碳普惠制是指通过市场机制，利用碳排放交易等手段促使减少碳排放的行为或结果普遍受益的制度。发展林业碳普惠制是将精准扶贫与生态文明建设、低碳发展相结合的有力切入点，是建立扶贫与低碳发展联动工作机制的创新型探索，更是推进"低碳扶贫"的重要抓手。

自治区发改委、扶贫办和林业部门应开发和利用六盘山区丰富的森林碳汇资源，整合现有的扶贫政策和措施，充分发挥专项扶贫、行业扶贫和社会扶贫的综合效益，创建具有宁夏特色的碳普惠激励机制，探索能够补偿到民生的生态补偿转移支付机制，调动群众保护区域生态环境的积极性，提高扶贫政策的精准性和有效性。

2. 组建低碳商业联盟

自治区有关部门应在广泛开展林业碳普惠制宣传、促使更多企业和社会中介组织参与实施林业碳普惠制的基础上，借鉴广东省的做法，根据企业或中介组织参与实施碳普惠制的情况发放"碳币"，以政府担保"碳币"相互认证流通的形式组建低碳商业联盟，并允许参与企业使用一定量的"碳币"换取政策优惠和税收减免，通过商业手段，激励企业和社会中介组织积极参与实施林业碳普惠制。

3. 搭建对接平台，建立扶贫合作机制

一是搭建林业碳普惠对接交易平台。要根据全国碳交易市场的需求，逐步搭建林业碳普惠对接交易平台，让林区的贫困户与企业实现无缝对接，通过改进政府扶贫资金使用方式和配置模式，撬动社会资本进入碳普惠交易市场，通过碳普惠平台为林区贫困村、贫困户引入优质碳交易资源。二是加大财政金融扶持力度。通过加大财政金融扶持力度，支持一批龙头企业、新型合作组织和大户，鼓励其通过各种形式参与到林业碳普惠合作扶贫开发项目中来，以"公司+合作社+农户"等模式，引导林区贫困户，以劳动力、土地、扶贫资金等形式入股，实现"磁吸效益"，带动贫困人口实现脱贫致富。

宁夏未来气候变化风险与适应
气候变化对策建议

朱芙蓉

减缓和适应气候变化是应对气候变化挑战的两个有机组成部分。减缓全球气候变化是一项长期、艰巨的挑战，而适应气候变化则是一项现实、紧迫的任务。对于宁夏这样一个气候、生态脆弱地区，必须主动适应未来气候变化，减低未来极端气候、灾害天气等造成的损失和影响，才能保障未来粮食、水资源、生态、生计安全，实现建设美丽宁夏、促进可持续发展的目标。

一、宁夏未来气候变化趋势

（一）宁夏气候变化事实

近 50 年来，宁夏全区平均气温升高了 2.9℃，近 10 年增温尤为明显，平均气温升高了 2.1℃。年降水量略微减少，50 年来全区年平均降水量下降至 187 毫米，且降水量年际变化较大，南北降水量也极为不均。宁夏≥0℃和≥10℃积温随时间变化均呈明显增加趋势，积温年代变化在空间上呈南

作者简介 朱芙蓉，宁夏发展和改革委员会经济研究中心高级经济师。

基金项目 本文是 ACCC 中国适应气候变化项目宁夏适应气候变化的风险评估与对策研究的部分成果。项目组主要成员：马忠玉、樊建民、朱芙蓉、郑燕、杨桂琴、张启敏、张小煜、方树星、张吉生、王占军、刘秉儒等。

移增温的变化趋势。宁夏无霜期日数平均为 105—163 天，呈南短北长分布，近 50 年呈逐渐增加的趋势。2000 年以后宁夏干旱强度有减缓趋势，但干旱发生次数却明显增加。

（二）未来气候变化趋势

1. 气温变化

2011—2100 年，宁夏年平均气温、最高气温、最低气温、夏季平均气温、冬季平均气温均呈逐年上升趋势。2011—2050 年宁夏最高气温、最低气温都为升高的趋势。

2. 降水变化

2011—2100 年，宁夏年降水将减少，降水变率将增加，风险较高，虽然有些年份降雨量较大，但是降水分配在时空上分布较不均。

3. 未来极端天气事件

2011—2100 年，旱灾频发年度增加，干旱风险较高。

4. 黄河径流变化

年径流量减少，上游用水量增加，供水减少趋势不可逆转。

二、宁夏未来适应气候变化面临的挑战

（一）极端天气与气候事件发生的频率进一步增加

未来气候变暖趋势将进一步加剧，并呈持续上升状态。受此影响，出现干旱、洪涝等异常气候事件的可能性将会增大，直接导致农业生产的不稳定性增加、农民生计安全问题出现。农业生产成本和投资需求将大幅度增加。草原面积减少，潜在荒漠化趋势增大。

（二）水资源严重匮乏、区域性水资源短缺的矛盾不断加剧

未来气候变化将对宁夏水资源产生较大的影响。一是未来 50—100 年，全国多年平均径流量在宁夏及部分北方省（区）可能明显减少，将可能增加干旱灾害发生的概率。二是未来 50—100 年，我国北方地区水资源短缺形势不容乐观，特别是宁夏的人均水资源短缺矛盾可能加剧。三是在水资源可持续开发利用的情况下，未来 50—100 年，全区水资源供需矛盾可能进一步加大。

（三）资源环境约束日趋强化、生态安全风险显现

未来气候变化将会引起气温升高、极端事件和森林火灾及病虫害发生的频率和强度可能增高等方面的变化，进一步加剧对生态系统的不利影响，增加生态保护的难度。由于经济实力较弱，在生态环境保护和恢复方面的资金投入有限。因此，宁夏保护和改善生态环境面临的巨大压力将不断加大。

（四）传统发展方式仍占主导地位，农业生产与资源环境的矛盾日趋突出

随着全区工业化、城镇化的快速推进，耕地、水资源紧缺对农业结构调整和产业升级的双重约束越来越大。传统农业发展方式与资源环境的矛盾越来越突出，资源环境的约束进一步加剧。未来随着气候变暖，对农牧业生产的不利影响会继续加大，农业生产的成本和风险也随之增加。

三、未来宁夏气候变化对宁夏不同地区的风险

（一）宁夏北部地区

1. 农业领域

未来的温度对宁夏农业带来一定的影响。主要表现在，农作物生长季延长、冬小麦可以越冬、蔬菜种植期提前并且成熟较早，作物间作有可能套种一年两熟；气温升高带来的副作用，表现在生育期缩短；导致农作物害虫增多（高），作物疾病增多。年降水量的减少，不利方面是未来将加大宁夏的农业用水量和需水量。极端气候会对农业产生不利的影响，主要表现在作物减产，品质下降；病虫害增加。宁夏北部是灌区农业，未来随着黄河径流量的减少，农业将面临高耗水作物（如葡萄、枸杞）面积压缩、农业灌溉用水无保障、粮食减产的风险。

2. 水资源领域

气温升高使北部工农业生产的用水量增大，年降水量减少也加剧着北部地区的用水需求及灌溉压力。降水变率的增大考验着北部地区的城市基础设施承受度，尤其是暴雨威胁着水利工程安全。未来黄河径流量变化直接造成分配到宁夏的水资源量呈减少趋势，径流变率加大（含洪水）需要提高宁夏的防汛防洪标准，防洪防汛任务加重。

3.荒漠化领域

未来气温升高对负面影响表现为土壤盐渍化、风蚀加重；年降水量减少，加剧了土壤的盐渍化。极端气候事件造成北部水土流失，黄河径流量减少必然加剧北部地区土壤盐渍。

4.社会经济领域

降水减少将加大用水成本；极端气候事件将使农副业收入因为灾害频繁而不稳定；社会稳定风险和社会管理需求增大；黄河径流量的减少将使市场农产品价格波动，增产收入呈现不稳定状态。

（二）宁夏中部地区

1.农业领域

气温升高负面影响为农作物害虫增多，作物疾病增多，生育期缩短；降水减少对农作物产生的不利影响主要表现在作物减产，虫害增加，牧草产量降低，载畜量降低；中部地区由于未来黄河径流量减少，对农业影响不利，农业保灌面积下降；荒地改造农地更加困难，耕地面积增长有限，限制未来农业的发展。未来干旱发生频率较高，对农业的负面影响较强，使农业产量减少，某些作物（如玉米）可能绝收，粮食减产；同时牧草产量降低，载畜量降低；某些主要经济作物（如枸杞）减产或品质下降。

2.水资源领域

气温升高加剧着中部工农业用水需求矛盾，年降水量减少使中部地区水资源更加短缺，用水需求及灌溉压力增大；降水变率的增加威胁着中部水利工程安全，较高的旱灾频率加剧中部地区水资源短缺（需求量增加，总量减少）状况，偶发的暴雨灾害也同样威胁着水利工程的安全，不容忽视。

3.荒漠化领域

气温升高使土壤沙化加重；降水减少使中部土壤沙化面积增加，极端天气暴雨有可能造成局部地区水土流失；黄河径流量减少使中部中长期内某些区域荒漠化风险增加。

4.社会经济领域

降水减少使水利投入增加，灌溉用水和用电成本增加，造成人畜饮水安全问题；雨养农业面积减少，产量减少；极端气候事件（旱灾）对未来社会经济产生着非常不利的影响，表现为农民种植业纯收入减少或因灾收入不稳定；农产品市场价格波动；外出务工人员增多，就业市场压力加大；灾害预警、灾后社会救济需求增加；移民借贷增加，个体债务风险增加；社会稳定风险增加（如县内移民迁入地人地矛盾加剧，可能引发外出移民和水资源分配冲突）；未来黄河年径流量的减少使水资源使用成本增加；依托一产原材料供给的二三产业（加重零售贸易业）市场风险增大；移民迁入地（如红寺堡）人口和水资源压力增大，社会稳定风险增大；自发移民增加。

（三）宁夏南部地区

1. 农业领域

未来气温升高给农业带来负面影响表现为农作物害虫增多（如固原）；作物疾病增多；年降水量的减少对农作物产生不利影响如作物（马铃薯、小麦种植结构失调）减产（降水减少）；牧草产量降低，载畜量降低；虫害增加。未来较高的旱灾概率使粮食减产，一些地区甚至绝产（海原无法种植），同时牧草产量降低，载畜量降低。

2. 水资源领域

未来气温升高使南部地区的工农业用水需求增大，年降水量减少使当地水资源短缺矛盾加重，用水需求及灌溉压力增大，干旱更加剧水资源短缺；同时高概率的旱灾加剧水资源短缺；暴雨洪涝要求未来的小流域防洪标准加大。

3. 荒漠化领域

未来气温升高使水土流失、风蚀加剧；降水减少，导致南部山区水土流失加重；地表径流减少导致地下水补给减少，不利于生态恢复和植树造林；过度抽取地下水可能导致生态环境可持续性问题；极端气候事件干旱高概率使地表植被覆盖度降低（部分地区荒漠化面积和程度或加重），暴雨等洪涝灾害加剧水土流失。

4. 社会经济领域

未来气温升高使农作物病虫害防治成本增加；年降水量减少，干旱山区饮用水困难加剧，打井需求增加；人畜饮水安全问题；较高的干旱概率使这个地区的农业一产收入因灾减少或波动，农业投入增大；贫困和人地矛盾增加，同时影响人畜饮水安全；企业用水成本增加，经营风险加大；与一产相关的二三产业发展受到影响；城乡贫富差距可能加大；社会管理难度增大（因灾人口流动，自发移民增多）；就业市场压力加大（城市化吸纳就业）；暴雨洪涝灾害导致道路桥梁毁损，交通运输风险增大；人员财产因灾损失，救灾需求和压力增大；农业一产收入因灾减少或波动，农业保险需求增大。

四、未来宁夏适应气候变化的政策建议

（一）制定适应气候变化政策的基本原则和重点领域

制定适应气候变化政策要本着双赢性原则、无悔性原则、系统性原则、科技进步和机制创新兼顾的原则。

适应气候变化重点领域主要为农业领域、水资源领域、扶贫领域、防灾减灾领域。

制定适应气候变化的政策的目的是要增强适应气候变化的能力，由被动适应变为主动适应，将气候变化的影响和风险降到最低程度，实现粮食、生态、民生、水资源安全。

（二）建议由宁夏自主实施的对策清单

1. 农业领域

农业种植结构调整（压夏增秋，发展设施农业、特色农业）、农牧种植业耕作制度调整（一年两熟或两年三熟）、农作物适应技术开发与示范推广（新品种和新技术示范）、农业政策性补贴及农产品价格保护、政策性农业保险、农村金融信贷扶持（小额贷款、贫困村村级互助资金、农村经济合作社等），加强农业基础设施建设，提高农业综合生产能力。

2. 水资源领域

强化水资源管理和配置（水源调蓄利用、用水总量、用水效率、水功能区纳污控制三条红线）；节水型社会建设（农业及工业城市生态节水、再生水利用）；水资源有偿使用制度（水权转换机制、阶梯水价等）；建设城

163

乡饮水安全项目；空中和地下水资源开发利用（如雨洪利用等）；参与式水资源管理制度（如农民用水者协会）等。

3. 生态领域

生态修复与保护工程（三北防护林、退耕还林、天然林保护、草原保护、移民区生态恢复等）；沿黄经济区气候防护生态屏障建设（生态景观林、防护林等）；建设中部干旱带防沙治沙综合示范区；中南部水土保持、小流域治理及生态治理；重点生态功能区保护与建设；自然保护区建设；湿地保护和恢复项目；碳汇林建设。

4. 防灾减灾

防灾工程（如防洪、防地质灾害、霜冻、病险水库除险加固、抗旱应急水源工程、南部山区雨洪利用等）；气象灾害预警监测预报预警信息平台；（农村）气象信息和灾害预警信息免费服务（短信、村广播、电子显示屏）；开展减灾社区示范建设（教育、演练、避难场所建设等）；防灾减灾技术研究开发利用（如山洪地质灾害防治）；南部山区抗旱（干旱适应）技术开发利用；农村重大疾病预警监测及防控体系。

5. 减贫与移民

中南部地区生态移民工程；六盘山集中连片贫困地区扶贫开发项目；农村扶贫项目（农村危房危窑改造、整村推进、扶贫到村到户工程、产业扶贫等）；完善农村社会保障体系（提高农村医疗、养老、低保、失业等社会保险的覆盖率）；建立移民村镇统计和贫困监测体系；建立移民技能培训及就业服务体系；沿黄城市带小城镇建设（以城镇化及产业结构优化带动就业、优先发展劳动密集型产业）；推进县城和中心村镇基础设施建设（公共交通、供排水、环境设施、医疗卫生、教育等公共服务城乡共建共享）；推进社会管理及决策机制创新（拓宽社情民意表达渠道）；鼓励支持建立农民互助合作组织（如民间行业协会、农民合作社等）；农村低碳适应技术（农村社区新能源开发利用）。

6. 适应教育、科技、科普宣传

实施县域内义务教育均衡发展（标准化学校建设，布局调整，城乡统筹，资源配置，增加中南部优质教育资源供给等）；建立完善经济困难学生资助制度（高中教育、职业教育、残疾学生资助）；发展职业技术教育（农村免费职业教育、职业教育示范院校等）；加强社会公众适应气候变化的教育、科普、宣传；加大适应科技研发推广（气候资源开发利用、农业气象适用技术、农业低碳适应技术、防灾减灾技术、新能源开发利用技术、宁夏特有生物种质资源库建设、气候风险评估等）；适应气候变化创新平台建设（研究院所、工程技术研究中心、重点实验室、研究创新基地等）；适应气候变化人才队伍培养。

7. 适应治理的组织保障

建立宁夏适应气候变化决策支持机构（如适应专家委员会）；国内外适应科技合作与交流；适应气候变化的优惠政策（如财政、税收、金融、投资、产业政策等）；提高社会公众适应气候变化的意识和参与程度。

（三）未来需要国家支持的工程和项目

第一，建立宁夏适应气候变化综合示范区；第二，防灾减灾系统工程建设（救灾物资储备库、应急救援体系、人工增雨基地、防灾减灾信息中心等）；第三，建立跨流域、跨省区生态补偿机制（主体功能区生态补偿、黄河流域、森林、草原、湿地、矿产资源开发生态恢复等）；第四，将宁夏作为"全国生态安全和旱作节水农业"示范区；第五，加大国家对宁夏的扶贫开发和资金支持力度；第六，黄河大柳树水利工程；第七，南水北调西线工程；第八，加强气候、人口容量及区域社会经济发展规划研究；第九，建立扶持西部地区适应气候变化基金；第十，建立适应气候变化的市场融资机制；第十一，建立区域（如黄河流域）性适应合作机制（如信息共享平台、决策协调机制等）；第十二，加强国际适应技术与经验交流推广。

（四）气候变化脆弱区中南部适应对策清单

1. 南部山区

工程性措施。加强宁夏南部小流域河道治理（如清水河、葫芦河等）；节水灌溉设备的更新改造；马铃薯产业园区建设；生态移民移出区生态恢复工程；加大扬黄灌区水资源的配给；应建设以村或者乡镇为单位的大型沼气工程；建设环六盘山生态屏障区工程。

制度性措施。尽早明确自发移民的界定范围；建立长效的生态补偿机制，提高生态补偿标准；放低农业财税金融扶持政策门槛；建立移民统计和监测体系，针对移民的返贫、移民返还、移民就业等及时作出反应；培养高中教育、大力扶持职业技术教育；灾害预警信息免费服务，网格化并具体到乡镇、村、户。

2. 中部干旱带

工程性措施。宁夏中部干旱带荒漠化综合治理示范区建设；加大水利枢纽工程的扬黄配水量；移民村农田水利综合改造工程；生态移民后续产业发展（大枣、枸杞、甘草等）；宁夏中部干旱带稀树草原再造工程；建立以村或者乡镇为单位的大型沼气工程；建设中部干旱带集中供水工程；抗旱应急水源工程建设等。

制度性措施。建立生态移民区土地集中流转经营补偿机制，确保移民区和谐稳定；解决移民区节水灌溉设施的正常运行，确保移民群众土地收入问题；提高生态补偿标准（退耕还林、还草）；强制征收生态补偿费用制度；建立跨流域、跨省区的生态反哺机制。

技术性措施。黄河水净化饮用技术；抗旱抗病作物、树木开发技术；开发适合中部干旱带的生态环境的作物、树木品种，改善生态环境；建设灾害预警实时监测信息平台。

宁夏林草碳汇资源可持续开发与利用

单臣玉

林草在碳吸收方面有着巨大的潜力，相应的也具有碳汇贸易的潜力，为实现林草业"双增"目标、发展碳汇林业创造了重要前提，因其固碳减排明显且生态环境价值高而备受关注，现已成为国际应对气候变化的主要路径之一。《宁夏回族自治区"十三五"规划（2016—2020 年)》制定了"实现六大目标、构建'两屏两带多点'发展格局、完成五大任务、实施'1235'工程"具体目标。其中包括："十三五"期间，林地保有量稳定在2883 万亩，森林面积达到 1231 万亩，森林覆盖率达到 15.8%以上，森林蓄积量达到 995 万立方米。

一、宁夏林草资源建设基础

目前，宁夏宜林荒山荒地还有 1241.85 万亩，未成林造林地面积 384.9万亩，主要分布在六盘山林区与罗山林区。"十三五"期间，宁夏将新增营造林 500 万亩，治理荒漠化沙化土地 450 万亩，林地保有量稳定在 2883万亩，森林面积达到 1231 万亩，森林覆盖率达到 15.8%以上，森林蓄积量达到 995 万立方米。

作者简介　单臣玉，宁夏清洁发展机制（CDM）环保服务中心主任助理、助理研究员。

近几年来，自治区政府高度重视林业发展和碳汇林建设。《宁夏回族自治区关于加强应对气候变化统计工作的意见》中也将增加森林碳汇作为控制温室气体排放指标之一，包括森林覆盖率、森林蓄积量、新增森林面积。在碳汇林建设方面也开展了一系列工作，包括贺兰山碳汇潜力研究、宁夏林业碳汇开发潜力评估、六盘山林区林草固碳增汇关键技术研究以及宁夏美利纸业碳汇造林项目开发等。宁夏森林资源丰富，碳储量基础相对雄厚，现有大量的宜林荒山荒地及碳汇林建设的扶持政策与措施都为加快未来碳汇林建设提供了基础，发展森林碳汇具有一定的优势。随着国内碳市场的建立，碳汇林建设与开发森林经营碳汇项目可迎来大好时机。

二、宁夏林草碳汇资源可持续开发与利用技术

（一）树种选择

不同的树种从几个方面影响生态系统的碳库，包括生物量的积累，凋落物和土壤碳储存，以及木材密度、碳贮存量等。樟子松林土壤碳储量很低，而山毛榉林土壤碳库存和总碳库存都是最高的。不同树种的土壤碳库存平均值取决于立地条件状况，在这一立地条件该物种是优势物种。例如樟子松往往生长在浅层、干燥的土壤中，这些土壤碳储存量低，而山毛榉林多生长在更肥沃一些的土壤中。

与落叶树种相比，浅生针叶树种趋向于在森林凋落物层积累土壤有机质，但在矿质土壤中积累的较少。相同体积的生物量，木材密度大的树种（许多落叶树种）比木材密度小的树种（许多针叶树种）积累更多的碳。演替晚期树种树干密度比先锋树种高。

碳汇造林树种选择的程序：

——根据造林地立地条件选出适生的造林树种；

——在适生树种中，选出适于碳汇造林，碳汇功能大即吸收二氧化碳效率高的树种，也就是生物量生长大，较早见效的造林树种；

——最后，按持续发挥碳汇功能的原则，在已选出的树种里面选择寿命相对较长、可持续发挥碳汇功能的树种，定为碳汇造林树种。

（二）营造技术

1.碳汇造林营造技术

碳汇造林宜采用人工植苗造林，生物学特性有特殊要求的树种可采用直播造林或分殖造林。

（1）整地。应根据林种、树种、造林方式和地形地势条件选择整地方式和整地规格，在整地前进行林地清理，以改善造林地的卫生条件和造林条件。禁止全垦整地和炼山。对造林地的原生散生树木应加以保护，对灌木或草本植物尽量保留，在山脚、山顶应保留10—20米宽的原生植被保护带。对造林地中的极小种群、珍稀濒危动植物保护小区不得进行造林整地，并保留适当宽度的缓冲保护带。

（2）栽植密度和种植点配置。根据造林林种、树种和立地条件确定造林密度，灌溉条件较差、属于生态环境脆弱地带的，在适宜的造林密度范围内，初植密度可适当小些。种植点根据确定的造林密度进行配置。在平地造林时，种植行宜南北走向；在坡地造林时，种植行宜选择沿等高线走向；在风害严重地区，种植行宜与主风向垂直。

（3）种苗处理和施肥。针叶树苗木要求必须全部根系带土球进行栽植，尽量做到苗木随起随栽，如当天栽不完，所剩苗木必须用苫布或草苫等遮盖好，防止苗木失水，影响成活。

针叶树和大阔叶树栽植后要及时浇足定根水，将苗木扶直后覆上土，根据林种、树种和土壤营养条件，采取配方施肥，做到适时、适度、适量。碳汇造林提倡施用有机肥。对于土壤贫瘠地块，可施用基肥。基肥要采用充分腐熟的有机肥。营造商品林时，基肥要一次施足，营造生态公益林时，可视立地条件确定施不施基肥。基肥在栽植前结合整地施于穴底。

（4）栽植和播种。根据林种、树种、苗木规格和立地条件选择适宜的栽植方法。彭阳县适合采用挖穴栽植。栽植穴的大小和深度应大于苗木根系（土球），栽植时苗干要直立穴中，保持根系舒展，深浅要适当，填土一半时稍提一下树苗并分层踩实，最后附上虚土。栽植深度是树木成活的重要环节，一般栽植深度比原地略深一些，即深度应略超过苗木根茎，栽的过深会抑制苗木正常生长。针叶树和大阔叶树栽植后要及时浇足定根水，将苗木扶直后附上土。

（5）未成林抚育与管护。要及时开展未成林抚育，包括松土、除草、培土等。落实森林防火和病虫害防治措施，维持林分的健康状况和稳定性，减少碳排放。对碳汇造林活动中或成林后发生的病虫害宜采用以生物防治为主的综合防治措施。抚育1年2次，每年6月和9月各松土除草一次。松土除草一般在造林后的雨季进行，应做到里浅外深，不伤害幼树根系，深度5—10厘米。种植穴外影响幼树生长的杂草也应该及时铲除。

2. 森林经营碳汇林营造技术

（1）补植补造。补植补造主要是针对郁闭度在0.5以下、林分结构不合理、不具备天然更新下种条件或培育目的树种，需要在林冠遮阴条件下才能正常生长发育的林分。根据林地目的树种林木分布现状，可分为均匀补植（现有林木分布比较均匀的林地）、块状补植（现有林木呈群团状分布、林中空地及林窗较多的林地）、林冠下补植（耐阴树种）等。补植密度按照经营目的、现有株数和该类林分所处年龄段的合理密度等确定，补植后密度应达该类林分合理密度的85%以上。

（2）树种更替。主要针对没有适地适树造林、遭受病虫或冰雪等自然灾害林、经营不当的中幼林等所采取的林分优势树种（组）替换措施。可采用块状、带状皆伐或间伐方式，伐除不合理或病弱林木，并根据经验目的和适地适树的原则，及时更新适宜的树种。具体措施视林分情况而定。人工树种更替不适于下列区域的林分：①生态重要等级为1级及生态脆弱性等级为1—2级的区域或地段；②海拔1800米以上中、高山地区的林分；③荒漠化、干热干旱河谷等自然条件恶劣地区及困难立地上的林分；④其他因素可能导致林地逆向发展而不宜进行更替改造的林分。

（3）林分抚育采伐。主要针对林分密度过大、低效纯林、未经营或经营不当林、存在有病死木等不健康林分，伐除部分林木，以调整林分密度、树种组成，改善森林生长条件。

森林抚育方式包括：透光伐、疏伐、生长伐、卫生伐。透光伐在幼龄林进行，对人工纯林中主要伐除过密和质量低劣、无培育前途的林木。疏伐是在中龄林阶段进行，伐除生长过密和生长不良的林木，进一步调整树种组成与林分密度，加速保留木的生长。生长伐是在近熟林阶段进行，伐除无培育前途的林木，加速保留木的直径生长，促进森林单位面积碳储量的增加。卫生伐是在遭受病虫害、雪灾、森林火灾的林分中进行，伐除已被危害、丧失培育前途的林木，保持林分健康环境。

除此而外，在一些自然整枝不良、通风透光不畅的林分中还可以使用割灌除草、修枝透光等方法。

采取机割、人割等不同方式，清除妨碍树木生长的灌木、藤条和杂草。作业时，注重割灌除草。保护珍稀濒危树木，以及有生长潜力的幼树、幼苗，以有利于调整林分密度和结构。

修枝透光。一般采取平切法，重点针对枝条、死枝过多的林木。修枝高度幼龄林不超过树高的1/3，中龄林不超过树高的1/2。割灌在下木生长旺盛、与林木生长争水争肥严重的中幼龄林中进行。

(4) 树种组成调整。针对需要调整林分树种（品种）的纯林或树种不适的林分，根据项目经营目标和立地条件确定调整的树种（或品种）。可采取抽针补阔、间针育阔、栽针保阔等方法调整林分树种。一次性调整的强度不宜超过林分蓄积的25%。

(5) 复壮。采取施肥（土壤诊断缺肥）、平茬促萌（萌生能力较强的树种，受过度砍伐形成的低效林分）、防旱排涝（以干旱、湿涝为主要原因导致的低效林）、松土除杂（抚育管理不善，杂灌丛生，林地荒芜的幼龄林）等培育措施促进中幼龄林的生长。

(6) 综合措施。适用于低效纯林、树种不适林、病虫危害林及经营不当林，通过采取补植、封育、抚育、调整等多种方式和带状改造、育林择伐、林冠下更新、群团状改造等措施，提高林分质量。

（三）造林模式

碳汇项目造林以采用人工作业、植苗造林为主，为避免和减少造林活动本身导致的碳排放。

1. 乔木单纯林模式

从早期见效来讲，特别是小面积的碳汇造林，可选用乔木树种，适当密植，营造单纯林。但是切记不要营造大面积的单纯林，以保证森林生态系统平衡，避免引起病虫害等的危害和林种资源的减少。常见的单纯林模式有：华北落叶松单纯林造林模式、油松单纯林造林模式、白皮松单纯林造林模式、侧柏单纯林造林模式、杨树类单纯林造林模式、刺槐单纯林造林模式。

2. 乔木混交林模式

从可持续发挥森林碳汇效益角度出发，应该多营造密度稍大一点的混交林，保持生物多样性和林种资源。如果配置适当，既可早期见效，也可持续利用。常见的混交林模式有：华北落叶松+白杆混交林造林模式、油松+辽东栎混交林造林模式、侧柏+刺槐混交林造林模式、油松+刺槐混交林造林模式、白皮松+刺槐混交林造林模式。因地制宜确定阔叶树种和针叶树种比例，提倡多树种造林和营造混交林，防止树种单一化。

3. 针叶乔木与灌木混交林模式

因为灌木树种生物量即碳汇效益过低，所以从追求碳汇效益来讲，碳汇造林不宜选用灌木树种造林。但是一些生长缓慢的针叶树种造林，为了尽快覆盖地面，防止水土流失，以及成林形成下木层，保护与改良土壤，提高林地生产力来说，也可以在针叶乔木单纯林种植树行间，直播灌木，形成以针叶乔木为主林层，灌木为下木层，树种多样化的复层碳汇林。尤其是侧柏、白皮松营造单纯林时，可在行间（或株间）直播灌木。

三、宁夏林草碳汇资源可持续发展的对策建议

宁夏应抓住西部大开发的机遇，在环境脆弱与经济发展低下的双重胁迫下，以三北防护林、退耕还林、天然林保护、中央财政造林补贴等国家重点生态林业工程，及"400毫米降水线"荒山造林、引黄灌区平原绿洲绿网提升等自治区重点林业工程项目为依托，全面启动碳汇林工程建设，充分发挥森林资源的生态功能，保护、改善黄土高原与黄河中游的生态环境。利用当地的碳汇优势发展林业碳汇，其发展路径具体如下。

（一）明确碳汇林建设的指导方针

树立目标明确的碳汇林发展指导方针，用新理念规划碳汇建设，摒弃单纯注重有形经济产品而忽视无形生态产品的传统意识，将对宁夏植树种草的认识从地面扩展到空中，由此基本理念出发，确定发展宁夏碳汇林建

设的总目标，建设宁夏碳汇产业体系。

（二）积极开展碳汇造林

全面落实《全国造林绿化规划纲要（2011—2020 年)》，结合自治区天然林资源保护、退耕还林、防护林体系建设等林业重点工程，突出旱区造林，积极开展碳汇造林，坚持适地适树，提高乡土树种和混交林比例，优化造林模式，扩大森林面积，培育适应气候变化的优质健康森林，奠定实现大规模碳氧转化的坚实基础，大幅度增加森林碳汇。

（三）加强现有森林经营抚育

严格落实林地保护利用规划，大力开展森林抚育，加强森林经营基础设施建设，科学确定采伐限额，改进林木采伐方式，全面提升贺兰山、六盘山、罗山等国家级自然保护区森林经营管理水平，调整森林结构，构建稳定高效的森林生态系统，促进森林结构不断优化、质量不断提升、固碳储碳能力明显增强。减少林地流失、森林退化导致的碳排放。

（四）摸清碳汇资源分布状况和潜力

安排人力、财力、物力，调查、摸清和分类宁夏碳汇资源。一是设立调研管理机构。在自然保护区管理机构内，加强林业应对气候变化基础设施建设，加快推进林业碳汇计量监测体系建设，进一步完善基础数据库和参数模型库，做好温室气体排放林业指标基础统计、森林增长及其增汇核算工作。二是定性、分类和定量碳汇产品，充分了解宁夏的林业碳汇现状和潜力。三是用碳汇理念重新定位人工林、自然保护区的功能，为全区林业经济的可持续发展提供依据。

（五）科学规划碳汇林建设

碳汇林的建设不能盲目进行，需要通过合理的规划，保证建设的效果。因此，各级政府在发展碳汇林过程中，需要先深入分析自身的实际情况，包括地形坡度、气候条件、土壤、植被覆盖度以及自然灾害等，从整体上进行合理布局与规划。

（六）分层次建立宁夏区域碳汇功能区

由于碳汇造林在造林地选择、基线调查、碳汇计量与监测、树种配置与模式、检查验收、档案管理等方面都有特殊的要求。可以国有林场为主，分层次建立宁夏区域碳汇功能区。在国有林权制度框架下，建立专门的碳汇林项目，开展碳汇造林的试点工作，更好地满足碳汇林的特别条件与规范要求。对于农户小规模林业，由于其规模小、林地分散等原因，不适合于开展碳汇林业项目。可以通过企业租用农户林地，以集团化、企业化、正规化的模式开展林业碳汇。企业在国家相关政策的指引下，按照碳汇林的特别条件与规范要求，以正规化经营、精益管理的方式，租用农户林地，开展林业碳汇。

（七）实行市场机制

碳汇林发展需要实行市场机制，将企业、个人引入到碳汇林业中，鼓励其建设碳汇林区，完善碳汇林发展所需的各项基础设施，扩大碳汇林区建设的规模，大力推动碳汇林的发展，在经济发展间达成良好协调、平衡关系。市场机制实行的过程中，从商品林、经济林发展方面入手，使碳汇林业与积极发展生态旅游等第三产业结合，延伸碳汇林的产业链，在确保碳汇林发挥生态效益的同时，提升碳汇林的社会效益、经济效益。

（八）探索推进林业碳汇交易

认真贯彻落实《国家林业局关于推进林业碳汇交易工作的指导意见》，抓住全国碳交易市场即将启动的时机，积极探索推进自治区各类林业增汇项目试点，鼓励通过中国核证自愿减排量机制开展林业碳汇项目交易。总结推广林业碳汇交易经验，通过碳汇交易制度，不断完善森林、湿地生态补偿机制，为实现林业增汇减排目标做出贡献。

腾格里沙漠南缘生态建设研究

吴 月

腾格里沙漠位于内蒙古自治区阿拉善盟左旗西南部和甘肃省中部边境，东抵贺兰山，西至雅布赖山，南越长城，总面积约 4.27 万平方公里，是中国第四大沙漠。西部和东南边缘分别属于甘肃武威、白银和宁夏的中卫市，区域内生态环境脆弱，不仅严重制约着本地区经济社会的发展，对东中部地区（北京、河北等地）的生态安全和环境质量也构成严重威胁。

一、腾格里沙漠南缘地区生态建设现状

（一）腾格里沙漠南缘宁夏境内生态建设现状

中卫市位于腾格里沙漠南缘，地处宁夏中西部，黄河前套之首，是丝绸之路边陲要塞，总面积 1.75 万平方公里，截至 2016 年年底，总人口约 114.7 万人，地区生产总值 340 亿元。

中卫市境内主要地貌单元包括西北部腾格里沙漠边缘卫宁北山（占 7%）、中部卫宁黄河冲积平原（占 5.9%）、山区与黄河南岸之间的台地（占

作者简介 吴月，宁夏社会科学院农村经济研究所（生态文明研究所）助理研究员，博士。

基金项目 宁夏自治区级课题《宁夏构筑西部生态安全屏障问题及对策研究》阶段性成果。

3.5%）、南部陇中山地与黄土丘陵（占83.6%）。中卫市历届党委、政府始终把生态建设作为推进经济社会发展的一项重要工作来抓，通过实施腾格里沙漠东南缘防沙治沙、国家三北防护林、天然林资源保护、退耕还林（草）、禁牧封育、湿地保护、生态修复以及自治区"六个百万亩"等重大林业生态建设工程，认真落实国家林业发展政策，鼓励和支持企业、单位以及广大群众参与林业开发建设，全市生态环境得到了明显改善。截至2016年年末，完成造林封育32.5万亩、生态防护林资源达218.8万亩，城市绿地率和绿化覆盖率分别达32.7%和38.5%。但由于境内大部分土地位于中部干旱带，水资源紧缺，生态建设任务依然艰巨。

黄河流经全市182公里，水能蕴藏量达200多万千瓦，为构建生态屏障提供了水源保障。中卫得黄河自流灌溉之利，自古以来是西北重要的商品粮、畜产品、水产品和果菜生产基地，形成了枸杞、设施蔬菜、西甜瓜种植、家禽养殖、草畜、马铃薯、优质米、水产养殖和红枣林果等优势特色产业的农业生态带。中卫市便利的交通格局为构建区域生态屏障提供了基础设施条件。工农业收入加之丰厚的旅游收入都为构建区域生态屏障提供了资金支持。

（二）腾格里沙漠南缘内蒙古境内生态建设现状

1. 孪井滩生态移民示范区

孪井滩生态移民示范区地处阿拉善盟东南部，位于陕甘宁蒙经济板块中心区域。总面积2916平方千米，其中约40%属沙漠、60%属戈壁荒漠，东部多为贺兰山南麓余脉山区，西为腾格里沙漠，中间地带地势平坦，土壤多为砂壤土、砾石，土肥相对贫瘠。

孪井滩扬水灌溉工程于1991年正式破土动工，从宁夏中卫市北干渠引水（扬黄源头），经四级泵站扬水到灌区，输水干渠全长43.51千米，总扬程238米，净扬程208米，设计提水流量5立方米/秒，加大流量6立方米/秒。1994年，8000余农牧民搬迁落户孪井滩灌区。国家黄河水利委员会批准的孪井滩每年用水指标为5000万立方米，示范区生态经济园区已探明境内的腾格里沙漠腹地和边缘地带蕴藏着丰富的地下水资源，第二水源的水文勘探已在600平方千米范围内展开。示范区依托当地丰富的光热资源、扬黄工程以及地下水资源，积极发展节水农业，成为典型的人造沙漠绿洲农业区，不仅解决了当地贫困农牧民的生计问题，还改善了当地的生态环境，在沙漠边缘地带形成一道绿色安全屏障。

2. 通湖草原

通湖草原位于阿拉善左旗腾格里额里斯苏木境内，南与宁夏中卫市沙坡头区隔沙相望，是古丝绸之北路要塞，亦是一处自然景观独特的沙漠湖盆地和草原湿地旅游区。区域内生长的野生植物和栖息、停歇的鸟类种类繁多，湖盆边长满锦鸡儿、沙拐枣、毛条沙竹等优质牧草，同时它还兼容戈壁山地的红纱、霸王、针毛等草原美食，珍稀鸟类有遗鸥、黑鹳、大天鹅等。通湖草原主要由沙漠、草原、湖泊和骆驼山等组成，是一道天然的防沙治沙生态屏障。

（三）腾格里沙漠南缘甘肃境内生态建设现状

1. 武威市民勤县与古浪县

武威市民勤县与古浪县位于腾格里沙漠西南缘，是古丝绸之路要道上的一颗绿色宝石，也是我国阻止沙漠南进的重要生态屏障区。

民勤县地处河西走廊东北部，位于境内唯一的地表水源石羊河流域下游，全县总面积 1.59 万平方千米，东、西、北三面被腾格里和巴丹吉林两大沙漠包围，由沙漠、低山丘陵和平原三种基本地貌组成，其中各类沙漠及荒漠化土地占总面积的 89.8%，是全国最干旱的地区之一。位于民勤县境内的亚洲最大沙漠水库——红崖山水库，有效解决了民勤地区生产生活用水，改善了区域生态小环境。民勤绿洲是遏制两大沙漠合围，防止河西走廊东部地区遭受沙尘侵袭乃至沙漠化的重要生态屏障。民勤县依托石羊河流域重点治理项目，努力探索巩固"国家有投入，企业给赞助，科技作支撑，农民有收益"的生态建设长效机制，持续推进节水、治沙、造林、防污等工作，生态治理取得显著成效。截至 2016 年年末，全县共完成工程压沙 26.2 万亩，人工造林 85.64 万亩，封沙育林（草）63.1 万亩，通道绿化 1960 公里，人工造林保存面积达到 229.86 万亩，在 408 公里的风沙线上建成长达 300 多公里的防护林带，森林覆盖率由 2009 年的 11.21%提高到现在的 17.7%。

古浪县地处腾格里沙漠南缘，河西走廊东端，乌鞘岭北麓，沙漠化土地面积达 247.1 万亩，风沙线长达 132 公里。古浪县坚持"南护水源、中调结构、北治风沙"的生态建设方针，构建"国家有投入，企业给赞助，科技作支撑，农民有收益"的生态建设长效机制，将防沙治沙作为全县重大生态工程，重点生态工程与义务压沙相结合，工程治沙和生物治沙相结合，移民区生态治理，光伏发电施工区生态修复，与内蒙古协作治沙等有效措施，构建了风沙线上百里生态屏障。截至 2016 年 10 月底，全县共完成治沙造林 72 万亩，封沙育林草 60 万亩，沙区前沿林草植被由治理前的 20% 恢复到 60% 以上。

2. 白银市景泰县与靖远县

白银市景泰县与靖远县位于腾格里沙漠南缘，是黄土高原、内蒙古高原和青藏高原的交会处，也是西北草原荒漠化防治区和黄土高原水土保持区的交会处，生态地位极其重要。黄河在白银段流程达 258 公里，占黄河在甘肃境内总流程的 52%，是黄河上游的关键区段。白银市在国家宏观政策支持与全国生态环境建设的大背景下，确定了"北御风沙，南保水土，中建黄河绿洲"的总体建设布局，大力推进退耕还林、三北防护林体系建设，天然林资源保护、野生动植物保护以及自然保护区建设、生态公益林建设，城区大环境绿化和水土保持等重点工程建设，森林覆盖率由 2006 年的 7.6%，提高到 2015 年的 14.25%。同时，组织实施了一系列生态环境综合治理项目，完成了白银公司制酸尾气深度治理，银光公司光气治理、靖远电厂脱硫脱硝治理等项目，开工建设黄河防洪治理白银段、东大沟重金属污染治理等项目。截至 2016 年年末，完成投资 27 亿元，建设完成 44 个环境污染治理项目，城市环境空气质量进一步改善，水质达标率和饮用水源水质达标率均实现 100%，水环境质量保持稳定。虽然近几年来白银市不断加大生态治理力度并取得积极成效，但由于财力有限，加上欠账过大，黄河白银段的生态环境仍然十分严峻，对当地的直接压力和对中下游的潜在威胁仍然十分明显。

二、腾格里沙漠南缘生态安全存在的主要问题

（一）水资源短缺，利用效率低

腾格里沙漠南缘地区多年平均年降水量为 150—300 毫米，主要集中于夏秋两季，且多暴雨，不易利用；深层地下水水质较好，但浅层地下水多属苦水或咸水，不易利用；境内流经的地表水主要是石羊河和黄河及其支流，国家分配的黄河水用水量有限；粗放式利用水资源，导致水资源利用效率低，加之水利设施缺乏，致使地区缺水严重。

（二）草场退化、土地沙漠化加剧

区域土地利用类型以荒漠草原和旱耕地为主，全年降水稀少且年际与季节变化大，蒸发强烈，大风日数多，植被稀疏，地表物质疏松，广种薄收的旱作生产方式和超载过牧的草地粗放利用方式导致草场退化、土地沙漠化严重，进而破坏土地资源和生物资源，使生态环境恶化，直接影响农牧业生产，并对交通、水利和居民点等设施造成威胁。

（三）水土流失严重

本区域水土流失主要分布在黄土丘陵沟壑区，这些地方一般具有山高、坡陡、谷深、河沟比降大、黄土易被侵蚀等特点，草原、森林被滥垦成为旱耕地，植被根系遭破坏，遇夏秋暴雨往往造成严重的水土流失，很多地区平均每年流失土壤厚度 0.5—1.0 厘米，有的地区高达 2—5 米。

（四）土壤盐渍化

在干旱半干旱农耕地区，由于不合理的利用水资源（如大水漫灌或只灌不排）导致局部灌区地下水位上升，土壤底层或地下水的盐分随毛管水上升到地表，水分蒸发后，使盐分积累在表层土壤中，加之引黄带来的大量盐分也在干旱条件下集聚在耕土层，最终导致了水利建设的负面效应。

（五）环境污染严重

1. 水污染

区域内地表水流经城市的河段有机污染较重，企业排放的工业废水和居民日常生活所排放的污水含有大量有机物质，加重水资源的严重污染。

2016 年年末，中卫市第四排水沟、北河子沟水质均为地表水劣Ⅴ类，污染严重，主要污染物为氨氮、五日生化需氧量、高锰酸盐指数，受污染的水体直接排入黄河将对下游地区农业用水、居民生活用水造成严重威胁。白银市是黄河上游重要的工业城市，也是黄河上游人口稠密区，生产及生活污水未经处理便排入黄河，造成黄河白银段重金属及大肠菌群常年严重超标，其中祖厉河和关川河水质为劣Ⅴ级，水质较差，对下游地区居民用水造成巨大的潜在危险。

2. 大气污染

工业废气乱排是造成区域内大气污染的主要污染源，主要污染物为二氧化硫，其次是硫酸物和氨化物。2016 年，中卫市环境空气质量优良天数289 天，达标天数比例为 79.2%；白银城区空气质量优良天数达 299 天，达标天数比例为 81.9%。工业废气导致的污染，不仅恶化了地区大气环境，而且对当地和周边地区人民的身体健康造成直接伤害。

3. 土壤污染严重

近年来，随着工业化进程的不断加快，矿产资源的不合理开采及其冶炼排放，长期对土壤进行污水灌溉和污泥施用、人为活动引起的大气沉降、化肥和农药的施用等原因，造成了严重的土壤污染。主要污染物为镉、镍、铜、砷、汞、铅、滴滴涕和多环芳烃等。

矿山企业因选矿、堆浸、选煤等每年均产生大量废水、废液及废石、尾矿、煤矸石等废渣，电厂、各种大型生产生活锅炉每年产生大量粉煤灰和炉渣，均对沿河周边生态环境产生严重影响。

（六）环境承载能力低下

本区域环境承载能力低下与人口不断增长构成一对尖锐矛盾，人口增长造成开垦面积不断增加，放牧牲畜越来越多，地下水开采迅速增加，从而使土地承载力进一步下降，特别是旱作农业对生态环境产生极大破坏力。2015 年，国家全面放开二孩政策，预计区域内人口自然增长率将有小幅的增长，人口基数的增大，首先面临的就是解决温饱问题，大量的新增人口给农业用地带来更大压力，进而导致土地的不合理利用问题出现，人地矛盾更加突出。

三、构建腾格里沙漠南缘生态屏障的建议

（一）打造防风固沙生态屏障

依托自然保护区建设、沙漠地质公园建设、三北防护林建设、封山禁牧、退耕还林（草）、荒漠化治理、水源地和绿洲保护等重点工程，针对不同类型沙漠化土地，坚持工程措施与生物措施相结合，人工治理与自然修复相结合，实施防沙治沙综合示范区建设项目，加强沙化土地植被保护和恢复。针对草场退化、土地沙化、土壤盐渍化严重的问题，生态建设以沙化土地治理为重点，将生态建设与转变农牧业发展方式有机结合，切实解决农牧业发展与草原保护、资源开发与生态建设的矛盾，协同构建甘肃、内蒙古、宁夏三个地区的防风固沙生态屏障，遏制腾格里沙漠流动沙丘向南扩张。

（二）构建河流健康与河滨安全生态屏障

针对区域内工矿污染问题，以矿区环境综合治理为重点，将生态建设与发展循环经济相结合，实现流域主要污染物排放全面达标，提高工业废弃物综合利用率、城镇生活污水集中处理率、城镇生活垃圾无害化处理率和危险废物处置率；加大农业面源污染治理，修复河滨地带的生态环境，逐步形成流域水体监测与安全排放体系，联合构建当地及黄河下游地区的河流健康保护生态带。

（三）构建水土保持生态屏障

针对区域内生态环境脆弱、水土流失严重的问题，以水土保持重点建设工程、坡耕地水土流失综合治理和小流域综合治理为重点，通过大力发展生态特色产业、生态移民、在适宜地区大力营造水源涵养林、增加林草植被、加快小流域沟道坝系建设等措施，将生态建设与促进当地居民脱贫致富有机结合，促进水土脆弱性差的地区人口、资源、环境的可持续发展，构建腾格里沙漠南缘水土保持生态屏障。

（四）建设生态产业带

针对腾格里沙漠南缘地区水资源相对匮乏，干旱威胁大，群众生产生活条件差等问题，通过发展适宜产业，使群众主动积极应对各种自然灾害

和不利影响。重点实施生态农业扶持工程、循环经济示范园区建设工程、生态旅游扶持工程等，通过大力发展设施农业、节水农业和旅游业等产业，改善该地区群众的生产生活条件，增强群众抗旱防灾的能力，提高干旱贫困地区群众的收入，共同打赢扶贫攻坚战。

（五）城乡环境综合治理工程

1. 城镇环境综合治理工程

以工矿企业最为集中、废水污染最为严重的区域开展集中整治，主要内容包括重金属污染治理、高氨氮废水治理、生态湿地建设、沟道治理、农产品加工废水处理、工业园区废水治理、其他工业废水处理等。

城镇生活污水处理。对人口较密集的城镇地区，实施污水处理扩建、小城镇污水处理、污水处理厂和管网建设、家庭生活污水处理等生活污水处理工程。

城镇生活垃圾处理。对人口较密集的城镇地区，开展城镇生活垃圾处理，通过建设垃圾处理厂、垃圾收集池、垃圾填埋场等设施提高生活垃圾收集与处理率。

2. 乡村环境综合治理工程

切实推进农业面源污染治理进程，以化肥污染严重的地区为重点治理区域，实施耕地化肥减量项目，推广化肥减量、增效、控污技术，大力倡导使用有机肥、有机复合肥、生物肥等高效肥料，逐年削减化肥施用量。对区域内存在养殖污染的畜禽养殖场进行统一整治，将农村乡镇集中式饮用水源地保护区、重点流域、群众聚居区等敏感区域列为禁养区，针对畜禽产业发展区域的大型养殖场，建设配套污染治理设施和无污水排放口的废弃物储存场所。鼓励建设有机肥加工厂，实现养殖废弃物的资源化、无害化和减量化。加快土壤重金属污染综合治理工程，将中、重度污染耕地适量进行功能转换，调整成工业用地、景观和绿化生态用地；对轻度污染耕地调整种植结构，改变耕作制度、利用生物工程等改良措施减轻土壤重金属的污染，修复土壤环境。通过实施规划布局引领行动、生态环境整治行动、基础设施配套行动、新型社区建设行动、公共服务提升行动、现代农业示范行动和文明乡风培育行动，努力建设生态宜居、聚商宜业、魅力宜游、统筹发展的美丽乡村。

　　总之，通过甘肃、宁夏、内蒙古协同打造北部防风固沙生态屏障、构建河流健康与河滨安全生态屏障、水土保持生态屏障、生态产业带、环境综合治理工程等，基本实现腾格里沙漠南缘地区乔、灌、草和带、片、网相结合，多树种、多层次、高效益的防风固沙林体系，农田林网化，经济林规模扩大，基础设施日趋完善，生态环境日趋改善，逐步实现区域的生态效益、社会效益和经济效益。

案例篇
ANLI PIAN

宁夏沙漠旅游区生态景观价值研究

——以沙坡头景区为例

李陇堂　石　磊　张冠乐　王艳茹　宋小龙

　　景观，是指土地及土地上的空间和物质所构成的地理综合体，是复杂的自然过程和人类活动在大地上的烙印，兼具视觉美学意义、地理学意义和生态学意义。沙漠旅游最初就属于生态旅游，沙漠作为一种独特的景观资源，具有多重景观价值，因而本文所研究的生态景观，就是沙漠生态景观。狭义上的沙漠，指地面完全被大片沙丘（或沙）覆盖、缺乏流水且植被稀少的地区，是荒漠的一种，即沙质荒漠，从旅游学和风沙地貌学角度来看，属于风积地貌旅游景观。本文所指的生态景观除基本地貌景观如沙丘、沙山等外，还包含与其相互交融共同满足人们观赏体验的沙域伴生环境景观，如山岳水体、绿洲草原等构景要素。生态景观资源主要强调其可以被社会利用的价值，其本身的发现和评价往往是旅游地开发的契机和良好开端，如宁夏沙坡头、沙湖和内蒙古巴丹吉林沙漠等。景观的功能在于使观赏者饱览自然景色，了解历史文化，补偿精神享受，从而获得一种满足的审美情绪。生态景观价值是人类和自然联系的纽带，其价值高低会直接影响景观的观赏质量，只有当游客在恰当时机以合理的方式充分体验到最佳景观特征时，生态景观才能释放和体现其价值所在。

　　作者简介　李陇堂，宁夏大学资源环境学院教授、硕士生导师；石磊，宁夏大学资源环境学院硕士研究生；张冠乐，宁夏大学资源环境学院硕士研究生；王艳茹，宁夏大学资源环境学院硕士研究生；宋小龙，宁夏大学资源环境学院硕士研究生。

近年来，沙漠旅游方兴未艾，风沙地貌资源调查、评价和生态等方面的研究受到越来越多的关注，对景区可持续发展至关重要的生态景观价值评价也渐受青睐。吴晋峰等（2012）应用观察法、描述法、专家评估法、系统调查分析法等定性研究方法，从形象美、色彩美和形式美三大方面分析评价库姆塔格沙漠风沙地貌遗产的美学价值；董瑞杰（2013）在对雅丹地貌景观美学价值定性研究的基础上，通过分析雅丹体的柱状、林状、墙状特点，对敦煌雅丹地貌景观美感度进行了量化评价。吴月等（2009）对阿拉善腾格里风沙地貌地质公园进行了旅游资源综合定量评价。相关研究主要集中在对沙漠旅游区生态景观特征的定性描述或单一风沙地貌的简单定量评价，缺乏全面系统的评价指标体系和方法。本文以沙坡头景区为研究对象，在参阅相关景观价值评价基础之上，针对沙漠旅游区生态景观特征，构建景观价值定量评价模型，旨在进一步揭示沙漠旅游区生态景观的价值，为沙漠旅游开发及景观资源保护提供借鉴。

一、宁夏沙漠旅游区概况

被评为"中国最美五大沙漠"之一的沙坡头景区位于宁夏中卫市沙坡头区，此处集大漠、黄河、高山、绿洲为一体，是典型的沙漠型景区。沙坡头北临浩瀚沙漠，南靠巍巍香山，中有黄河穿峡越谷蜿蜒而过，孕育了壮观奇特的沙漠生态系统和优美秀丽的山水田园风光，与中国四大响沙之一的"沙坡鸣钟"交相辉映，相得益彰。登临王维当年题咏之处，"一曲远上白云间，东流至此分漠山。东南莽莽崇岭峙，西北滔滔玉带蜒"，自然景观的多样性及过渡性，使塞北的雄浑和江南的秀丽和谐地交织于此，谱写了大自然壮丽的诗篇，给人以极高的审美享受。景区沙漠地貌景观保持着原始古朴的风貌，彰显着旷野、雄奇、神秘、壮观，是一种颇富观赏价值的旅游资源。沙坡头位于腾格里沙漠南缘，浩瀚无垠的沙丘形态风姿绰约，波纹线条优美，风起时流沙游弋，宛若沙海。该区生物资源丰富，以耐旱的灌木、半灌木和草本植物为主，稀疏散布，低矮丛生，以其独特的形态、色彩、气味等塑造了风景季相，构成了景观"容貌"。生命与环境间相互影响、互惠共生体现出一种和谐美、活力美及生态美，丰富了景区沙漠审美内涵。沙漠气象气候景观如沙市蜃楼、沙漠日落、沙漠雨幡等尽显大漠神秘、虚幻、朦胧之美，为景区增色不少。依大漠沙山之险，得黄河灌溉之利，使得沙坡头拥有了丝路文化、黄河文化、长城文化、边塞文化、民族文化等多元文化背景。丰富的自然及人文景观，使沙坡头集观光旅游、生态旅游、水上运动、度假旅游、文化旅游、科学考察旅游等多种功能于一体，在沙漠旅游中独具特色。

二、沙漠生态景观价值评价指标体系的构建

（一）指标体系构建原则

沙漠景观所含庞杂，可自成一体又密不可分。评价指标体系构建是生态景观价值评价的基础。因此，应遵循以下原则进行指标的选取：

一是科学性原则。应客观选取真正对生态景观价值产生作用的因子作为指标体系。

二是系统性原则。将评价体系视为一体，兼顾评价对象各侧面的基本特征及综合内涵。

三是代表性原则。以不同景观特征及不同时空分布尺度为前提，所选指标应既能反映不同景观类型的共性，又具有普适代表性。

四是独立性原则。评价指标应相互独立，不应存在相互包含和交叉关系及大同小异的现象。

五是定性定量相结合原则。以定量评价为主，但生态景观价值评价指标体系涉及面广且复杂，有些指标难以直接量化，故评价体系的主观性不可避免。

（二）评价指标体系的构建及方法选择

景观价值评价与地理学、生态学、心理学、美学等多学科密切相关，只有进一步对主体从不同角度进行多方位的探索，才可能突破原有的景观评价范式。根据上述原则，结合沙漠旅游的特点，在初步确定其生态景观价值的影响要素后，对从事沙漠旅游及景观设计专业的高校教师和在读研究生进行了咨询，筛选出最能代表沙漠生态景观资源总体特色的 7 大景观要素，即沙丘（地）、山岳、水域、生物、天象、人文景观和沙漠生态环

境；选取新奇性、多样性、天然神秘性、组合协调性、科学文化价值作为各景观要素生态价值的一级评价指标（见图1）。对各评价指标含义的理解与评判结果息息相关，故有必要对指标层进行解释，以便准确把握。参照相关文献对指标释义（见表1）。

常用的确定景观价值评价指标的方法有定性分析法、专家咨询评价法、层次分析法等，且各有其优缺点及适用范围。结合沙漠旅游区的实际，采用专家咨询法对主要景观要素及其所分别代表的评价指标进行打分，并采用层次分析法计算各景观要素及各指标的权重。

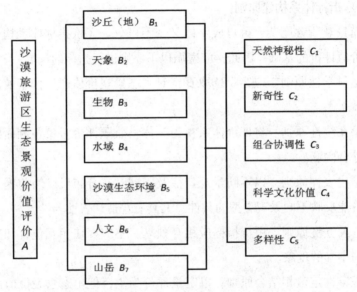

图1 沙漠旅游区生态景观价值评价指标体系

表1 评价指标释义

指标	指标释义
新奇性	取决于不同特征景观的时空分异，景观资源的外貌形态、生物及其所体现出的自然过程的独特性、稀有性
多样性	景区资源丰度及在结构和功能上体现出的多样性，反映资源的复杂程度
组合协调性	复杂景观结构的有序性和景观韵律信息的可读性
天然神秘性	景区资源保持原始风貌的程度及其在形态上或自然现象过程中展现出的令人难以解释的现象
科学文化价值	景区资源具备的科学研究、历史文化价值及科普教育价值

三、沙漠旅游区生态景观价值的量化评价

(一) 评价因素权重的确定

在对沙漠旅游区生态景观价值进行评价中，景观要素及其评价指标的权重会直接影响到评价结果，因此适当确定权重值非常重要。针对沙漠旅游区的实际，采用层次分析法分别算出七大景观要素及其所对应五大指标的权重。

根据层次分析法相关原理及计算方法，首先分别对文中所选取的七大景观要素及五大评价指标逐层逐项进行重要性比较后构成矩阵，并计算其权重系数 W_i，再通过一致性检验，得出 $C_R < 0.1$，说明所求权重系数均可使用，结果较客观合理（见表2、表3）。

表2　各景观要素两两比较矩阵表

B	B_1	B_2	B_3	B_4	B_5	B_6	B_7	W_i	λ_{max}	C_R
B_1	1	7	6	2	3	7	2	0.335		
B_2	1/7	1	1/3	1/6	1/4	1	1/5	0.027		
B_3	1/6	2	1	1/5	1/3	2	1/5	0.047		
B_4	1/2	6	5	1	3	6	2	0.255	7.538	0.068
B_5	1/3	4	3	1/3	1	4	1/3	0.105		
B_6	1/7	1	1/2	1/6	1/4	1	1/6	0.024		
B_7	1/2	5	5	1/2	3	6	1	0.207		

表3　各评价指标两两比较矩阵表

C	C_1	C_2	C_3	C_4	C_5	W_i	λ_{max}	C_R
C_1	1	1/3	1/4	1/2	1/2	0.081		
C_2	3	1	1/2	2	2	0.254		
C_3	4	2	1	2	2	0.355	5.053	0.012
C_4	2	1/2	1/2	1	1	0.155		
C_5	2	1/2	1/2	1	1	0.155		

(二) 各景观要素指标分值的量化

根据沙漠旅游特色，借鉴其他类型景观资源价值评价时普遍适用的指标作为特征因子，以专家打分的形式，对沙漠旅游区的构景要素进行分级

和量化评价，各评价指标值域均为［0，100］，共分 5 个等级，即极低、低、高、较高、很高，分别对应值域为（0—19）、（20—39）、（40—59）、（60—79）、（80—100）。评分依据为不同时段（旅游淡、旺季）在沙坡头景区调研时所拍照片（宏观、中观、微观）及综合数据资料，连同问卷一并以电子邮件形式发送给各专家，将所得的多份问卷综合平均，得出评价分值（见表 4）。

表 4 评价指标及专家打分值

评价指标	构景要素						
	沙丘(地)	天象	生物	水域	沙漠生态环境	人文	山岳
天然神秘性	76	61	66	86	71	66	76
新奇性	61	61	66	91	66	56	81
组合协调性	76	56	66	81	61	61	86
科学文化价值	81	56	71	86	76	71	81
多样性	76	51	71	86	66	61	86

（三）沙漠旅游区生态景观价值因子单项评价

根据表 2 中所计算的相对权重值及表 4 中专家打分值，由公式

$$C_j = \sum_{i=1}^{7} B_{ji} \cdot W_{bi} \qquad (1)$$

式中：C_j 为第 j 项指标所对应的生态景观价值评价得分；B_{ji} 为第 j 项指标中第 i 个景观要素的专家打分值；W_{bi} 为每个景观要素所对应的权重。

可得沙坡头景区生态景观价值各单项指标的价值得分（见表 5）。

表 5 沙坡头景区生态景观评价单项指标得分

评价指标	天然神秘性	新奇性	组合协调性	科学文化价值	多样性	合计
得分	75.89	72.45	75.40	79.347	77.27	
权重	0.081	0.254	0.355	0.155	0.155	76.594
综合得分	6.148	18.397	26.770	12.298	11.978	

根据表 3 中所计算的相对权重值及表 4 中专家打分值，由公式

$$C_i = \sum_{j=1}^{5} B_{ij} \cdot W_{ci} \qquad (2)$$

式中：C_i 为第 i 项指标所对应的生态景观价值评价得分；B_{ij} 为第 i 项指标中第 j 个景观要素的专家打分值；W_{ci} 为每个景观要素所对应的权重值。

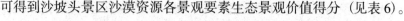

可得到沙坡头景区沙漠资源各景观要素生态景观价值得分（见表6）。

表6　沙坡头沙漠资源各景观要素生态景观价值得分

景观要素	沙丘(地)	天象	生物	水域	沙漠生态环境	人文	山岳	合计
得分	72.963	56.91	65.75	83.436	64.17	61.645	83.245	76.594
权重	0.335	0.027	0.047	0.255	0.105	0.024	0.207	
综合得分	24.036	1.565	2.994	21.715	6.518	1.759	17.004	

（四）沙漠旅游区生态景观价值综合得分

依据所建评价模型的景观要素及其所分别对应的指标因子的综合评定，应用加权求和法对沙坡头景区生态景观价值进行量化计算，公式为：

$$V_t = \sum_{j=1}^{5} C_j \cdot W_{ci} = \sum_{i=1}^{7} C_i \cdot W_{bi} \qquad (3)$$

式中：V_t 为生态景观价值综合得分，结果见表5和表6。

由此，可得沙坡头沙漠景观资源美感度综合评价得分为 76.594。

得出总评价分值之后，将景区生态景观评价等级划为 5 级，分别与前面所划定的 5 个评价指标等级相对应（见表7）。根据层次分析法与专家打分法所求结果并参照表 7 中评价等级的划分标准，可知沙坡头景区生态景观价值较高。

表7　沙坡头景区生态景观价值评价等级

分数	0—19	20—39	40—59	60—79	80—100
等级	低	较低	中等	较高	高

四、研究结论

（一）沙坡头生态景观价值的组合协调性最高

由表 5 中沙坡头景区生态景观评价单项指标得分可以看出，组合协调性指标的权重值对构景要素作为审美客体的影响最大，新奇性次之，而天然神秘性贡献最小，该结论与沙坡头景区的自然本底状况相符。有学者将沙坡头沙漠生态旅游景区的品牌核心价值理念定位如下：黄河岸边的沙海绿洲；感受天荒地老，畅想沙漠豪情；认识沙漠，贡献绿色。景观资源的组合协调性是沙坡头最大特色之一，沙漠与黄河、沙漠与绿洲、沙漠与治沙成果、沙漠与长城、沙漠与丝路等协调地组合在一起，无疑构成对游客的最大吸引力；新奇性次之，充分体现出黄河与沙漠景观组合所形成的鲜明对比，打破人们对沙漠景观的固有认知，给游者以强烈、新奇的视觉冲击，为其他同类型景区所不及；天然神秘性最小则是因为该景区所处特殊的地理环境及位置，人类活动自古较为频繁，加之景区开发时间较长，游乐项目、生态治沙等人为活动都在不同程度上改变了其自然原始面貌，与同处于西北内陆地区的沙漠景观相比，其原始性、天然性及神秘性的生态景观价值优势较弱。

（二）沙坡头景区生态景观的沙丘（地）与山水环境组分的价值贡献率最大

对比分析表 6 中沙坡头沙漠资源各景观要素生态景观价值所得权重可看出，"沙、水、山" 3 种单体景观要素对客体的影响最大，总贡献率已达 83%，同时也说明了这些构景要素是旅游者来此游览的主要审美对象。而沙漠生态环境、生物景观、人文景观、天象景观的贡献率依序逐渐递减。该评价结果与专家对景区生态景观价值的理解密切相关，虽具有一定程度上的主观性，但也与景区自然人文状况相符。沙坡头因"沙坡"而名，《明史》称：宁夏中卫"西有沙山，一名万斛堆"，"浮沙高拥隐边墙，渺渺烟云接大荒"。无不彰显出此地沙丘的高大雄奇，令世人咏叹千古。而水域及山岳景观的加入，为原本平淡无奇的大漠风光增添几分传统山水意蕴之美，可充分体现沙坡头景区沙漠景观给游者的整体美感。

（三）沙坡头具有良好的沙漠景观，生态景观价值级别属于较高

对比于表 7 中评价等级，沙坡头沙漠景观资源的生态景观价值级别属于较高景区。从其综合得分可知，沙坡头具有良好的沙漠景观，临近高等级上限值，与"中国最美五大沙漠"之一、国家级自然保护区和 5A 级国家重点旅游景区的现状相符，说明了指标选取、权重确定及评价方法的合理性。虽然该景区景观资源组合在空间上具有垄断性，但空间同质竞争问题也较为突出。因此，对沙坡头景区生态景观价值的研究既可较全面地反映当前所呈现的生态特征，又能为将来可充分发掘其潜在的生态价值以持续利用景观资源提供借鉴。运用层次分析法和专家打分法相结合，由于评分者均为沙漠旅游及生态学方面的专家，且熟知沙坡头景区具体情况，从该层次上可在一定程度减少主观干扰，最终所评价结果较为符合景区实际。

宁夏大学生生态文明理念的培育与实践

马　萌　王红艳

党的十九大报告提出必须坚持节约优先、保护优先、自然恢复为主的方针，形成节约资源和保护环境的空间格局、产业结构、生产方式、生活方式，还自然以宁静、和谐、美丽。生态文明建设作为一项系统工程，必须要依靠全体社会成员共同参与完成，而大学生作为中国未来社会发展的中坚力量，必须梳理高度自觉的生态文明理念，承担自身应有的生态责任和时代赋予的生态使命。宁夏目前有普通高校 18 所，在校大学生 11.9 万人，全面培养强化大学生生态理念，呼唤他们对当前生态环境问题的忧患意识及保护意识，并鼓励其养成文明的生活习惯、消费习惯以及环境价值观，对经济发展相对落后、生态脆弱的宁夏而言显得尤为重要。

一、大学生生态理念培育的必要性

（一）人类社会发展的必然选择

生态文明是人类历史发展的必然趋势，它是继农业文明与工业文明之后出现的一种高级文明形态，其核心内容是实现人与自然、人与人之间关系的双重和解，探索绿色生产方式和生活方式。高校承担着教授学生知识与育人的双重使命，大学生作为生态文明的主要传播者、建设者、创新者

作者简介　马萌，北方民族大学学生；王红艳，中共宁夏区委党校管理教研部教授。

与引领者，其生态素养的高低会在一定程度上决定一个地区未来社会的生态意识水平。

（二）融入国家发展总体布局的现实需要

党的十九大明确指出："倡导简约适度、绿色低碳的生活方式，反对奢侈浪费和不合理消费，开展创建节约型机关、绿色家庭、绿色学校、绿色社区和绿色出行等行动。"可以看到，今天的中国已经到了再不加快生态文明建设资源就无法支撑、环境就无法容纳、经济发展难以为继的关键时刻。顺应国家建设布局需求，实现百年中国梦，积极开展生态文明教育是高校履行教育为国家、社会、人民服务的必然选择。

（三）实现大学生全面发展的内在要求

马克思指出人类社会发展的最高阶段是"人的全面发展"。人的全面发展不仅包含智力和体力的提升，还包括思想道德素质的提升。生态文明是人的全面发展的基础，当代大学生必须是全面发展的大学生。而生态理念培育就是要让大学生形成一种健全的生态观念体系，自觉摒弃传统的"人类中心主义"的错误观念认识，正确认识人与自然的关系，善待自然，进而提高生态文明素质。

（四）创建和谐绿色校园的必然结果

生态文明理念作为推进生态文明建设、建设美丽中国的前提和基础必须要深入人心，做到统一人们的思想认识，内化为人们的自觉意识和自发行为。大学校园相对开放，其中有高校师生、流动的社会人员等主体要素的存在，也有内部外部自然环境、人文环境等不同性质的客体要素存在。生态绿色校园的构建要求师生具有较高的文明意识和自律精神，不仅对自身行为进行约束，还要引导相关人员进行有益于生态文明建设的实践，进而实现人、自然、社会各要素全面协调发展。

（五）保障地区经济社会可持续发展的现实需要

在全面深化改革的今天，经济的可持续发展需要良好的生态环境支撑。习总书记讲："我们既要绿水青山，也要金山银山。"坚持绿色发展是突破宁夏经济发展受资源环境制约的必然选择。宁夏涵盖了西部地区所有的生态环境问题，如水土流失、土地沙质荒漠化、土壤盐渍化和水资源匮乏等。

自治区十二次党代会提出"大力实施生态立区战略，深入推进绿色发展"就是立足符合宁夏区情、顺应发展规律、顺应群众期盼作出的重大决策。高校作为庞大的社会体系中的重要组成细胞、生态型人才的培养基地，其发展必须符合国家经济社会发展的现实需要。在大学率先进行生态文明建设，提升大学生生态文明素养，有助于生态型经济社会的构建。

二、宁夏大学生生态理念培育的困境简析

近年来，虽然宁夏大学生生态理念有所强化，但仍然面临着诸多亟待解决的现实难题。

（一）主体意识薄弱、生态责任缺位

目前，大学生对生态文明的理解仅仅浮于表象，并没有落实到具体行动中。校园废旧书籍循环利用率低的情况是大学生生态文明意识薄弱的一个缩影。通过调查发现，宁夏多数高校学生在毕业季会把大量有再利用价值的废旧书籍直接丢弃或当废纸低价出售，其结果是造成环境污染与书本文化知识循环的中断。而在生态责任感方面，大学生呈现出"狭隘性"和"表面性"特征，严重的知行不统一。在大学校园里随处可以看到乱丢垃圾、乱涂乱画、践踏草坪、随手折花、随地吐痰、浪费水电资源等情况，表明当代大学生生态道德素养有待于提升，对公众环境保护活动的参与不足。

（二）生态理念培育流于形式

大学生生态责任意识缺位与生态文明培养体系不健全高度相关。高等教育受传统应试教育、市场取向、学科壁垒及科技理性等多重因素影响，往往只注重对学生专业知识的传授与技能培养，而缺乏对大学生人格、道德等人文素质培养。用时代发展的要求审视，宁夏高校生态文明理念教育理论与实践都严重滞后于大学生思想政治教育和生态文明建设的现实需要。宁夏大学、宁夏理工大学、北方民族大学等一些高校已开设了资源环境、环境设计专业与通识课等，但总体来说，对大学生生态文明理念教育重视仍然不足，成效不显著，大学生对生态环境保护的意识并未上升至自觉高度，意识水平与社会可持续发展要求之间差距仍然较大，滞后于时代发展潮流。具体表现：师资短缺且水平有待提高，对如何开展生态文明教育的

具体方法、途径、措施研究不足，重理论轻实践情况明显，除环境类相关专业学生外，其他专业学生开课比例较低，学生亲自参与实地调研不足等。

（三）生态消费认知不足

随着生活水平的普遍提高，加之当前在校大学生多为独生子女，消费能力普遍较高，但有些大学生生态消费认知和践行力明显不足，生态消费理念没能真正深入到大学生内心。追时髦、赶时尚、重攀比，奢侈浪费之风盛行，对电子产品购买"痴迷"于价位高、性能好、突出自我个性上，大量消费一次性消费品，而对中华民族的传统美德勤俭节约"嗤之以鼻"，存在不以为荣反以为耻情况。对在校大学生的调查显示，有50%以上的同学用的是最新版智能手机。在校大学生成为学校周边一些没有营业执照的商贩网点的主要消费群体。

（四）生态法治观念淡薄

宁夏高校在普及与生态文明有关的法律知识方面仍有待于进一步提升。调查情况反映，在校大学生法律观念普遍较弱，对法律知识与内容的了解与掌握较肤浅，甚至在自身生态权益受到侵害的情况下都不知如何去维权或放任不理。对生态法律的学习热情减弱，一些学生错误地认为维护生态环境质量高低是政府的事，与自己无关。高校在生态教育方面的缺位，一定程度上影响了大学生对生态法律的学习兴趣，其结果是大学生行为习惯与生态法律规定的背道而驰，严重违背了法律制定的初衷。强化大学生生态法治观念既离不开国家的顶层设计和制度安排，更离不开高校自身的实践探索。

（五）生态文明建设运行机制尚不完善

目前，宁夏高校对生态文明建设重视程度还有待于进一步提高，生态建设运行机制还不够完善，缺乏对学生而言较为成熟的、全面的生态理念培育机制和对其相关意识行为进行考核评价和奖惩的机制。一些大学生长期生活在高校内外部非生态化理论构建的环境中，对生态环境问题缺乏实质性的认知，忽略了自身日常行为对环境保护和资源利用的极大影响。而这种薄弱的认知正是由于高校的生态道德教育机制不完整，生态文明道德教育观念相对滞后，没有对日常行为进行符合校园生态文明建设系统的、全面的教育、监管和倡导所致。

三、新时期培育大学生生态文明理念的途径

高等学校作为文化传承、学术研究、人才培养的社会机构，在我国生态文明建设中不可或缺，把大学生培养成具有生态文明素养的合格人才，是目前及今后一个时期宁夏高校人才培养目标的新内容和新任务。

（一）开展宣传教育活动，强化生态文明理念

开展生态文明宣传教育活动，提升大学生对生态文明的认知，激发他们对生态文明社会的向往与追求。一是通过签名活动、发放宣传单、公益讲座以及图片展览、环保知识比赛等主题活动，让在校大学生了解当前中国生态环境现状，激发大家维护生态安全的责任感。二是通过生态文明培育使大学生认识到自己是自然界中的一员，应该自觉保护自然环境，为改善人与大自然关系调节自身行为。三是针对近年来高校大学生自杀、伤害他人、虐待动物、吸毒、堕胎、暴力等漠视生命、践踏生命的事件频发情况，向大学生传递生态文明道德相关知识，使他们逐渐形成新的人生观、自然观，树立起"崇尚自然、热爱生态、善待生命"的生态文明道德意识，在主观上养成良好的生态文明道德品质。

（二）构建全域覆盖、全程覆盖的生态文明理念培育体系

各高校应结合自身办学特色和功能定位，探索以"教学—研究—实践—服务"为主线的生态教育体系。在这一体系中要以学校教育为主、社会教育为辅，多方合作、贯通实施。

1.培养生态文明素质过硬的师资队伍

首先，建设一支素质过硬的辅导员队伍。从体制保障、经济支持等方面采取有力措施，调动激发广大辅导员提高自身生态素质的积极性。其次，建设具备较高生态素质的哲学社会科学及思想政治理论课专业教师队伍。大学生生态文明理念树立得如何，在极大程度上取决于教师的水平和素质。哲学社会科学课与思想政治课教师必须牢牢把握住生态文明的时代脉搏，认真学习新时期生态文明理念相关知识，体会精髓，成为学习和践行生态文明理念的领跑者。

2. 选择契合生态文明理念的教育模式

一是高度重视并发挥课堂教学作用。鉴于思想政治教育与生态教育在教育对象、目标、路径上的一体性，有效的生态文化教育是保证大学生认清生态问题，了解国家发展政策，形成良好的人生价值取向的最有力的保障，应在传统政治理论、思想品德、法律基础教学基础上，有机融合生态文明观教育，将"生态"和"绿色"贯彻到高校思想政治教育教学中。二是大胆创新，积极推动自然科学、技术科学、社会科学之间相互渗透与统一，立足我国生态文明建设现实要求，依据大学生生态文明素质实际情况，实现教育理念、目标、内容、方法和思维方式等一系列绿色转变，同时依据高校学生培养计划编写实用性强的生态文明教育教材用书，使学生能够接受到系统化、完整性的生态文明教育。三是在教学方式运用方面，结合宁夏生态环境实际情况，采用案例式、讨论式、新媒体技术应用、"微课堂"等教学方法，增加学生学习兴趣及教学效果。

（三）开展形式多样的实践活动，提升大学生生态实践能力

1. 寓教于乐，寓知于行

大学生仅仅通过课堂获取生态知识还远远不够，必须回归实践，让他们在实践中理解和领会生态文明理念的要义。第一，组织学生到自治区生态企业、银川市生态工业园区、永宁与贺兰生态农业区、绿色社区等示范点考察、参观，让他们切实感受宁夏生态文明建设成效。第二，利用特殊节日，如世界地球日、世界水日、世界无烟日、世界环境日等与环保有关节日，开展与生态主题相关的活动。第三，利用志愿者活动，通过生态保护项目化操作，提升志愿活动实效性。第四，建立废旧书籍循环利用的平台，实现废旧书籍循环使用，提升大学生生态道德素养。第五，倡导学生成立自律组织，从身边小事做起，更好地认识和对待周遭的环境，注重垃圾分类回收、随时关紧水龙头、"光盘行动"、购买商品优先选择符合环保要求的商品、减少购买或者不买一次性消费品、加强个人宿舍内务整理，通过固化绿色生活消费理念，继承和发扬勤俭节约的中国传统美德，切实形成良好的生活习惯和生态文明行为规范。

2.丰富以生态文明理念为主题的校园文化环境

充分发挥校园文化在熏陶学生、影响学生、引导学生以及塑造学生生态品格方面潜移默化的作用，让生态文明观教育沉淀在校园的一景一物、一言一行中。当大学生长期置身于整洁、文明和谐的校园环境之中时，能够促使其自发自觉地养成善待自然以及爱护生态环境的良好生态伦理情操，对大学生形成正确的生态价值观念、端正的环境保护态度以及丰富的生态环境经验具有较大的功效。首先，利用校园网络、报纸杂志、墙报微博、QQ、微信、虚拟社区等新媒体等形式，向学生宣传生态文明知识，并公开破坏生态环境事件，让学生网民在参与互动和评价中形成生态道德感和生态价值观，进而规范自我生态行为。其次，鼓励学生成立一些以环保为目的的社团组织，吸引学生持续关注环保问题、宣传环保知识。再次，组织开展有关生态文明的专家讲座、演讲比赛、辩论赛、知识竞赛、书画展览、征文等活动，激发学生参与的积极性。

(四)创新生态文明教育管理机制

1.高校生态文明教育制度化

高校应根据生态文明教育制度化要求，进一步明确校内相关职能部门和教学院系工作内容与标准，明确规范生态文明教育工作流程和原则要求，建立相关教育管理组织机构，完善教育教学管理责任体系，确保生态文明教育制度要求真正落地。

2.加强生态法治教育，提高大学生生态法律素养

习近平总书记曾指出："建设生态文明，必须建立系统完整的生态文明制度体系。"学校应该为大学生提供一个良好的生态法治教育环境，在全校园形成保护生态、善待生命的良好气息。学校应对大学生履行法律制度状况进行全方位的监督和管理。而大学生则需要加强对生态保护有关的法律法规的了解和掌握。既要学习和了解我国制定和出台的与生态环境保护相关的方针政策，还要了解国际上的相关政策和规范，如《人类环境宣言》《巴黎协定》《世界大自然宪章》等。

3.创建科学有效的制度评估机制

建立高校对不符合校园生态建设行为的具体规章制度和严惩机制有利

于保障校园生态文明建设的有效开展，可以丰富教师原有的主要看中学术和教学成果的评价机制。应将教师对校园生态文明建设的实际践行成果纳入对老师的工作考评当中，制定大学生生态意识培育评价体系，将其与学生的德育考核和综合素质测评有机结合，还应将学生参与校园生态建设活动的成绩纳入期末综合测评考量中，当然建立校园内有关破坏生态的惩罚机制也要成为其中的一项重要内容。

当代大学生群体必须站在时代发展和社会进步的历史高度来推动和引领生态文明建设，使自身不断融入生态文明建设，才能带动更多的人投身生态文明建设活动中，进而推动生态文明建设目标在全社会、全民族的共同努力下得到实现和发展。

银川市地下水现状调查及水污染治理研究

吴 月

银川市位于中国西北宁夏平原引黄灌区中部，是宁夏政治、经济、文化、军事、交通和金融商业中心。西屏贺兰山，东临黄河，总面积8874.36平方千米（9025.38平方千米，包括滨河新区），辖三区两县一市，即兴庆区、金凤区、西夏区、永宁县、贺兰县、灵武市。

一、地下水污染源分析

影响水体质量的因素很多，按污染物的成因可归纳为天然污染源和人为污染源两种。天然污染源包括降雨的来源、水体所处的地理环境和自然条件、泥沙等。银川市人为污染源主要来源于工业废水、城乡居民生活污水、医院废水，以及工业废渣和生活垃圾等点源污染，还有农业、林业、牧业等大量施用化肥、农药等形成的面污染源。

二、银川市地下水环境状况分析

（一）地下水资源概况

银川市位于黄河上游，属中温带大陆性干旱气候。全年平均气温

作者简介 吴月，宁夏社会科学院农村经济研究所（生态文明研究所）助理研究员，博士。

8.5℃，多年平均日照时数 2800—3040 小时，多年平均降水量 200 毫米，多年平均水面蒸发量 1332 毫米，无霜期 185 天左右，是中国太阳辐射和日照时数最多的地区之一。黄河是市域内唯一过境干流，由南向北流经银川市，过境长度 83 千米。

2016 年银川市水资源总量 1.942 亿立方米，其中，降水量约 19.857 亿立方米，折合降水深 263 毫米，较多年平均值高 34.4%；地表水资源量 1.253 亿立方米（占宁夏总量的 16.8%），径流深 16.6 毫米，较多年平均值高 40.6%；多年平均地下水资源总量为 7.920 亿立方米（重复计算量 7.004 亿立方米），地下水可开采量为 3.975 亿立方米；现状年（2016 年）地下水资源量 6.234 亿立方米（重复计算量 5.545 亿立方米），较多年平均值偏少约 21.3%。银川市各县（市、区）多年平均地下水资源量分布见表 1。

表 1　银川市多年平均地下水资源量

地市	区域	计算面积（km²）	地下水资源量（亿 m³）	可开采量（亿 m³）	与地表水重复量（亿 m³）	不重复量（亿 m³）
银川市	银川城区	1509	2.430	1.370	2.121	0.309
	滨河新区	230	0.030	0.030	0.030	0
	灵武市	3618	1.360	0.635	1.296	0.064
	贺兰县	1208	1.840	0.880	1.537	0.303
	永宁县	977	2.260	1.090	2.020	0.240
	小计	7542	7.920	3.975	7.004	0.916

1. 水文地质条件

银川市地下水属第四系松散岩类孔隙水，存在潜水含水岩组（一般埋深<80 米）、第 II—IV 承压含水岩组（一般埋深 80—350 米）。研究区浅层地下水（潜水）资源较丰富，主要补给来源为引黄灌区渠系渗漏与田间灌水入渗补给，其次为地下径流侧向补给以及大气降水入渗补给；排泄主要是潜水蒸发和地下径流排入干支沟间接排入黄河。深层地下水（承压水）补给量少、水质好，主要作为城市生活用水水源。

2. 地下水动态

银川市浅层地下水动态主要受农田灌溉控制，灌溉期 4 月中旬开始地下水位逐步升高，停水期有所回落，冬灌再次上升后回落至次年2—3月的最低值。水位埋深显示：夏灌前大部分地下水埋深在2—4米间，夏灌后地下水位升至0.6—1.2米。根据《2001—2010年宁夏水资源公报》《宁夏水资源保护规划地下水专题报告（2013年）》，2001—2010年，银川地区非灌溉期平均埋深2.23米，水位下降速率0.055米/年；灌溉期平均埋深1.23米，水位下降速率0.066米/年；年平均埋深1.65米，水位下降速率0.07米/年（见表2）。2016年银川片地下水埋深2.64米，较2015年下降0.01米。以上数据资料表明，银川市潜水水位呈逐年下降的趋势，水位埋深变化与引水量减少、灌区节水改造力度、降水年际变化等密切相关。

表2　引黄灌区银川地区潜水埋深统计表

分类	年份	埋深(m)	分类	年份	埋深(m)	分类	年份	埋深(m)
非灌期（2月）	2001	1.99	灌期（8月）	2001	0.95	年平均	2001	1.37
	2002	1.98		2002	0.95		2002	1.38
	2003	2.07		2003	1.03		2003	1.49
	2004	2.1		2004	0.99		2004	1.48
	2005	2.22		2005	1.36		2005	1.66
	2006	2.06		2006	1.16		2006	1.45
	2007	2.4		2007	1.33		2007	1.77
	2008	2.48		2008	1.32		2008	1.92
	2009	2.45		2009	1.56		2009	1.95
	2010	2.54		2010	1.61		2010	2.07
	平均	2.23		平均	1.23		平均	1.65
下降速率（m/a）	非灌期	0.055	灌期		0.066	年平均		0.07

3. 地下水超采区

银川市地下水超采区涵盖了东郊水源地、南郊水源地、北郊水源地、宁化第一水源地。主要分布在贺兰山农牧场场部—西北轴承厂—银川林场二队以东，五里台、上前城、掌政镇洼路村沿线以北，金贵镇东南部—燕鸽—银川九中—宁夏大学以南一带，即柳家湾、西湖农场、芦花台、四村、苗木场、马家湾子一带，超采区面积294平方千米，超采量1987万立方米（较2015年超采量1961万立方米略有增加，但较2014年超采量2636万立方米下降明显）。根据宁夏国土资源调查勘测院《宁夏地质环境监测年度成果报告》，2016年银川市开采地下水形成的区域降落漏斗中心由银川铁路分局附近移至宁夏建工集团二公司家属院附近，漏斗中心水位埋深由2015年的18.91米上升为2016年的18.26米，上升0.65米。以上数据表明，银川市地下水超采现象正在逐步得到控制。

银川市人民政府1995年制定出台《取水许可制度实施办法》，银川市人大常委会2006年制定出台《银川市水资源管理条例》，2010年修改了《银川市水资源管理条例》。自以上办法和条例实施以来，银川市水务局全面落实取用水总量控制、提高用水效率、水功能区限制纳污控制指标"三条红线"管理制度，加大水资源法制保护力度。经过20多年的治理与保护，有效控制了地下水的开采量，银川市区降落漏斗面积得到了有效控制，至2014年深层漏斗中心水位较过去回升了9.29米，2015年较2014年水位埋深上升0.01米，2016年较2015年水位上升0.65米。

（二）地下水资源开发利用现状

银川市工农业以及市民生活用水全部来自地下水源及黄河配水。地下水潜水层水位埋深一般为1—30米，水位变化主要受降水、田间灌溉、开采和蒸发等因素的影响，补给方式是农田、沟渠水的渗漏和降水下渗等。2016年银川市总供水量与总用水量为16.197亿立方米（其中地下水供/用水量2.036亿立方米），占宁夏的25%，位居第一；总耗水量6.761亿立方米（其中地下水耗水量0.756亿立方米），占宁夏的20.2%，居第三位。根据表3可知，分行业用水量结构中，银川市分配的黄河用水量主要用于农业灌溉，地下水主要用于城镇生活、农村人畜生活及工业用水；分行业耗水结构显示银川市最大耗水行业为农业。银川市人均用水量739立方米，低于宁夏均值（961立方米/人），人均耗水量309立方米，约为宁夏均值的2/3；万元GDP用水量120立方米/万元，约为宁夏均值的58%，耗水量50立方米/万元，约为宁夏均值的1/2；耕地亩均用水量705立方米，高于宁夏均值，亩均耗水量304立方米，略低于宁夏均值；农业灌溉水有效利用系数仅为 0.504，低于宁夏均值 0.511，与全国 0.50 的平均水平基本持平。以上数据显示银川市水资源供需矛盾突出且对地下水的依赖较大，为了满足区域经济、社会、生态发展所需的水资源，部分地区过度开采地下水，导致地下水水位下降。

表3　2016 年银川市水资源开发利用现状

单位：亿立方米

供水量			用水量				耗水量			
总量	16.197		行业	总量	16.197		行业	总量	6.761	
				地下水	2.036			地下水	0.756	
地表水	0.013		农业	总量	13.893		农业	总量	5.690	
				地下水	0.159			地下水	0.096	
黄河水	14.05		工业	总量	1.026		工业	总量	0.607	
				地下水	0.616			地下水	0.201	
地下水	2.036		城镇生活	总量	1.151		城镇生活	总量	0.337	
				地下水	1.134			地下水	0.332	
污水回用量	0.097		农村人畜	总量	0.127		农村人畜	总量	0.127	
				地下水	0.127			地下水	0.127	

（三）地下水污染现状

1. 地下水水质

根据《宁夏回族自治区水利厅：宁夏水资源保护规划地下水专题报告（2013 年）》，银川市三区监测范围内（706 平方千米）潜水矿化度基本都小于 3 克/升；灵武市绝大多数地区矿化度介于（1—3）克/升，灵武北部少部分地区矿化度为（3—5）克/升；永宁县及以北地下水矿化度一般小于 1 克/升，部分乡镇地区矿化度为（1—3）克/升；贺兰县约 3/4 监测范围内的地下水矿化度介于（1—3）克/升，通义、潘昶、丰登乡矿化度为（3—5）克/升。银川市承压水矿化度的平均值在 0.6 克/升左右，水质较好，其中银川市东郊水源地、南郊 2 号水源地、北郊水源地、灵武市水源地、贺兰县水源地、永宁县水源地汇水口水质监测指标浓度值均符合《地下水质量标准》（GB/T14848—93）Ⅲ类标准。根据《2016 宁夏水资源公报》，银川至贺兰地下水矿化度介于（0.4—6.6）克/升，均值为 1.56 克/升。以上数据表明银川市饮用水源地水质较好，但部分地区地下水水质较差，不能进行农业及生活用水。

2. 地下水污染现状

伴随着"一带一路"倡议、供给侧改革、西部大开发战略的推进与城市化进程的加快，银川市正日益成为与周边省区共同进步的区域性中心城市。银川市政府部门一直致力于蓝天、青山绿水的保护和防治，但以化工、生物科技、制药、造纸等工业为主的产业发展，导致区域水环境问题仍很严重。近年来，银川市地下水环境面临前所未有的挑战和压力，地下水污染已成为银川市重要的环境问题之一。

银川市工农业用水及城乡生活用水的水源绝大多数为地下水（除农业引扬黄灌溉约 16 亿立方米）。由于地下水的大量开采，原生储水环境遭到破坏，加之工业、农业、生活污水及受污染的降水等渗漏补给地下水，致使地下水理化性质及生物学特征发生改变，总硬度、TDS、氨氮、化学需氧量等指标明显增高。银川市城市集中式供水水源面源污染物主要是 CODCr（化学需氧量）和 NH_3-N（氨氮），主要来源于农药和化肥污染，即污染物随灌溉下渗污染地下水，加之农业畜禽养殖污染物通过流经银川市域的各主要排水沟道排入黄河，也直接影响城市用水安全。城镇地表径流负荷对地下水的污染虽然很少，但仍应加强地表水的监管力度，从源头控制对地下水的污染。2005 年年底，银川市城市污水处理率仅为 52%，经过多年治理，截至 2016 年年底，宁夏城市污水处理率达 91.95%；根据《2016 年宁夏水资源公报》显示绝大多数排水沟、湖泊水质都为劣Ⅴ类，城市及城郊生产及生活污水未处理达标的水体经排水沟流入黄河，黄河下游引黄灌区地下水受灌溉水渗漏影响，造成地下水间接污染。其中，农村生活污染源中 COD 约 372.11 吨/年，氨氮约 90.76 吨/年；农药、化肥污染中 COD 约 2041.74 吨/年，氨氮约 408.35 吨/年；分散禽畜养殖污染中 COD 约 251.62 吨/年，氨氮约 20.67 吨/年；城镇地表径流负荷中 COD 约 31.61 吨/年，氨氮约 2.16 吨/年。因此，必须加强集中式饮用水水源地保护，做好生活污水处理及农业面源污染防控，改善银川市区域水环境质量。城市排水管道建设滞后于城市建设进程，是造成水体及水环境污染严重的一个因素。

三、银川市水污染综合治理措施

(一)制订合理的水污染综合防治规划

根据《全国地下水污染防治规划(2011—2020 年)》(环发〔2011〕128 号)、《宁夏回族自治区水污染防治工作方案》(宁政发〔2015〕106 号)和《银川市水污染防治工作实施方案》(银政发〔2016〕102 号),结合银川市实际,制订短期及中长期水污染综合防治规划,以市域工业及生活污水防治为重点,以饮用水源地保护为核心,以科技、人才、排污设备投入为主要手段,以各水体水质改善和水功能区质量达标为阶段目标,以人民生活、生产和生态用水安全为最终目标,实现银川市的绿水青山建设任务。

(二)保障集中式饮用水水源地安全

城市集中式饮用水水源地已划为生态保护红线范围。银川市城市集中式饮用水水源为地下水,其中东郊水源地、南郊水源地、北郊水源地为银川市已开采使用的城市集中供水水源地,为银川市第一至第六水厂输送水源。切实保障银川市饮水安全,首先,必须明确银川市水源地保护的重要性,树立饮用水源保护区标志牌,从观念意识上重视水源地的保护。其次,必须清查水源地保护区内已存在及潜在的污染源,并全面清除保护区内的污染源,从源头上杜绝水源地污染。再次,必须加强饮用水源环境监测,保障饮用水安全。最后,必须制定饮用水源突发事件应急预案,建立快速反应机制,确保居民饮用水安全。

(三)大力发展循环经济、低碳经济、绿色经济

通过重点行业专项整治行动,全面控制工业污染。增加现代科技投入,实现银川市造纸、氮肥、印染、制药和制革行业清洁生产技术改造,积极鼓励、引导企业发展循环经济和绿色经济,实行清洁生产,提倡废物利用、节能降耗,杜绝跑、冒、滴、漏和污染事故。

调整经济结构,大力发展低耗能、低排放、高效益的产业,鼓励企业加大技术改造增强水资源综合利用效率。全面实施战略性新兴产业发展规划,加快新材料、人工智能、集成电路、生物制药、第五代移动通信等技术研发和转化,加快大数据、云计算、物联网应用,以新技术新业态推动

传统产业变革，逐步淘汰落后产能发展新型煤化工产业，实现银川市企业减量化、循环化、无害化排放目标。

（四）污水处理及再生水利用

加强地下水污染防治，加快城镇生活污水处理设施建设和提标改造，提高生活污水处理率，减少对排水沟的污染，进而减少对浅层地下水的污染。建设污水处理厂和中水厂，大幅度提高污水处理费征收标准。进一步大力发展再生水回用产业，提高污水处理厂的可持续能力。对中水进行深度处理，用于景观生态用水和工业用水等。

在工业园区内配套建设污水集中处理厂，并达到一级 A 排放标准，安装自动在线实时监控装置并联网，实现工业园区污水的全收集、全处理。加大对新、改、扩建工业项目的监管力度，从源头上控制新增污染源。提高重污染行业的准入门槛，切实做到增产不增污。严禁在河道干流和主要支流控制线内开发工业项目。推行"河长制"，综合整治黄河支流、入黄排水沟、重点湖泊、城市黑臭水体，全面取缔企业直排口，进一步提高黄河宁夏段水质，确保黄河水环境安全。运用人工湿地、滩涂等处理排水沟入黄口的污水，既可节省资金，又可以补充地下水资源。

（五）严格控制农业面源污染

进一步推进节水型农业建设，实现节水、减污、保护生态环境、促进农业增产的目的。推广农业清洁生产，建立可持续发展的生态农业经济体系。大力推广秸秆还田技术，实施测土配方施肥技术，实现化肥、农药使用量零增长，促进无公害、绿色、有机农业在银川市的发展。注重对乡镇及规模化养殖业的环境管理，运用各种综合措施使规模化养殖业污水实现全面达标；变废为宝实现养殖业废物资源化利用；加快农业产业结构的调整，防止农业、农村污染，建立并扩大以无公害农产品、绿色食品、有机食品基地为龙头的农业产业化发展道路，在提高农产品质量的同时，降低农业面源污染；加强农业科技投入，以资源高效利用和环境保护为基础，以农业经济增长与农业生态环境的改善为目标，建立生态合理、经济高效的现代农业发展模式，构建银川平原生态农业经济带。加强黄河两岸生态保护建设，变荒地为绿地、林地，既可提高农业污水利用率，又可增加农民收入，实现银川市生态建设与经济发展双赢目标。

（六）配套制度建设

实施水污染物总量控制和排污许可证制度。加大污染排放超标惩治力度，倡导企业谁污染谁治理。加强执法监管，建立"寻源治理"机制，开展专项整治，改善宁夏水环境质量。完善水资源开发利用与保护长效投入机制、科学决策机制、政绩考核机制、责任追究机制，落实党政同责、一岗双责，实行领导干部生态环境损害责任终身追究制度。建立和完善清洁生产激励机制，推动企业实施清洁生产，鼓励企业开展争创环境友好企业和清洁生产先进企业。倡导"节流优先、保护每一滴水"思想，加强宣传教育，形成全社会共同参与的良好风尚，让更多的公众加入到治理水污染及节水型社会建设的工作中。

总之，自治区及银川市政府自 20 世纪末至今一直致力于区域水污染防治，以期通过制订符合银川市现状的水污染综合防治规划，开展城市水利基础设施建设、产业结构调整和经济结构优化、生活污水处理设施改扩建、集中式饮用水水源地保护、农业面源污染控制、政府企业公众多元参与的环境保护项目投资等措施，改善银川市水环境污染问题，逐步建成经济繁荣、民族团结、环境优美、人民富裕的美丽银川。

宁夏村域单元生态移民效益评价

文 琦　郑殿元　郭姗姗

自 20 世纪 80 年代末以来，宁夏组织实施了吊庄移民、扶贫扬黄灌溉工程移民、易地扶贫搬迁移民、中部干旱带县内生态移民，累计搬迁安置移民 106.22 万人，同时在"十二五"期间实施中南部地区生态移民搬迁安置移民 32.9 万人。因此，对村域单元生态移民效益进行评价研究，具有重要现实意义。

一、数据来源和研究方法

（一）数据来源

根据各村落自然地理条件与社会经济发展差异特征，选取从彭阳县搬迁到银川且移民年限相近的 3 个移民村作为研究对象，以便数据更具有代表性和比较意义。样本村落分别为宁夏回族自治区银川市西夏区镇北堡镇同阳社区、银川市金凤区和顺新村、银川市兴庆区月牙湖乡滨河家园。本次调查以家庭为单位，共获取问卷 150 份，其中有效问卷 148 份，有效率为 98%。问卷调查主要内容包括：调查对象基本信息如性别、年龄、民族

作者简介　文琦，宁夏大学资源环境学院教授；郑殿元，宁夏大学资源环境学院硕士研究生；郭姗姗，宁夏大学资源环境学院本科生。

等；移民前后对比评价、满意度、移民村致富困难原因等。

（二）研究方法

问卷设计采用李克特量表（Likert scale）作为评价每个指标的评价尺度，在满意度方面，设计有"很不满意、较不满意、一般、较满意、非常满意"5个选项，并分别赋予1、2、3、4、5分；在迁移前后生活状况对比方面，设计有"移民前比移民后好很多、移民前比移民后好一些、移民前与移民后差不多、移民后比移民前好一些、移民后比移民前好很多"5个选项，并分别赋予1、2、3、4、5分。同时，为了科学地评价搬迁后移民生活状况，确定了生产、生活搬迁前与搬迁后对比的7个评价指标：劳动强度、供电情况、生活用水、饮食质量、交通情况、居住环境、经济状况；以及与居民生活满意度有关的6个评价指标：生活条件、政府提供住房、与村干部关系、政府政策、子女入学、医疗卫生。根据研究指标的特殊性，运用以下公式计算移民对各指标的评价值：

$$A_i = \sum_{i=1}^{5} E_{ij} F_j \tag{1}$$

式中：A_i 是第 i 个指标的评价值；E_{ij} 是第 i 个指标的第 j 种态度值；F_j 是第 j 种态度值。对 F_j 的评价尺度采用5分赋值法。

二、宁夏村域生态移民效益评价分析

（一）村域基本情况分析

由表1可知，同阳社区39份有效问卷中，移民年限均在4年之内，年龄在18—55岁间占84.6%，文化程度在小学及以下占56.4%，移民前收入以务农为主，移民后以外出务工为主，移民后无工作的占33.3%；和顺新村39份有效问卷中，移民年限均在4年之内，年龄在18—55岁间占88.2%，文化程度在小学及小学以下占76.9%，移民前后收入均以打工和务农为主，闲置劳动力较少；滨河家园60份有效问卷中，移民年限也均在4年以内，年龄在18—55岁之间占70%，文化程度在小学及小学以下占68.3%，移民前收入以务农为主，移民后以务工为主，由此看出滨河家园移民年龄结构、文化程度、移民年限以及移民前后所从事职业与同阳社区类同。

由表2可知，同阳社区移民前家庭年收入在15000元以上占33.3%，

表 1　调查对象基本情况

变量	变量解释	同阳社区		和顺新村		滨河家园	
		频数	百分比	频数	百分比	频数	百分比
性别	男=1	23	59.0	20	51.3	38	63.3
	女=2	16	41.0	19	48.7	22	36.7
民族	汉=1	33	84.6	28	71.8	39	65
	回=2	6	15.4	11	28.2	21	35
	其他=3	0	0	0	0	0	0
年龄	18 岁以下=1	2	5.1	5	12.8	0	0
	18—45 岁=2	27	69.2	23	60.0	21	35
	45—55 岁=3	6	15.4	11	28.2	21	35
	55 岁以上=4	4	10.3	0	0	18	30
移民年限	1 年	16	41.1	0	0	0	0
	2 年	8	20.5	9	23.1	10	16.6
	3 年	7	17.9	20	51.3	25	41.7
	4 年	8	20.5	10	25.6	25	41.7
文化程度	小学以下=1	16	41.1	14	35.9	33	55
	小学=2	6	15.3	16	41.0	8	13.3
	初中=3	9	23.1	5	12.8	5	8.3
	高中=4	3	7.7	4	10.3	14	14
	大学及以上=5	5	12.8	0	0	0	0
移民前职业	学生=1	5	12.8	5	12.8	5	8.3
	打工=2	10	25.5	17	43.6	10	16.7
	务农=3	18	46.2	15	38.5	45	75
	个体=4	1	2.6	0	0	0	0
	无=5	4	10.3	2	5.1	0	0
移民后职业	做生意=6	1	2.6	0	0	0	0
	学生=1	4	10.3	5	12.8	5	8.3
	打工=2	15	38.5	15	38.5	50	83.3
	务农=3	5	12.8	15	38.5	5	8.3
	个体=4	2	5.1	1	2.6	0	0
	无=5	13	33.3	3	7.7	0	0

5000 元以下占 30.8%，移民后 15000 元以上占 15.4%，5000 元以下占 48.7%，说明移民后家庭年收入总体下降，出现返贫现象。主要由于移民前村民收入以务农为主，较为稳定，移民后土地减少，只能外出务工维持生计，由于文化程度偏低等因素影响，致使就业困难，村内闲置劳动力较多导致，同时调查发现村内多处商铺闲置，说明同阳社区移民缺乏资金或能力经营商铺，经营意识较差。和顺新村移民前家庭年收入在 15000 元以上占 43.6%，移民后在 15000 元以上占 76.9%，家庭年收入较移民前普遍提升，虽然村民文化程度也较低，收入主要以打工和务农为主，但由于移民后相关政策落实较好，给每户均分配一个蔬菜大棚，并在村内建成了蔬菜贸易市场，促使农户持续稳定增收。滨河家园移民前后家庭年收入在 5000元以下占比由 41.7%减少为 30%，整体收入水平有所提升，但增幅较小，村内无土地耕种，移民后收入以务工为主。由于大部分村民外出务工，闲置劳动力少，农户家庭年收入比同阳社区较多。

表 2　移民前后家庭年收入对比

变量	变量解释	同阳社区		和顺新村		滨河家园	
		频数	百分比	频数	百分比	频数	百分比
移民前家庭年收入	5000 元以下=1	12	30.8	3	7.7	25	41.7
	5000—10000 元=2	5	12.8	6	15.4	13	21.7
	10001—15000 元=3	9	23.1	13	33.3	10	16.7
	15000 元以上=4	13	33.3	17	43.6	12	20
移民后家庭年收入	5000 元以下=1	19	48.7	0	0	18	30
	5000—10000 元=2	4	10.3	0	0	12	20
	10001—15000 元=3	10	25.6	9	23.1	18	30
	15000 元以上=4	6	15.4	30	76.9	12	20

由表 3 可知，移民村致富难主要面临缺乏资金、就业困难、发展现代农业难、农民素质提高难等问题，同阳社区和滨河家园致富难主要面临村集体经济薄弱、资金投入少、家庭经济条件差、人均耕地少、农民文化素质低、职业教育发展落后、就业困难等问题；和顺新村面临村集体经济薄弱、劳动力素质偏低、培训机会少，虽然农业发展基础较好，每户均有蔬

菜大棚，但仍存在人均耕地少、农产品价格波动大、市场信息失灵、现代农业技术推广难等问题。

表3　移民村致富困难原因调查

变量	变量解释	同阳社区		和顺新村		滨河家园	
		频数	百分比	频数	百分比	频数	百分比
缺资金	村里没有钱=A	5	12.8	13	33.3	13	21.7
	政府资金投入少=B	30	76.9	26	66.7	9	15
	老百姓有钱不愿拿=C	0	0	0	0	0	0
	老百姓没钱=D	28	71.8	8	20.5	21	35
就业难	没文化找工作=A	26	66.7	33	84.6	46	76.7
	不愿意外出打工=B	4	10.3	4	10.3	0	0
	本区未提供充分就业岗位=C	16	41.0	5	12.8	24	40
发展现代农业难	耕地少，地方差=A	32	82.1	19	48.7	50	83.3
	小规模分散经营=B	3	7.7	0	0	0	0
	农业灌溉条件差=C	2	5.1	0	0	0	0
	农业物质技术装备机械化差=D	3	7.7	0	0	0	0
	农业实用技术推广难=E	6	15.4	15	38.5	10	16.7
	农业物质供应难=F	1	2.6	30	76.9	0	0
	农产品价格低且不稳定=G	0	0	14	35.9	8	13.3
	农产品市场需求信息不灵=H	2	5.1	30	35.9	4	6.7
	农民素质差=I	3	7.7	0	0	8	13.3
素质提高难	农民认识不到知识的重要性=A	10	25.6	9	23.1	30	50
	农民职业教育发展落后=B	17	43.6	20	51.3	29	48.3
	农民接受培训机会少=C	19	48.7	10	25.6	24	40

（二）村域生态移民效益评价分析

1.移民前后对比情况评价分析

由表4可知，同阳社区对"劳动强度""饮食质量"和"经济状况"评价均为"较差"，对"生活用水""交通状况""居住环境"评价均为

"良好"，对"供电情况"评价为"一般"，说明移民后生活环境和基础设施改善，但劳动强度增加，整体生活水平提升较小，主要由于移民后耕地减少且生活成本增加，就业困难，收入不稳定导致。移民前后对比情况总评价值为 22.6 分（总分为 35 分），均值为 3.23，总评价结果为"一般"，倾向于"移民前比移民后好一些"。和顺新村移民对"劳动强度"和"饮食质量"评价为"一般"，其余指标评价均为"良好"，说明移民后虽然劳动强度增大，但基础设施和生活环境改善，收入以务农和打工为主，相比之前整体生活水平得到较大提高。总评价值为 25.73 分，均值为 3.68，总评价结果为"良好"，倾向于"移民后比移民前好一些"。滨河家园移民对"劳

表 4　移民前与移民后对比情况评价

样本村落	评估指标 各态度占比重	劳动强度	供电情况	生活用水	饮食质量	交通状况	居住环境	经济状况
同阳社区	移民前比后好很多	10.0	0	3.3	20	0	3.3	20
	移民前比后好一点	26.7	13.3	13.3	40	13.3	10	30
	移民前后差不多	23.3	56.7	16.7	20	13.3	20	23.3
	移民后比前好一点	40	20	46.7	13.3	40.1	46.7	20
	移民后比前好很多	0	10	20	6.7	33.3	20	6.7
	评估值(分)	2.93	3.27	3.67	2.47	3.93	3.7	2.63
	评估结果	较差	一般	良好	较差	良好	良好	较差
和顺新村	移民前比后好很多	7.7	0	0	5.1	0	0	2.6
	移民前比后好一点	12.8	0	5.1	12.8	2.6	7.7	5.1
	移民前后差不多	25.6	43.6	30.8	18	23.1	48.7	28.2
	移民后比前好一点	35.9	46.2	48.7	41	53.8	23.1	25.6
	移民后比前好很多	17.9	10.3	15.4	23.1	20.5	20.5	38.5
	评估值(分)	3.43	3.67	3.74	3.49	3.92	3.56	3.92
	评估结果	一般	良好	良好	一般	良好	良好	良好
滨河家园	移民前比后好很多	3.3	0	0	15	0	1.7	5.0
	移民前比后好一点	13.3	11.7	5	18.3	16.7	3.3	8.3
	移民前后差不多	30	56.7	35	38.3	23.3	35	36.7
	移民后比前好一点	41.7	26.7	45	26.7	50	48.3	40
	移民后比前好很多	8.3	5	15	1.7	10	11.7	10
	评估值(分)	3.28	3.25	3.7	2.82	3.53	3.65	3.42
	评估结果	一般	一般	良好	较差	良好	良好	一般

动强度""供电情况"和"经济状况"评价为"一般"，"饮食质量"评价为"较差"，"生活用水""交通状况""居住环境"评价为"良好"，说明移民后生产生活环境较之前得到改善，但整体生活水平无明显提高，主要由于移民后为无土安置，且生活成本增加，务工收入不稳定导致。总评价值为23.65分，均值为3.38，总评价结果为"一般"，倾向于"移民后与移民前差不多"。

2.居民生活满意度评价分析

由表5可知，同阳社区移民对"子女入学""医疗卫生"评价为"良好"，对"生活条件"和"政府政策"评价为"一般"，对"政府提供住房"

表5　居民生活满意度评价

样本村落	评估指标各态度占比重	生活条件	政府提供住房	与村干部关系	政府政策	子女入学	医疗卫生
同阳社区	很不满意	0	20	33.3	6.7	0	0
	较不满意	36.7	33.3	30.1	30	13.3	10
	一般	23.3	10	23.3	16.6	3.3	26.7
	较满意	33.3	36.7	13.3	40	66.7	56.7
	非常满意	6.7	0	0	6.7	16.7	6.6
	评估值（分）	3.1	2.63	2.17	3.1	3.87	4.17
	评估结果	一般	较差	较差	一般	良好	良好
和顺新村	很不满意	0	0	0	2.6	0	0
	较不满意	0	5.1	5.1	10.3	5.1	7.7
	一般	25.6	48.7	43.6	23.1	18	30.8
	较满意	53.9	38.5	46.2	41	51.3	48.7
	非常满意	20.5	7.7	5.1	23.1	25.6	12.8
	评估值（分）	3.95	3.49	3.51	3.72	3.97	3.67
	评估结果	良好	一般	良好	良好	良好	良好
滨河家园	很不满意	0	6.7	5	3.3	0	0
	较不满意	20	33.3	15	26.7	6.7	0
	一般	35	31.7	46.7	33.3	16.6	25
	较满意	40	28.3	33.3	23.3	56.7	61.7
	非常满意	5	0	0	13.4	20	13.3
	评估值（分）	3.3	2.82	3.08	3.17	3.9	3.88
	评估结果	一般	较差	一般	一般	良好	良好

和"与村干部关系"评价为"较差",说明移民后生活条件改善,看病就医较之前方便,但由于农村家庭人口偏多,存在安置房屋不能满足个别家庭居住需求的问题,且基层管理水平低,导致部分村民对政府政策满意度较低,居民生活满意度总评价值为 19.04 分(总分为 30 分),均值为 3.17,总评价结果为"一般",满意度倾向于"较不满意";和顺新村移民除了对"政府提供住房"评价为"一般",其余指标评价均为"良好",说明移民后教育、医疗卫生等方面得到较大改善,虽然也存在住房问题,但由于政策宣传落实到位,对政府政策较满意,总评价值为 22.31 分,均值为 3.72,总评价结果为"良好",满意度倾向于"较满意";滨河家园移民对"子女入学""医疗卫生"评价为"良好",对"生活条件""与村干部关系"和"政府政策"评价为"一般",对"政府提供住房"评价为"较差",说明移民后教育和医疗等方面得到改善,但也存在住房问题和基层管理缺失现象,总评价值为 20.15 分,均值为 3.36,总评价结果为"一般",满意度倾向于"一般"。

3. 结果分析

等级评价总值越高说明移民后生活水平较之前越高,在移民前后对比情况评价方面,同阳社区总评价值为 22.6 分(总分为 35 分),均值为 3.23分;和顺新村总评价值为 25.73 分,均值为 3.68 分;滨河家园总评价值为23.65 分,均值为 3.38 分。在居民生活满意度评价方面,同阳社区总评价值为 19.04 分(总分为 30 分),均值为 3.17,总评价结果倾向于"较不满意";和顺新村总评价值为 22.31 分,均值为 3.72,总评价结果倾向于"较满意";滨河家园总评价值为 20.15 分,均值为 3.36,总评价结果倾向于"一般"。

由以上对同阳社区、和顺新村和滨河家园的基本情况、移民前后对比评价和居民生活满意度评价分析得出,在移民年限、政策相似基础上,3个行政村发展水平相差较大,其中和顺新村发展水平最高,滨河家园次之,同阳社区最低;移民安置区较迁出区基础设施、教育和医疗等得到改善,生产生活环境质量均有所提高,但普遍存在村集体经济薄弱、劳动力素质偏低、就业困难等问题;同阳社区和滨河家园均为无土安置,存在经济发展水平低、基层管理不到位等问题，致使村民生活水平改善较小，甚至有下降趋势；和顺新村政策落实到位，农业发展基础好，村民发展意识强，整体生活水平得到显著提升，但仍存在人均耕地少、农产品价格波动大、市场信息失灵、现代农业技术推广难等问题。总体来说，移民村发展水平的影响因素主要有政府政策、社区管理、经济条件和村民自身四种，当前主要存在政府政策宣传落实不到位、社区管理水平低、经济发展落后、村民致富动力不足等问题。

三、宁夏生态移民村域发展对策建议

（一）优化现行移民模式，因村因户精准施策

村域发展水平不同的重要原因之一就是政策落实情况不同。因此，随着生态移民模式不断增多，相关政策应具有更强的灵活性，在继续落实生态移民在搬迁安置、劳务输出、发展现代农业、贫困人口的社会救助与资金扶持等政策下，应因村因户施策，为移民群体提供多种方案，并告知其中优、缺点，让他们根据自己的实际情况和意愿做出合理选择，减少生态移民后续问题。如可根据家庭劳动力状况进行移民，对青壮年劳动力实施以提供就业为主的劳务移民；对年龄较大缺失劳动力者以土地安置为主。

（二）提升社区管理水平，促进和谐健康发展

积极发挥村民自治作用，选出对现行政策理解和掌握能力较强的村干部，与驻村工作队共同促进生态移民安置区的合理发展，同时要强化相关政策法规的宣传工作，确保各项政策落实，如通过宣传生态移民的优惠政策、产业补贴和扶持政策等内容，消除农户对现行政策的误解，鼓励其积极发展相关种植业和养殖业，进而解决问题、缓解矛盾、促进社区和谐发展。

（三）合理选择移民新址，积极培育持续产业

宁夏地区由于水资源约束加剧，"十三五"期间已不具备大规模有水有地集中安置移民条件。因此，在建设新的生态移民安置区时，要科学选址，合理规划，且当地政府应通过提供资金扶持和优惠政策，拓宽融资渠道，优化调整农业种植结构，推广现代农业技术，完善农产品销售渠道，

因地制宜发展以特色农业、农产品加工业为主的现代农业，以及具有地域特色的乡村旅游业，积极引导移民走产业致富道路，如一些生态移民安置区通过土地流转，积极吸引外资，发展枸杞、中药材、大棚蔬菜、农家乐等特色产业，既缓解了移民就业压力，也能持续稳定增收，促进社区持续发展。

(四) 提升移民综合素质，增强内生脱贫动力

移民综合素质的提升是生态移民安置区稳定发展的关键，通过兴建图书室或者文化学习班，提高农户文化素质，并积极引导他们守法用法，强化法律意识；有针对性地对安置区农户进行农业生产技术和劳动技能培训，让其至少掌握一门技术，提升技能水平，达到持续稳定增收的效果；扶贫先扶志，要教育贫困群众树立起自我发展意识，变"要我致富"为"我要致富"，增强其内生脱贫动力，积极融入新的生产生活环境中。

区域篇
QUYU PIAN

2017 年银川市生态环境报告

陈宁飞

2017 年，银川市深入学习党的十九大精神，全面贯彻落实习近平总书记"建设天蓝、地绿、水美的美丽宁夏"要求，牢固树立"绿水青山就是金山银山"思想，以持续改善环境质量为中心，全面整改中央环保督察反馈问题，着力抓好蓝天、碧水、净土三大工程，切实把生态优势转化为产业优势、竞争优势、发展优势、区位优势，走出了一条生态立市、绿色发展之路。

一、银川市生态环境取得的成效

（一）强化环保制度建设，落实环保责任制

一是银川市委、市政府成立美丽银川建设委员会，在市蓝天工程领导小组、水污染防治工作领导小组等基础上，扩大范围，组建银川市环境综合治理委员会和指挥部，抽调专人成立督查考核办公室。二是对《银川市环境保护监督管理责任暂行规定》《银川市环境空气质量生态补偿暂行办法》进行修订，进一步提高政策的适用性；发布《关于依法严惩十种水污染突出违法行为的通告》《关于依法严惩十种大气污染突出违法行为的通告》，保持环境违法行为高压打击态势；健全领导体制和工作推进机制，建

作者简介　陈宁飞，银川市环境保护局综合处干部。

立绿色决策体制机制，统筹谋划，扎实推进市委、市政府决策部署。三是完成《银川市"十三五"环境保护规划》编制。

（二）贯彻落实生态立区战略，推进绿色发展

一是印发《生态立市战略银川三年行动计划》，明确提出到 2020 年，银川市生态文明建设水平和全面建成小康社会要求相适应，市民更多享受到天蓝、水清、土净的环境资源，"碧水蓝天明媚银川"更加深入人心。二是围绕自治区十二次党代会精神，及时组织编写了《银川市大都市圈生态共保共育实施方案》。三是组织编制了《银川市环境承载力研究》课题报告，将环境承载力纳入银川市空间规划和生态红线划定之中。圆满完成了《银川市大气、水环境承载力研究》和《银川及周边地区空气重污染成因与控制对策研究》课题，开展基于大气超级监测网络的环境空气质量预报预警方法研究。四是全力推进自然保护区整治及生态恢复。截至目前，贺兰山自然保护区银川段 40 处人类活动已有 21 处完成拆除并生态恢复，累计完成生态修复面积 10.6 万平方米，播种各类草籽 1150 余千克。

（三）全力抓好中央环保督察整改落实工作

按照区市党委、政府关于中央环保督察整改落实工作的安排部署，结合银川市实际，先后出台了《银川市贯彻落实中央第八环境保护督察组督察反馈意见整改方案》《银川市领导和厅级领导同志包抓重点环保问题工作方案》和《银川市大气污染专项整治攻坚行动方案》等 51 个工作方案。组织开展制药企业异味治理、扬尘防控、燃煤锅炉治理和污水处理厂提标改造等重点整改任务现场督查 50 余次，配合市委、市政府对反馈意见及转办件整改情况督查 26 次，编发环境综合治理简报 68 期、通报 30 期，报送中央第八环境保护督察组反馈问题整改情况报告 8 期、工作信息 104 篇。截至目前，中央第八环保督察组转办群众投诉事项 205 件，已办结销号 202 件，仍未办结销号 3 件；督察组反馈的 24 个环境问题，已完成整改 7 个，其余 5 个年底前完成销号。

（四）深入实施蓝天工程，重拳治理大气污染

1.加快燃煤锅炉污染治理

完成了全市燃煤锅炉基础调查，建立了燃煤锅炉电子数据台账，对中央环保督查反馈的 197 台燃煤锅炉进行了逐一核查。完成 18 个烟尘治理项目，27 个二氧化硫治理项目，13 个氮氧化物治理项目，17 个燃煤锅炉污染物在线监测设备安装项目。

2. 强化机动车污染防治

一是淘汰黄标车 5161 辆、老旧车 10656 辆，提前超额完成黄标车 4668 辆、老旧车 4332 辆的淘汰任务。二是上路遥测机动车 10 万辆，查处 98 辆尾气超标车。联合市公安局交警分局成立机动车排放黑烟专项整治领导小组，开展机动车及农用车辆排放黑烟专项整治行动 31 次，检查冒黑烟车辆 369 辆。三是全市 154 座加油站全部完成油气回收治理。

3. 打好扬尘整治歼灭战

一是制定印发了《银川市施工工地扬尘污染整治标准》《银川市道路扬尘污染整治标准》等 3 个规范化标准，对建筑工地、道路、裸露空地扬尘污染进行规范化、标准化整治。二是组织对建筑工地扬尘、道路扬尘、采矿区扬尘防治落实情况进行 6 次专项检查，每周进行 2 次抽查，共检查点位 112 个，下发整改通知单 22 份，对扬尘污染严重的 21 家建筑工地实施停工整治。

4. 着力解决异味污染

一是对生物制药企业下达了限产通知书，每天安排环境执法人员对三家异味企业实行 24 小时全天候监管。抽调 53 名环境监察、监测人员，通过突击夜查、不定时抽查、蹲点监测等多种方式对异味污染进行专项监督，确保企业污染防治设施 24 小时全负荷运转，严防偷排。依法对恶臭超标的泰瑞制药、启元药业、伊品生物等 5 家异味企业启动按日计罚。二是监督药企加快建设治理设施，泰瑞制药生产车间发酵罐尾气集中收集处理系统、污水处理站加盖及光纳米处理工程建成投入使用；启元药业脱泥间的封闭改造、紫外线裂解+活性炭吸附除臭设施建成；伊品生物复合肥车间低温等离子除臭设施建成投运。

5. 加大废弃物禁烧力度

严格落实县（市、区）、乡镇（街道）、村（社区）三级秸秆等废弃物禁烧责任，强化督查，发现一个火点对所在辖区政府处罚 1 万—5 万元，纳入空气质量生态补偿考核。配合市农牧局制定《银川市扶持宁夏紫荆花纸业有限公司秸秆综合利用循环经济示范项目实施方案》，着力提高秸秆综合利用率，从源头控制秸秆焚烧。

6. 全面督查考核力度

依据《银川市环境空气质量生态补偿暂行办法》，对各县（市、区）环境空气质量同比变化情况实施奖优罚劣，一季度扣减县（市、区）生态补偿资金400余万元，二季度扣减1750余万元，三季度扣减1474余万元。

（五）稳步推进碧水工程，水环境质量稳中有升

1. 不断完善工业园区污水处理设施

开展工业园区污水处理专项督查，银川市8个工业集聚区，7个实现污水集中处理，1个达到一级A排放标准。

2. 全面加强城镇生活污水处理

开展污水处理厂提标改造专项督查2次，目前，三区建成运行7座污水处理厂，新建运行调试1座。第三、第六污水处理厂达到一级A排放标准，第二、第五污水处理厂扩建及提标改造正在按计划推进。贺兰县城镇生活污水依托宁夏贺兰联合水务有限公司，达到一级A排放标准；永宁县第一污水处理厂正在提标改造；灵武市污水处理厂达到一级A排放标准。

3. 大力整治水源地保护区

督促各县（市、区）政府对水源地与供水设施和保护水源无关的企业进行清查，并制定关闭搬迁方案。目前，西夏区政府已对北郊水源地内工业企业全部采取断电措施，中央环保督察反馈的10家企业1家已搬迁，6家已停产。

4. 坚决落实河长制

按照《河长制工作方案》要求，制订了《银川市河长制河湖水质监测工作方案》，设置监测断面45个，按照国家地表水监测规范，结合银川市实际情况开展水质监测工作。截至目前，共监测3次，监测数据2397个，为河长制工作提供有力数据支撑。完成了艾依河污染源全面排查工作，委托第三方机构编制了《艾依河水污染防治实施方案》。开展了永二干沟加药一步治水实验水质监测工作，共布设监测点位20个，采取水样60个，监

测数据 1160 个。

（六）全面启动净土工程，土壤环境保持总体清洁

1. 制订《银川市土壤污染防治工作实施方案》

按照国家和自治区土壤污染防治工作要求，制定印发《银川市土壤污染防治工作实施方案》，将目标任务分解落实，切实推进"净土工程"。

2. 加强污染场地环境管理

组织各县（市、区）对拟纳入土壤污染状况详查范围的区域进行调查，对 264 家土壤污染重点企业遥感影像进行核实，梳理土壤问题突出区域 21 个，划分农用地详查单元 89 个，核实调整补充农用地详查点位 1031 个。

3. 统筹规划，积极争取污染土地治理与修复示范工程

组织各县（市、区）谋划建立土壤环境治理的重点工程项目库，储备 3 个土壤污染风险管控类项目、5 个土壤污染治理与修复类项目、3 个土壤污染防治能力监管类项目，统筹解决本行政区域突出土壤环境问题。贺兰县申请到土壤修复与治理专项资金 2424 万元，着力解决调查发现的污水灌溉问题，有效改善土壤环境质量。

4. 积极预防土壤污染

加强工业固体废物和重金属土壤污染防控，确定并公布土壤环境监管重点企业名单 16 家，实行动态更新，要求列入名单的企业自 2018 年起，每年自行对其用地进行土壤环境监测，结果向社会公开。

（七）铁腕执法常态化，环境监管执法能力不断加强

开展"铸盾亮剑""夜鹰行动""零点行动"和驻厂监察等多元手段，针对散乱污企业、重金属、皮革鞣制企业等开展专项行动，联合公安打击涉危险废物环境违法企业，检查涉重金属企业 16 家，医药中间体企业 23 家，利用无人机开展纳污坑塘企业专项检查，对涉嫌环境污染犯罪的 3 家企业依法移送。截至目前，共出动执法人员 9250 人次，检查企业 8417 家次，约谈挂牌督办、生物发酵类、持续超标排放及投诉严重企业 25 家次。下达行政处罚决定书 188 件，收缴入库罚款 800 万元，征收排污费 1121.07 万元。执行环保法及"配套办法"实施按日计罚 3 起，查封扣押 1 起，限制生产 5 起，涉嫌犯罪 1 起，移送拘留 5 起，申请强制执行行政处罚 19

家。强化燃煤供热单位网格化环境监管。检查供暖锅炉房914家次，下达限期整改98份，对超标排放及时立案处罚71家，罚款共计517.123万元。充分发挥区域联动执法功效，形成环境质量保障执法合力。

二、银川市生态环境存在的问题

（一）大气污染防治任务艰巨，空气质量改善形势严峻

全市空气污染由单纯的煤烟型污染向复合型污染转变趋势明显，主要污染物臭氧、二氧化氮、一氧化碳浓度显著上升，成因愈发复杂，环境空气质量改善难度加大，完成大气污染防治行动计划目标任务异常艰巨。扬尘防控措施不到位，建筑工地6个100%落实率不足20%。散煤污染问题突出，燃用煤质差，散户全部为直接排放，加剧了采暖期空气质量恶化。

（二）部分水污染防治工作滞后，无法达到考核要求

城镇污水处理基础设施建设滞后于城市发展速度，部分区域未及时配套建设污水管道，导致部分生活污水未经处理直接排放；部分污水处理厂提标改造进展缓慢；城市饮用水水源地保护区规范化水平低，保护区内污染源搬迁费用高，搬迁难度大，南郊水源地氨氮超标；6条主要入黄排水沟治理难度大，治理资金短缺。

（三）突出环境问题亟待解决

个别遗留问题整改进度滞后。如永宁县药企异味扰民问题，虽然企业不断加大投入，完善异味治理设施，全面加强了生物发酵异味治理，但异味扰民投诉依然存在，异味问题依然突出。排水沟水质黑臭问题不同程度存在，需要加大整治力度和进度。市区内仍然存在一些高污染企业，影响全市环境质量，市民投诉时有发生。

（四）环境治理投入资金不足

银川市环境治理资金基本靠争取国家和自治区专项资金，以入黄排水沟综合整治为例，全区12条入黄排水沟中的6条位于银川市，治理资金投入巨大，仅四二干沟、银新干沟两条排水沟人工湿地建设资金需求约3亿元。

三、进一步加强银川市生态环境建设的对策建议

大力实施生态立市战略，践行"绿色、高端、和谐、宜居"城市发展理念，持续推进绿色发展，着力解决突出环境污染问题，按照银川市委、政府各项重点工作部署，力争补齐生态保护短板，努力改善环境质量。

（一）大力实施生态立市战略

按照自治区十二次党代会精神和"绿色、高端、和谐、宜居"城市发展理念，全力确保2018年生态立市工作目标顺利完成。落实生态红线保护要求，按照自治区要求推进生态红线落地，严格保护红线区域，维护全市生态安全和可持续发展，保障人民群众健康。

（二）强化"四项保障"

强化考核评价。认真贯彻落实自治区《党委、政府及有关部门环境保护工作责任》《银川市环境保护监督管理责任暂行规定》，进一步明确各级党委、政府和有关部门的环境监管责任，与各县（市、区）、有关部门签订2018年环境保护目标责任书，把环境保护工作作为领导班子、领导干部考核评价的重要内容。

强化能力建设。整合环保业务应用系统，启动智慧环保大数据指挥中心建设，银川市大气灰霾超级站实现稳定运行，动态分析银川市大气污染成因，为大气污染防治提供科学支撑。

强化法制保障。严格环境执法监管，坚持重典治乱、铁拳铁规治污，以打击恶意违法排污和造假行为、督促工业污染源达标排放为重点，保持严厉打击环境违法行为的高压态势，推动形成环保守法的新常态。配合自治区进行环境监测、监察机构垂直管理改革，构筑三区环保监管体系。

强化资金保障。将大气、水、土壤污染治理重点项目所需资金列入市级财政预算，积极争取国家、自治区环境治理专项资金支持，为项目的顺利实施提供资金保障。

（三）实施三大工程

结合国家、自治区总量减排规划和计划，以及"大气十条""水十条""土十条"三项任务要求，以环境质量改善为导向，方案合理切实可行为原

则，深度挖掘减排项目潜力，科学制订 2018 年减排计划。

1. 综合施策，深入推进蓝天工程

全面梳理国家"大气十条"各项任务完成情况，制定银川市 2018 年蓝天工程实施方案，进一步加强燃煤污染、城市扬尘、机动车尾气、工业废气等综合治理力度，确保完成国家、自治区下达的各项考核指标。加大燃煤污染综合治理力度，拆除建成区 20 蒸吨及以下燃煤锅炉。集中供热管网覆盖不到位的，承担供热的大吨位锅炉一律实施煤改电、煤改气。开展全市散煤集中排查，建立散煤排查档案，试点在农村建设清洁煤配送中心。进一步强化重点行业废气治理，所有火电厂、自备电厂实现超低排放改造，石化、化工、燃煤锅炉全部达到特别排放限值。完成挥发性有机物排查整治，建立治理清单，按照国家规范"一企一策"进行治理，重点完成永宁异味企业的治理。加强机动车污染防治，严格准入，新注册机动车全部执行国五标准；加强上路机动车尾气监管，严禁黄标车、农用车进入市区；全部淘汰黄标车，进一步优化完善机动车尾气监管平台，机动车环保定期检测率达 90% 以上。加大城市扬尘污染综合整治力度，建筑工地、道路、堆场扬尘防控水平进一步提升，将扬尘对空气质量影响降至最低。

2. 防治并重，稳步推进碧水工程

认真贯彻落实"水十条"，制订《银川市 2018 年水污染防治实施方案》。加大资金投入力度，统筹城乡水污染治理，纵向深入推进城市黑臭水体整治、污水处理厂扩容提标改造、排水沟环境综合整治等工程，确保建成区污水基本实现全收集、全处理，全部污水处理厂稳定达到一级 A 排放标准；鼓励工业园区和企业对废水进行深度治理并重复利用；银新干沟、四二干沟等 7 条入黄排水沟人工湿地工程建成投运，全面完成饮用水水源保护区内污染源关闭搬迁工作，加大地下水污染防治力度，对石油化工生产、存贮、销售企业和工业园区、矿山开采区、垃圾填埋场等区域防渗情况进行专项检查。

3. 提早谋划，全面启动土壤污染治理工程

建立健全工作机制，明确工作任务，落实企业主体责任，严格目标考核，逐步建立政府引导、部门联动、公众参与、协同推进的工作机制。按

照自治区统一要求，配合自治区开展农用地及疑似污染地块土壤污染状况详查，完成国控、省控监测点位设置及监测工作；确定疑似污染地块名单，建立和完善污染（疑似污染）地块信息沟通机制，对污染地块的开发利用实行联动监管，有针对性地实施风险管控；防控工业固体废物和重金属污染，对土壤环境监管重点企业名单实行动态更新；严格执行重金属污染物排放标准并落实相关总量控制指标；实施农业"三减"行动，控制农业面源污染，建设绿色田园，指导贺兰县实施土壤污染修复与治理项目示范工程；组织建立土壤污染环境保护与污染治理项目库。做好农村环境整治项目的后续跟踪检查工作。

（四）铁腕执法，做好环境安全保障工程

以中央环保督察组转办事项"回头看"为抓手，全力推进突出环境问题的全面整改，加大对环境违法行为的打击力度。举一反三，对全市污染源加强监管，切实解决环境监管、监察执法不到位的问题。巩固提升环境执法大练兵活动成果，深入推进环境执法"双随机"，规范执法程序，强化环境执法人员业务水平，不断提升环境执法效率。深入开展工业企业环境隐患大检查、污染源治理设施大检查、春夏季建筑工地及地面扬尘大检查、秋冬季锅炉烟尘大检查、企业用煤大检查、机动车尾气及黄标车大检查等六项专项执法检查，严密防控环境风险，切实维护环境安全。

2017 年石嘴山市生态环境报告

陈俊忠

2017 年，石嘴山市举全市之力牢固树立绿色发展理念，以改善环境质量为核心，以抓好中央环保督察反馈意见整改落实为契机，坚持全民共治，深入开展"蓝天碧水·绿色城乡"专项行动，着力解决"大气、水、土壤"污染突出问题，下大力气推进生态立市战略实施。

一、石嘴山市改善生态环境取得的成效

（一）严格落实中央环保督察反馈意见

中央第八环境保护督察组反馈的 32 个环境问题，已有 10 个问题完成整改，部分问题整改超前计划进度。其中：要求立行立改、长期坚持的 4 项任务中，已完成整改任务 3 项（推进绿色发展认识不足、对重大环境污染或生态破坏未从决策审批环节追溯、在国家级自然保护区管理上违法违规办理行政许可手续）；要求 2017 年内完成整改的 14 项任务中，已完成整改任务 5 项（政府有关部门环境监管网格化落实不到位、未划定高污染燃料禁燃区、入黄排污口取缔、2016 年黄标车淘汰取缔进展滞后、自然保护区内违规新设置和延续采矿权）；要求 2017—2018 年完成整改的 11 项中，已完成整改任务 2 项（石嘴山市 5 家企业的 12 台

作者简介　陈俊忠，石嘴山市环境保护局主任科员。

小火电机组至今仍未淘汰到位、保护区内存在违法违规开发的单位），其他 22 个整改事项正在全力推进。预计通过努力，32 个整改事项中，年底前能完成整改 23 项。在落实整改中，进一步完善环境管理体制机制，组织成立了以市长任主任的市环境保护委员会，制定出台了系列政策文件，开展了《工业固体废物污染防治条例》的立法起草，初步构建了严格落实环境保护"党政同责"和"一岗双责"，各县区、各相关部门各司其职、各负其责、齐抓共管的大环保格局，为加快推进环境污染防治提供了有力的组织、制度保障。

(二) 强力推进大气污染防治

制定了《石嘴山市 2017 年度大气污染防治工作方案》，下发了《关于切实做好秋冬季大气污染防治工作的通知》，加强督查督办、预警分析，及时调度通报，积极推进大气污染联防联控，强力推进大气污染防治措施落实。一是加快燃煤锅炉污染治理。共淘汰建成区内燃煤锅炉 259 台、建成区外燃煤锅炉 61 台，实施了平罗县集中供热热电联产扩建工程，新增集中供热面积 295 万平方米。二是深入开展重点行业污染治理。组织对辖区 4 台 1160MW 火电机组进行了超低排放改造，英力特热电 1 台机组改造工程已完成，国电石嘴山发电 3 台机组改造工程正在抓紧建设；淘汰了金力实业、吉青矸电、众利达电力、神华宁煤太西洗煤厂 4 家 11 台燃煤小火电机组；组织开展了电石、铁合金、碳化硅、石灰、碳素、活性炭、煤炭加工等重点行业无组织排放治理，对工业固废处置场进行了喷播泥浆防尘；完成了 101 家加油站油气回收治理，完成率 86.3%。三是严格煤质管控。查处 62 家违规经营煤炭企业，煤质抽检达标率由中央环保督察时的 32% 提高到目前的 90%。四是加强扬尘污染管控。督促建筑施工单位落实好工地周边围挡、物料堆放覆盖、土方开挖湿法作业、路面硬化、出入车辆清洗、渣土车辆密闭运输 6 个 100% 措施，组织对 40 家企业进行了工业堆场治理；新增多功能清扫车、多功能抑尘车 20 辆，扩大城市主要街道、工业园区道路机扫面积约 130 万平方米；对 28 个非煤采矿点进行了生态恢复治理，完成星海湖中域等 7 个绿化项目，治理裸露空地面积 1020 平方米，落实全市秸秆禁烧及综合利用示范区 10 个共 19 万亩。五是强化机动车尾气污染防治。共淘汰老旧车及黄标车 3084 辆（黄标车 2042 辆，老旧车 1042 辆），已完成公安厅下达的任务。六是加强重污染天气监测预警。建立了市、县重污染天气应急响应体系和环境空气质量预报预警中心，对重污染天气进行了积极响应。

（三）切实加强水污染防治

突出城镇污水处理厂提标改造、开发区污水处理厂建设、重要水域污染综合治理等重点项目，切实加强水环境综合治理。一是加快污水处理厂建设及提标改造。高新区、经开区、精细化工基地污水处理厂均已建成并配套在线监控设施，经开区污水处理厂正在调试；生态区污水处理厂完成土建工程的 80%，平罗医药产业园污水处理厂完成土建工程。石嘴山市第一、第二污水处理厂和平罗县第一污水处理厂提标改造工程已完成，石嘴山市第四、第五污水处理厂和平罗第二污水处理厂提标改造工程正在有序推进，年底前将全部完工；城市建成区内无黑臭水体。二是全力推进入黄排水沟污染整治。细化完善了《第三排水沟（石嘴山段）水污染防治综合治理实施方案》，完成了三二支沟人工湿地综合治理工程、三五排末端人工湿地建设工程和平罗段威镇湖人工湿地土方工程、绿化换土工程、灌溉管道铺设工程；完成了三排 23.55 公里、五排 18.27 公里和三二支沟大武口段的沟道清淤整治工程；辖区内 7 个入黄河排污口已全部取缔。三是配合农垦集团改善沙湖水质。组织编制了《沙湖水污染防治及水资源保护规划》《沙湖水体水质达标方案》，协调向沙湖补水 2963 立方米，完成沙湖—星海湖水系连通水道工程 5.9 千米；沙湖达标方案治理项目中，5 项工程已完成，5 项工程正在建设。四是全面推进农业污染防治。开展了畜禽规模养殖场摸底调查，划定畜禽养殖限养区；组织实施了 11 个规模化畜禽养殖场（小区）粪污治理项目，其中 5 家已完成粪污处理设施建设，其余 6 家企业正在建设；大力实施化肥、农药零增长行动，推广测土配方施肥、有机肥施用等化肥减量措施，有序推进农业面源污染防治。五是加强饮用水水源地和地下水保护。取缔了第一水源地内鑫旺轻质隔板加工厂、蓝孔雀山庄；第二水源地农田开发项目已解除合同，采用铁丝围网隔离；第三水源地国家农业科技园区水产核心区养殖基地已完成评估，清塘排水 400 多亩；已争取 600 万元专项资金用于水源地规范化建设,市第一、二、三水源地规范化建设项目已完成招投标;完成 35 座加油站双层罐改造,完成率为 30%;封填自备水源井 14 眼。

(四) 积极开展土壤污染防治

组织完成了永久基本农田保护区和畜禽禁养区的划定,开展了农用地土壤污染状况详查点位核实。组织年产生量在 100 吨以上的一般固体废物企业进行申报登记 (56 家),强化固体废物产生、贮存、转移、处置各环节的全过程监管。针对建成投运的各工业固废处置场,存在污染隐患日趋突出、渣场建设不规范等情况,开展集中整治。对大武口洗煤厂煤矸石处置场、惠冶镁业渣场、金和化工渣场、经开区 104 渣场和西部热电渣场等,按规范要求整治封场;对现有运行的渣场进行规范和整治,加大污染防治设施建设,采取进场道路硬化、配备洒水喷雾降尘车、规范运行管理制度等,确保规范管理,防止二次污染。

(五) 扎实推进贺兰山自然保护区清理整治

严格按照"绿盾 2017"国家级自然保护区监督检查专项行动安排部署,积极推进贺兰山国家级自然保护区清理整治,投入巨大人力、物力、财力取得了显著成效。一是自治区确定的整治任务中,由石嘴山市牵头负责整治点共 118 个 (含 62 家非煤矿山、19 家煤矿、16 家煤炭加工储存场、8 个生态环境治理工程和 13 个人类活动点),占全区 169 个整治点的 70%,需整治面积共计 5.2 万亩。目前,已有 101 个整治点完成整治任务,自治区专家组已初验 90 个。二是"绿盾 2017"专项行动开展后,经过排查,又确定了 20 个整治点 (含 1 家非煤矿山、1 家煤炭加工储存场、18 个人类活动点)。目前,已有 4 个整治完毕,16 个正在整治,预计年底完成。三是自加压力,举一反三,将保护区外围环境污染破坏的突出问题纳入整治范围。对保护区外围 93 个洗煤厂、储煤场进行清理整治,已有 79 个企业拆除了生产设备,预计年底完成。四是分片区综合整治,对长期开展涉煤运输及加工活动的汝箕沟沟口片区启动了综合整治,清理零散商铺,拆除老旧房屋,关停环保不达标企业,绿化美化片区环境。

（六）严肃查处违法排污行为

突出"严管重罚"的主基调，结合环境监察执法"大练兵"活动开展跨县区交叉执法检查、突击检查，开展无人机环境空中巡查。印发了《石嘴山市工业企业全面达标实施方案》，组织开展排查，对辖区钢铁、火电、水泥、煤炭等重点企业进行达标排放评估，加强国控、区控重点污染源废气排放监管，对违法排污行为及时查处，督促国控、区控重点工业污染源达标排放。

二、石嘴山市生态环境存在的问题

（一）环保督察整改项目面临巨大资金压力

特别是贺兰山清理整治和企业补偿面临巨大资金压力，水环境整治项目任务多、资金缺口较大，影响整治工作推进。

（二）大气污染综合治理任务艰巨

环境空气质量虽然有所好转，但环境空气中PM10、PM2.5浓度受不利气象条件影响，不降反升，完成年度目标任务困难。

（三）饮用水水源地整改进展缓慢

水源地内违法违规建设项目较多，涉及问题纷繁复杂，目前虽已制定了整改推进方案，各县区启动了清理取缔工作，但整体进度较为缓慢。

（四）主要排水沟道整治难度大

第三、第五排水沟因接纳流域农田退水，其残留的化肥、农药致使水体中氨氮、总氮、总磷浓度值升高，农业面源污染治理难度较大；第三排水沟和三二支沟在石嘴山段沿途接纳了企业排放的生产、生活污水，严重影响水质，而园区污水处理厂未建成，取缔企业直排口进展缓慢。

（五）环保管理能力有待进一步提升

石嘴山市环保局部分职能科室缺失，人员编制严重不足，环保机构和人员编制远远不能适应环保新形势需要。

三、进一步改善石嘴山市生态环境的对策建议

2018年，全市环保工作要以学习贯彻党的十九大精神、实施生态立区战

略为统领，强化环境执法监管，持续推进治气、治水、治土"三治"工程。

（一）进一步深化生态文明体制改革

聚焦环保突出问题，积极推进生态文明体制改革，健全、完善生态环境保护科学决策、监督管理、绩效考核和责任追究机制，落实领导干部自然资源资产离任审计制度、环境损害责任终身追究制度，建立绿色GDP考核评价体系，为环境保护各项政策措施有效落实提供有力保障。

（二）继续抓好环保督察反馈问题整改落实

坚持目标导向，对照整治任务和时间节点分类推进，已完成整改的问题，及时申请自治区验收销号；未完成的整改任务，紧盯问题，补齐短板，按月细化时间节点，强力推进整改进度，确保全面按期完成整改任务。

（三）切实加强大气污染防治

加快推进集中供热管网覆盖范围内的20蒸吨/小时以下燃煤锅炉淘汰，取消分散燃煤锅炉，推行洁净煤使用。实施重点行业脱硫脱硝除尘，完成小火电机组淘汰任务。继续加强建筑工地、道路、工业堆场、矿山开采扬尘监管和秸秆禁烧管控，进一步扩大城区机械化清扫保洁水平，着力抓好机动车尾气污染。

（四）全力推进水污染防治

全面加强黄河石嘴山段、沙湖、星海湖、第三排水沟、第五排水沟等重点区域的水污染防治，确保黄河母亲河环境安全。继续实施好沙湖、星海湖等重点湖泊和三排、五排等重点入黄排水沟水污染治理项目。严格城镇污水处理设施提标改造、工业园区污水集中处理、城市供水水源地安全保障达标建设。

（五）大力实施"净土行动"

进一步加强农业面源污染控制和固体废物污染监管，积极推进土壤污染防治。建立土壤环境质量监控网格，划定农用地土壤环境质量类别，实施分级管理。推行固体废物减量化、资源化、无害化处理，强化工业固体废物和重金属污染防控。全面加强农业面源污染综合防治，推广低毒、低残留农药、化肥使用，保障土壤环境安全。

（六）严格环境执法监管

坚持重典治乱、铁拳铁规治污，突出"严管重罚"，始终保持严厉打击环境违法行为的高压态势，推动形成环境守法的新常态。通过提高违法成本，倒逼企业落实环保主体责任，加大投入，加强管理，提高污染治理能力，减少污染物排放。

小康全面不全面，生态环境质量是关键。下一步，石嘴山市将认真贯彻落实党的十九大精神和习近平总书记关于生态文明建设的重要指示精神，扎实推进自治区生态立区战略，围绕环境保护问题短板和薄弱环节，强化中央环保督察问题整改，全面推进大气、水、土壤污染防治，进一步强化督导、管控，压实责任，多措并举，标本兼治，推进全面整改，切实解决环境污染防治突出问题，确保实现环境质量改善目标，还全市人民碧水、蓝天、净土。

2017 年吴忠市生态环境报告

杨力莉

吴忠市高度重视生态文明建设，深入实施生态立市战略，将绿色低碳循环发展纳入"十三五"规划，加快产业空间布局和结构优化调整，积极打造低碳经济和循环经济，发展低碳建筑与低碳交通，构建城市低碳生产经营和生活模式。2017 年，万元 GDP 综合能耗下降 1.6%，完成自治区下达的节能目标任务，全市单位 GDP 综合能耗同比下降 5.52%，单位工业增加值能耗比上年同期下降 7.5%，比全区平均水平低 18.5 个百分点，降幅居全区第一。

一、吴忠市生态环境建设取得的成效

（一）着力绿色低碳循环发展，构建生态经济体系

1. 淘汰落后产能，推广低碳技术

加大落后设备、落后工艺淘汰力度。重点淘汰列入国家《产业结构调整指导目录》的铁合金、电石、水泥等行业落后产能，在去年淘汰 26.6 万吨落后产能的基础上，继续加大落后产能淘汰力度。天峰 4 万吨合成氨、峡光 5.1 万吨造纸等 69.1 万吨落后产能目前已完成淘汰拆除工作，减少能源消耗 11 万吨标准煤；以金积工业园区为对象，在供热、照明节能、废弃

作者简介　杨力莉，吴忠市环境保护局生态科副科长。

物回收、水循环系统方面实施改造。

2. 以项目为依托，对传统产业进行低碳化技术改造

大力发展循环经济产业，支持以新能源为主的标杆性示范项目和工程。2017 年，落实宁夏风电基地规划年度开发计划项目 10 个，总规模 125 万千瓦，占全区总规模的 62.5%。落实光伏存量项目 11 个，解决项目指标 224.125 兆瓦。目前，全市风电、光电新能源已核准（备案）规模为 956.77 万千瓦，并网发电规模 706.59 万千瓦，占全区总规模的 50%，新能源装机占全市电力装机比重达 62.5%。风电、光电等产业已初具规模，以新能源及能源设备制造产业为核心，以光电产业为先导的低碳产业体系已初步形成。

3. 推进重点节能技术改造项目建设与推广

组织实施重点节能工程，推进青铜峡铝业股份有限公司焙烧燃控系统改造、青铜峡水泥股份有限公司 2# 线生料立磨系统改造；筛选上报了宁夏鼎盛阳光环保科技有限公司等 4 家企业国家、自治区重大节能技术及环保技术装备目录，最终宁夏鼎盛阳光环保科技有限公司入选了《宁夏回族自治区重点节能技术推广目录》；下发了吴忠市 2017 年清洁生产工作实施方案，对宁夏萌成水泥公司等 4 家企业实施清洁生产审核。

4. 加快节水型社会建设步伐

率先在全区出台了《吴忠市节水型社会建设全面量化管理体系》，编制完成了《吴忠市城市应急饮用水源地建设方案》。实施了吴忠回中、幼儿园、宁夏民族职业技术学院节水型载体建设项目。

（二）持续推进林业生态建设，生态屏障初步建立

2017 年，全市完成营造林 35.84 万亩，占年度任务的 122.1%。其中：人工造林 14.6 万亩，退耕还林 4.3 万亩，封山育林 10.5 万亩，退化林分改造 6.44 万亩。完成同心县、盐池县移民迁出区生态修复 3.85 万亩。

1. 特色经济林产业质量效益双提升

以苹果、葡萄、红枣、枸杞等经济林产业为重点，通过推行技术托管、标准化生产、低产低效果园改造等多种方式，实现果品质量和效益的双提升。全市完成经济林 4.55 万亩，占计划任务的 233.3%。其中：枸杞 1.27

万亩,酿酒葡萄 1.56 万亩,苹果 0.59 万亩,红枣 0.13 万亩,其他杂果 1万亩。成功举办第十届国际葡萄与葡萄酒学术研讨会、宁夏吴忠黄河金岸国际马拉松葡萄酒品鉴会、DSW 第三届中国精品葡萄酒挑战赛等活动,通过开展学术交流、专题论坛、葡萄酒品牌建设与营销、产区葡萄酒推介等活动载体和新闻媒体的宣传报道,不断提升我市葡萄酒品牌影响力和知名度,得到了社会各界高度评价。

2. 湿地保护与恢复建设成效显著

圆满完成吴忠黄河国家湿地公园 2016—2017 年 300 万元中央财政湿地补助资金项目,促进吴忠黄河国家湿地公园生态功能持续好转。推进哈巴湖国家自然保护区生态效益补偿试点工作,制订《宁夏哈巴湖国家级自然保护区生态移民项目实施方案》,2017 年完成核心区、缓冲区生态移民793 户 2061 人。

3. 开展"绿盾 2017"自然保护区专项清理整治工作

对全市 3 个自然保护区存在不同形式、不同规模的人类活动点,按照"实地核查到位、走访调研到位、核查资料到位"的"三到位"要求,建立各自然保护区整改台账,对人类活动点位逐个编号,对问题逐件建立图文档案进行销号管理。

4. 加大禁牧封育工作力度

编制吴忠市禁牧封育督查专报 37 期,督查 78 次,各县(市、区)、管委会先后出动车辆 1500 余次,出动人员 5000 余人(次),悬挂横幅、刷写标语、安放标语牌 150 条(块),发放宣传手册或彩页 15000 份,处理偷牧案件 135 起,涉及羊只 120 群共 7530 只,共拆除偷牧羊圈 118 处,看羊住房 62 间,赶羊下山 2.9 万只,封堵偷牧通道 17 处,捣毁储水窖 6 个,对禁牧区域进行不间断巡查,使全市禁牧封育工作取得了阶段性的成果。

(三)深入开展水、大气、土壤污染防治行动计划

印发了《吴忠市水污染防治工作方案》《重点入黄排水沟污染 2016—2018 年综合整治实施方案》和《大气污染防治实施方案》,细化了水、大气污染防治目标和任务。以"四尘"治理为重点,分类施策,集中攻坚,强力整治大气污染,切实改善环境空气质量。制定了《2017 年度全市大气污染防治重点工作安排》，厘清大气污染防治任务，实行清单管理，明确目标任务，靠实环保责任。

1. 整治大气污染

一是整治"煤尘"污染。加大燃煤锅炉淘汰力度，目前，已淘汰276台1685.29蒸吨。强化散煤污染整治，率先在全区推出整治城市建成区燃煤污染方案，将城市建成区划定为禁煤区和禁高污染燃煤区。完成211户餐厅"煤改气"工作，3800多户个体工商户取缔煤炉工作也已展开。二是整治工业废气污染。推进工业废气治理，大力实施火电超低排放、水泥行业特别排放等提标改造工程，收窄排放要求，削减排放总量。今年已完成21个重点治理项目。三是整治"扬尘"污染。规范管理控尘，严格执行"6个100%"抑尘措施，凡未按要求认真落实相关防尘措施的，一律责令其停工整顿。对重点路段实行定时冲洗和喷雾抑尘，视空气质量指数随时加大冲洗和喷雾频次。四是整治"汽尘"污染。全市共淘汰黄标车1657辆，淘汰老旧车5262辆，超额完成自治区下达的淘汰任务。积极推进挥发性有机物治理，全市154座加油站中有146座完成了油气回收装置安装，完成率94.8%。

2. 突出重点，克难攻坚，切实推进水污染防治工作

按照"切断源头、主攻难点、末端强化、系统治理"的治理思路，今年重点实施工业园区污水处理厂建设、城市生活污水处理厂提标改造、企业排污口关闭取缔、两沟人工湿地建设等9项水环境治理工程，切实改善水环境质量。一是摸清污染源头。邀请第三方调查评估机构联合在全市开展黄河流域污染源普查，摸清污水排放量，算清污水处理帐，针对污染源对症下药切除源头。二是全面封堵企业排污口。明确了4个流域11项排污口取缔任务。截至目前，通过封堵和并入市政污水管网等措施，将涝河桥市场、毛纺织产业园、金积工业园区和昌盛生猪屠宰场等23家企业排污口全部封堵取缔。三是加快生活污水处理厂提标改造。吴忠市区第一、二、三污水处理厂全部完成提标改造，达到一级A排放标准，在全区率先完成市区生活污水提标改造工作。四是加快工业园区污水处理设施建设。全市9个工业园区污水处理厂建设（提标改造）已完成5个，正在建设2个，

正在提标改造 2 个，预计 11 月底全部完成。五是集中整治农村面源污染。为入黄排水沟两岸集污管网未覆盖的农村居民安装分散式和集中式生活污水处理设施，实现沿沟居民及小作坊生活生产废水全部收集处理。六是积极推进畜禽粪污治理。全市共划定禁养区 60 个，面积1416.9 平方公里，禁养区内养殖场已全部关停。推广政府、企业、第三方运营公司共同投资、合作运营的畜禽养殖业污染治理模式，对养殖园区粪污治理实现全覆盖。

3. 明确重点，有序推进，全面启动土壤污染防治工作

开展农用地土壤污染状况详查点位核实工作，印发《关于做好全市农用地土壤污染状况详查点位核实工作的通知》，就农用地土壤污染状况详查点位核实工作进行安排部署，成立吴忠市农用地点位核实技术组，负责各县（市、区）农用地详查点位核实工作的审核把关。目前，全市农用地土壤污染状况详查点位核实工作已全面完成。

（四）加大环境执法检查力度，切实解决突出环境问题

重拳治乱，铁腕治污，加大环境执法监管力度。紧扣"全覆盖、零容忍、明责任、严执法、重实效"的总体要求，以铁的决心、铁的手腕、铁的纪律，实施按日计罚、限制生产、停产整治、查封扣押等手段并用，依法严厉打击环境违法行为，始终保持环境监管高压态势。今年 1—10 月，市本级环境监察部门累计出动执法人员 7808 人次，现场检查企业 2603 家次，发现环境问题 816 个，实施行政处罚案件 44 件，罚款 413 万元。实施按日连续处罚案件 2 件，实施查封扣押案件 9 件、限产停产案件 1 件，行政拘留案件 2 件，移送涉嫌环境污染犯罪案件 1 件。

1. 开展驻厂督查

制定重点企业领导包抓蹲点工作方案，由局党组成员带队分三组对国控、区控重点污染源废气排放企业，对涝河桥市场、昊盛纸业污水处理厂、青铜峡皮草产业园等重点部位开展驻厂督查，连续查看企业污染治理设施运行情况。

2. 开展交叉执法

针对今年吴忠市区重点工程多、线路长，扬尘治理难度大的问题，由

吴忠市环境保护局和公安局牵头抽调各县（市、区）环境监察、监测骨干和公安干警在全市范围内开展集中式、地毯式、全覆盖联合交叉执法检查。坚持源头管理与路面查控、定点检查与流动巡查、日间巡查与夜间突查、常态整治与集中攻坚相结合，紧盯重点时段路段，持续开展渣土运输车辆扬尘专项整治。

3. 开展突击夜查

联合住建、交管、运管等部门，采取"不打招呼、不听汇报、不留情面、直奔现场、打破常规"的方式对全市主要废气排放企业持续开展夜间突击执法检查。对南干沟、清水沟上游涉水企业开展夜间突击执法检查。

4. 开展专项检查

采取日常巡查、夜间暗查、节假日突查等形式，监督各企业正常运行污染防治设施，进一步加大对辖区内造纸、乳品、化工、火电、水泥、石化、生物发酵、有色金属冶炼等废水废气排放企业现场检查力度。对罗家河氨氮数据异常问题沿罗家河入黄口沿线进行排查，重点在罗家河各支流（沟、渠）布设 45 个采样断面进行排查，确定相关责任单位，责成青铜峡市环保局对相关企业环境违法行为进行立案查处，确保罗家河水质达到自治区考核要求；全面封堵取缔清水沟、南干沟、苦水河沿线企业排污口；对辖区内纳污坑塘进行排查；不定期对市区供热单位开展专项检查，监督供热单位正常运行大气污染防治设施，达标排放。

5. 加强自然保护区清理整治

对罗山国家级自然保护区、哈巴湖国家级自然保护区、青铜峡库区湿地自治区级自然保护区的人类活动点逐个编号，按照"实地核查到位、走访调研到位、核查资料到位"的"三到位"要求建立整改台账，对问题逐件建立图文档案进行销号管理。

6. 狠抓举报办理

将群众反映强烈、影响社会稳定的热点、难点问题及时研判，现场核查，切实做到查处到位、整改到位，改善环境质量，维护群众环境权益。

二、吴忠市生态环境建设存在的问题

经过近年来的艰苦努力，吴忠市生态文明建设工作取得了明显的成效。但是目前全市经济发展与生态环保工作存在差异，主要表现在以下几个方面。

（一）大气污染防治方面

各工业园区均没有统一建成集中供热设施；道路机扫湿扫率低，山区县机扫湿扫率不足 40%，冬季温度零下时，湿扫车辆无法作业，湿扫率为零。部分县区集中供热管网设施建设落后，燃煤锅炉淘汰整治工作进展较慢，市区散煤燃烧点多量大，整治任务繁重，今年吴忠市银西高铁、城际铁路、京藏高速公路扩建等重大交通项目均处于建设高峰期，施工工地四面围城，PM10 完成自治区的考核目标压力较大。

（二）水污染治理方面

规模化奶牛养殖场污水处理设施建设进展缓慢，农村污水处理任务艰巨，目前采取的一体化设施处理污水的效果不明显。

（三）工业固废处置方面

全市所有工业园区均未建成规范的固废填埋场，大部分企业也没有建成规范的固废填埋场，固废临时堆放，达不到环评要求。固废技术支撑能力不足，工业固体废物综合利用存在技术瓶颈，缺乏大规模、高附加值利用且具有带动效应的技术，基础性、前瞻性技术研发方面投入不够，现有技术装备水平不能提供有效支撑，制约了综合利用产业发展。支持政策覆盖面不广，一些工业固体废物综合利用新产品尚未列入税收优惠目录，享受不到有关产业发展的优惠政策。

三、加快吴忠市生态环境建设的对策建议

（一）加快产业结构绿色升级，提高能源综合利用效率

认真落实党的十九大、自治区第十二次党代会、吴忠市第五次党代会精神，加快实施创新驱动战略，认真落实产业结构调整政策，坚决淘汰或搬迁污染严重、工艺落后、资源消耗大的工业企业，腾出环境容量上新的

项目，新上项目加大环评力度。鼓励引导企业从生产、流通、消费等各环节向低碳循环生态方向发展，支持吴忠仪表、杭萧汽配、恒丰纺织等骨干企业加快研发生态产品和绿色产品，力争创建绿色园区1家、绿色工厂2家。按照"总量控制、扶优劣汰、上大压小、等量置换"的原则，严控石油化工、煤炭、火电、铁合金、电石、水泥、焦炭等行业新增产能。依法依规淘汰落后产能，为绿色工业发展腾出空间。抓好47户重点耗能企业用能走势研判与节能执法监察，实施产品单耗超标企业强制性清洁生产审核。全面实行重点耗能行业能效对标，推进工业企业能源管控中心建设，促进传统高耗能行业能效持续提升。加大新建、改建、扩建固定资产投资项目节能评估和审查力度，从源头上控制能源消费过快增长。建立市县两级"双控"工作体系，把能耗"双控"目标完成情况和政策措施落实情况纳入各级政府绩效考核。

（二）实施生态修复工程，构建生态保育体系

全面推进国家森林城市建设，进一步扩大绿地面积、提升绿化品位。科学划定林地和森林、湿地、荒漠植被、物种保护四条红线，严格落实森林资源保护发展责任制。深入开展"绿盾2017"自然保护区清理整治行动，保护好以罗山、哈巴湖、青铜峡库区自然保护区为重点的生态安全屏障。在林业生态建设上，围绕四大生态功能区建设，加快实施精准造林战略，着力增加绿量、提高绿效，打好生态建设攻坚战，更好地改善生态环境质量；在城乡绿化上，按照三年打基础、五年见成效的总体目标，加快黄河沿线、城市水系景观生态绿化和综合治理，扩大绿地面积，提升绿化质量；在林产业发展上，找准产业增效和精准扶贫的结合点，坚持不懈抓产业、强龙头、扩基地，推进有机枸杞、酿酒葡萄等优势产业转型升级，做精做细红枣、苹果、种苗等特色产业，做深做特林下经济、生态旅游等新兴产业，培育新型绿色富民产业体系，为"精准脱贫、生态扶贫"助力增劲。

（三）实施气、水、土污染综合治理，持续改善环境质量

实施重点行业提标改造工程，全市20蒸吨/小时及以上燃煤锅炉全部完成除尘、脱硫改造。实施燃煤锅炉"清零"行动，建成区内20蒸吨/小时以下燃煤锅炉全部淘汰。根除城市建成区散煤污染，餐饮、烧烤、个体商户全覆盖实施"煤改气""煤改电"。建成吴忠市区、青铜峡市洁净煤配送中心，建立覆盖城中村、乡镇的洁净煤配送体系。实施全城"清洁"行动，严控建筑工地、道路、工业堆场扬尘污染。加快建设工业园区固废填埋场。强化机动车排放监管，严肃查处尾气排放不达标车辆。建立河湖档案和市、县级河长制管理信息平台，完成"一河一策、一沟一策"编制任务；划定各级河湖确权划界和蓝线；加强日常管理，落实各级河长责任；实施市级河道监测及河长制信息平台建设项目，完成市级 8 条河道监测设备配置。推进工业园区及城镇生活污水处理厂尾水人工湿地工程建设，启动吴忠市第一污水处理厂、昊盛污水处理厂、青铜峡新材料基地污水处理厂人工湿地项目，实现黄河两岸所有污水处理厂均配套人工湿地。推进农村生活污水治理，支持农村集污管网及污水处理设施建设运营，实现"两沟"流域 12 个农村生活污水处理设施全部正常运行，达标排放。推进畜禽养殖业污染治理，规模化养殖场全部建成粪污处置及综合利用设施。开展农用地土壤详查点位采样分析，查明农用地土壤污染的面积、分布及其对农产品质量的影响。

2017 年固原市生态环境报告

赵克祥

2017 年，固原市认真贯彻落实党的十九大精神，深入学习习近平总书记关于生态文明建设的重要思想和视察宁夏重要讲话精神，坚持"五位一体"总体布局和"四个全面"战略布局，进一步树立绿水青山就是金山银山新发展理念，落实生态立市战略，全力推进中央环保督察组反馈问题整改，组织开展"四尘同治""五河共治""净土"和"绿盾"行动，坚决打好环境污染防治攻坚战，着力打造天更蓝、水更碧、地更净、山更绿的美丽固原。

一、固原市生态环境建设取得的成效

（一）坚持"五河共治"，全力推进水污染防治

按照"治河先治水、治水先治污"的要求和"统筹规划、治污先行、源头治理、综合施策"的原则，坚持五河共治，组织编制了五河流域水污染防治规划、水体达标方案和水环境治理工作方案等，着力推进"控源、截污、生态修复"等综合治理工程。一是开展入河排污口整治。以清水河、葫芦河、渝河、茹河、泾河为重点，开展入河沟排污口排查及整治，基本掌握了入河排污口的基本信息，对直排河流的工业企业废水排污口予

作者简介　赵克祥，固原市环境监察支队支队长。

以封堵、生活污水封堵或并网改造，并对所有入河排污口重新进行设置申报和审批。二是开展流域环境综合整治。组织开展河道疏通、垃圾清理、采砂、水库清淤等，清水河疏通整治河道 2.8 公里，清理河道垃圾 1.2 万方；葫芦河关停采砂厂 56 家，拆除违章建筑 3600 平方米；渝河实施渝河流域环境综合治理、渝河生态治理三期、三里店水库清淤改造，取缔河道非法采砂；茹河实施流域水污染防治工程、茹河流域美丽村庄综合治理工程，清理河道垃圾；泾河开展干流河道采（洗）砂专项整治，依法拆除取缔砂南诚信等 7 家砂场。三是开展污水处理能力建设。对四县一区污水处理厂全部实施一级 A 排放标准改造，建设工业园区污水处理站，完善集污管网。

（二）坚持"四尘同治"，全力抓好大气污染防治

以燃煤锅炉、城市扬尘、工业废气、机动车尾气为重点，开展煤尘、扬尘、烟尘、汽尘污染整治。一是开展燃煤污染整治，拆除 20 蒸吨/小时以下 59 台，实施"煤改电、煤改气"70 台，20 蒸吨/小时以上燃煤锅炉安装除尘脱硫脱硝设施，65 家散煤销售点中对有证照的 19 家进行规范管理，对无证照的 46 家逐步取缔。二是开展城市扬尘污染整治，全面落实施工围挡、施工场地道路硬化、渣土覆盖、场地洒水湿法作业、车辆密闭运输、出入车辆冲洗等 6 个 100% 抑尘措施。对拆迁工地、物料堆场、建筑工地实行喷雾降尘，加大市区建成区机械清扫频次，有效抑制了市区扬尘污染。三是开展餐饮业油烟治理，全市 170 家中型以上餐饮业安装了油烟净化装置。四是开展机动车尾气污染整治，淘汰黄标车 1568 辆，淘汰老旧车 13419 辆；全市 94 座加油站安装油气回收装置 79 座，关停 15 座未完成任务的加油站。

（三）实施"净土行动"，着力强化土壤污染防治

落实国家"土十条"和自治区土壤污染专项整治行动，加强土壤污染防治，开展土壤环境质量调查，从源头上确保农产品质量和人居环境安全。一是制定印发了《固原市土壤污染防治工作实施方案》（固政发〔2017〕18 号），组织开展了农用地详查点位核实工作。二是控制农业面源污染，组织开展了畜禽养殖调查和养殖禁（限）养区划分，各县区印发

了《畜禽养殖禁养区划定方案》，同时以规模化养殖场为重点，以推进综合利用为主要手段，促进畜禽粪便处理，在原州区建成了2个有机肥场、7个堆粪场，西吉向丰家庭农场、隆德方圆养猪、泾源六盘山牧业、彭阳县殿英养殖专业合作社等28家规模化养殖场建设了粪便处理设施；落实秸秆和荒草禁烧责任，实施秸秆粉碎还田、快速腐熟还田、覆盖还田、墒沟埋草、免耕还田等就地转化利用措施，严禁出现冒烟、点火等焚烧秸秆等废弃物现象；指导合理使用农药、化肥，防止土壤污染。三是推行固体废物减量化、资源化、无害化处理，督促六盘山热电厂粉煤灰、炉渣、脱硫石膏等用于生产水泥和新型墙体材料；马铃薯淀粉加工产生的粉渣作为饲料再次利用，减少固体废物污染源。四是开展污染地块排查工作和涉重金属企业、有色金属、石油加工、化工、焦化、电镀、制革等行业企业污染排查工作，经排查我市无涉重金属、有色金属、石油加工、焦化、电镀、制革等行业企业。五是加强医疗废物、危废管理，确定了4家土壤环境重点监管企业、2家固体废物、4家危险废物重点监管企业名单，并在市政府网站公示；建立了危废登记、申报等台账，建设危险废物专储库，设置危险废物贮存设施和危险废物包装袋标识，并组织开展突发环境事故应急演练。

（四）实施"绿盾行动"，全面推进生态修复和建设

一是以六盘山国家级自然保护区和火石寨国家级自然保护区为重点，认真开展"绿盾2017"专项行动，全面开展了清理整治工作。六盘山、火石寨自然保护区共有国家交办和自查整治问题125个，目前除六盘山水泥厂、火石寨保护区缓冲区四户居民尚未整改完成外，其余已全部完成。二是将生态保护红线划定工作列入今年生态文明建设的重点任务，组织各县区积极开展生态保护红线划分，并与自治区环保厅协调并以现场对接方式征求了各原州区、西吉、隆德、泾源、彭阳四县一区以及自然保护区、经济开发区意见，目前全市及四县一区生态保护红线划分已完成落图，并通过自治区环保厅论证。三是全面启动实施400毫米降水线造林绿化工程，全市共完成400毫米降水线造林绿化工程39.39万亩、新一轮退耕还林5.24万亩、各级道路绿化727公里。

（五）落实"一岗双责"，全力推进环保督察问题整改

按照《宁夏回族自治区贯彻落实中央第八环保督察组督察反馈意见整改方案》，制订了《固原市贯彻落实中央第八环境保护督察组督察反馈问题整改方案》及《补充方案》，并按照"一月一督查，一月一通报"的方式进行督促整改。一是全力推进反馈问题整改，禁燃区划分、黄标车淘汰、12台燃煤锅炉拆除等问题基本完成整改，污水处理厂提标改造、燃煤锅炉治理、油气回收、万吨以下淀粉企业淘汰等问题正在督促整改当中。二是对转办件的办理进行定期督查和回头看，确保整改到位，不反弹。三是加大执法促进反馈问题整改，2017 年共立案查处环境违法行为 40 件，其中：罚款处罚 23 件，停产整治 14 件，查封扣押 2 件，移送行政拘留 1 件。

二、固原市生态环境存在的问题

（一）水环境治理任重道远

固原市境内主要河流流量小，水质易受外来因素影响，加之重点工程还未全部建成，治污工程效益未全面发挥，主要河流水质提高任务仍很艰巨。

（二）大气污染防治不容乐观

自治区下达固原市全年 PM10 平均浓度控制在 85 微克/立方米以内，PM2.5 保持在 33 微克/立方米以内，与去年同期持平。截至 2017 年 11 月27 日，PM10 平均浓度 87 微克/立方米，PM2.5 平均浓度 33 微克/立方米（同期 32 微克/立方米），上升了 5.6%，达到目标要求难度依然较大。

（三）环境保护与生态文明建设仍需加强

对推进绿色发展的艰巨性、紧迫性和复杂性思想认识不足，部分地区不能正确处理经济发展与环境保护的关系，存在重开发、轻保护问题。

三、进一步改善固原市生态环境的对策建议

坚持节约优先、保护优先、自然恢复为主的方针，推进绿色发展、着力解决突出环境问题、加大生态系统保护力度，牢固树立尊重自然、顺应自然、保护自然的绿色发展理念，牢固树立保护环境就是保护生产

力，就是保障和改善民生理念，铁腕整治环境污染，大力实施生态立区战略，从源头抓起，依法依规治理污染问题，持续改善环境质量。

（一）坚定不移地走生态优先和绿色发展之路

深入学习贯彻习近平总书记关于生态文明建设的重要思想，进一步转变观念，牢固树立绿水青山就是金山银山的理念，坚守科学发展和生态环保两条底线，坚定不移地走生态优先和绿色发展之路。

（二）扎实推进"蓝天碧水·绿色城乡"专项行动

按照《固原市"蓝天碧水·绿色城乡"专项行动实施方案》（固政发〔2016〕66号）要求，坚持"四个结合"，即坚持突出重点与整体推进相结合、坚持从严管控与工程建设相结合、坚持集中整治与长效治理相结合、坚持党政推动与全面参与相结合，以环境综合整治为重点，巩固环境治理成果，探索建立生态环境保护长效机制。一是落实各项治理措施，强化环境综合监管能力，推进大气环境污染治理。二是严格落实河长制，加快流域治理进程，推进水环境污染治理，完成五大河流沿岸重点乡镇污水处理设施建设及提标改造任务，完成所有规模化畜禽养殖场（小区）粪便污水贮存、处理、利用等配套设施建设，2018年底全市水质优良比例总体达到40%以上。

（三）扎实推进"净土行动"

按照《固原市土壤污染防治工作实施方案》（固政发〔2017〕18号）要求，在开展土壤污染状况调查的基础上，建立土壤环境质量监测网络，根据国家发布的农用地土壤环境质量类别划分技术指南，以土壤污染状况详查结果为依据，开展土壤和农产品协同监测与评价，有序推进耕地土壤环境质量类别划定。开展重点行业企业专项环境执法，对严重污染土壤环境、群众反映强烈的企业进行挂牌督办。加强工业固体废物综合利用，开展尾矿、煤矸石、工业副产石膏、粉煤灰以及脱硫、脱硝、除尘产生固体废物堆存场所大整治活动。

（四）扎实推进环境执法力度

落实"双随机"监管制度，加大巡查和环境违法行为查处力度，对超标排放、无证排污和不按许可证规定排污的，依法予以查处。强化环境保护行政执法与刑事司法的有序衔接，打击偷排偷放、非法排放有毒有害污染物、非法处置危险废物、不正常使用防治污染设施、伪造或篡改环境监测数据等违法行为。对在产的工业企业，存在环境违法问题的，依法进行行政处罚、按日计罚，直至停产整顿；对涉嫌环境违法犯罪的，依法追究刑事责任。

2017 年中卫市生态环境报告

孙万学

中卫是一个生态脆弱地区，良好的生态环境关系到人民福祉，关乎中卫市未来的发展。环境就是中卫市的重要资源和最大优势，保护环境就是保护生产力。为此，中卫市十分注重加强污染治理和环境保护，全力解决制约绿色发展和影响可持续发展的短板问题。

一、中卫市生态环境保护的主要做法及取得的成效

中卫市委、市政府高度重视生态环境保护工作，全面落实更加自觉地珍爱自然，更加积极地保护生态，努力走向社会主义生态文明新时代的要求和习近平总书记关于生态文明建设的系列讲话精神，着力实施美丽中卫建设，生态环境状况有了显著改善。

（一）党政同责齐抓共管，层层压实环保"责任状"

中卫市始终把环境保护工作作为"一把手工程"，在环境保护和经济发展工作中，各级党委、政府牢固树立尊重自然、顺应自然、保护自然的绿色发展理念，坚持走资源开发可持续、生态环境可持续道路。市委常委会、政府常务会定期听取环境保护工作汇报，主要领导及时协调解决环境保护工作中存在的突出问题，更加重视改善人居环境，提高人民生活质量。市

作者简介　孙万学，中卫市环境保护局自然生态环境和农村环境监督管理科科长。

委、市政府每年召开全市环保工作大会，印发《环境保护行动计划工作方案》《大气污染防治行动计划工作方案》《水污染防治工作方案》《土壤污染防治工作方案》等工作方案，对全市 2017 年度环境保护目标任务逐项分解到县区、部门和重点企业，签订《环境保护目标责任书》，将环境保护作为年度效能目标考核的重要内容，明确责任人、责任内容、完成时限、处罚措施，层层落实责任、传导环保压力，做到责任共担、压力同负、齐抓共管。

（二）强化建设项目管理，严格把好"入口关"

在项目准入方面，始终把建设项目环境管理作为控制新污染源的重要手段，科学编制了《中卫市国民经济和社会发展第十三个五年规划》，认真落实《建设项目环境影响评价法》《建设项目环境管理条例》和建设项目分类管理名录要求，严把建设项目审批准入关，坚持做到对不符合国家产业政策和环境法律法规的项目一律不批；选址、选线与规划不符，布局不合理的项目一律不批；对饮用水源保护区等环境敏感地区产生重大不利影响、群众反映强烈的项目一律不批；在超过污染物总量控制指标、生态破坏严重的建设项目一律不批；对达不到国家排放标准的项目一律不批的"五个一律不批"原则。严格项目和各类开发区（园区）的审批，加快调整产业结构，依法淘汰落后产能，积极谋划推进资源节约和环境保护项目。

（三）深入推进环境污染综合治理工作，打造"天蓝水清地绿"的新中卫

1. 稳步推进大气污染防治工作

以改善环境空气质量状况为目标，认真落实《大气污染防治法》和《2017 年度全区大气污染防治重点工作安排》，2017 年 1—10 月中卫市优良天数 231 天，优良天数比例 76%。加强工业企业污染治理，实施了钢铁、水泥、冶金、电力等行业企业的脱硫、脱硝、挥发性有机物综合治理及原料堆场防尘设施项目，加强日常监督管理，进一步减少污染物的排放。深入推进燃煤锅炉污染整治，制定印发了《市人民政府关于印发中卫市高污染燃料禁燃区划定方案的通知》和《市人民政府关于印发中卫市加强城市建成区煤质管控实施方案的通知》，明确了工作任务。加强机动车污染治理，制定印发了《中卫市淘汰黄标车工作实施方案》，深入开展黄标车和老旧车辆淘汰及机动车污染治理。在公交、出租、客运、货运等方面推广使用新能源车辆。住建部"全国城市环卫保洁工作现场会"在中卫召开，"以克论净"做法在全国推广。城市深度保洁机制的落实，提高了市民文明素质，"爱护环境""维护城市形象"已经成为一种自觉，使城市环境卫生面貌得到了显著改善。加强建筑工地扬尘管控，加强了对施工工地扬尘污染综合防治，要求建筑工地扬尘污染控制工作实现"六个100%"，即施工现场围挡100%、进出道路硬化100%、工地物料篷盖100%、场地洒水清扫保洁100%、车辆密闭运输100%、出入车辆清洗100%。加强油烟污染管控，对市区部分油烟污染较严重的烧烤户督促安装油烟净化设施，对不具备经营场所的露天烧烤摊点进行了规范。推进园林城市建设，实施"城市双修"工程，加强城市及主干道路绿化林带建设，对城市建成区闲置或未开发的裸地采取绿化、硬化、覆盖等防尘措施，基本消除市区裸露空地。

2. 切实加强水污染防治工作

以地表水、城市饮用水水源地保护工作为重点，严格落实《水污染防治法》和《2017年度全区水污染防治重点工作任务安排》，确保全市重点流域水质符合国家标准。2017年1—10月，黄河中卫下河沿断面总体水质呈Ⅱ类优水质，中卫市香山湖总体水质为Ⅱ类优水质，水质累计达标率为100%。中卫市沙坡头区城市饮用水水源地原水总体水质为Ⅲ类，水质累计达标率为100%。推行落实河长制，印发了市、县（区）实施方案，明确了任务和要求，确定了市、县（区）级河长，实现了组织体系全覆盖。出台了市、县（区）河长制四项制度。设立安装14条市级河湖河长公示牌55块、县级河长公示牌56块。市河长办组织对两县一区河长制工作推进情况进行经常性督查，对县区实施方案制订、配套制度建立、主要任务落实等工作进行督查指导，各项工作推进顺利。加强地表水污染防治，对全市3条入黄排水沟（沙坡头区第一、第四排水沟和中宁县北河子排水沟）实施综合治理项目。进一步强化了城乡饮用水水源地环境监管，在全市开展了城市饮用水源地集中整治行动，认真落实水源地保护各项管理规定，禁止在饮用水水源保护区内设置排污口。加强了对水源地保护区的执法巡查力度，对城市集中饮用水源保护区内的加油站、宪立砼业拌和站、免烧砖厂等违法违章建设项目予以了拆除并恢复地貌。制订《中卫市沙坡头区城市饮用水源地保护方案》，配套完善了水源应急监测设备和界碑、界桩、围网等保护性措施，有效保护水源地周边环境。

3.深入开展土壤污染防治工作

以改善土壤环境质量为核心，以保障农产品质量安全和人民群众身体健康为出发点，认真落实《土壤污染防治行动计划》和《宁夏回族自治区土壤污染防治工作实施方案》，积极抓好土壤污染防治，印发了《中卫市土壤污染治理实施方案》，与县（区）签订土壤污染治理目标责任书，明确细化相关部门的职责任务。根据全市农用地分布、渠系灌溉、种植作物结构等现状，开展了中卫市农用地详查点位的核实确定工作，形成了全市农用地土壤污染状况详查点位。严控农业面源污染，围绕"一控两减三基本"（控制农业用水总量，减少化肥、农药使用量，畜禽粪便、农作物秸秆、农膜基本资源化利用）目标要求，开展测土配方施肥、增施有机肥、推广绿肥、秸秆还田等措施，确保化肥用量实现零增长。开展农田残膜行动，治理土壤"白色污染"，建立健全废弃农膜回收储运和综合利用网络。

（四）实施生态保护和修复，建设生态环境"新面貌"

不断加大生态林业建设，围绕南部南华山水源涵养带、中部生态经济林带、北部防沙治沙防护林带三条主线，统筹规划全市生态林业建设，实施了沙漠综合治理、生态经济林扩规提质、移民迁出区生态修复、退耕还林还草及城乡绿化美化、湿地修复保护等重大林业生态建设工程，北部沙区初步建成乔、灌、草、带、片、网相结合的多层次防风固沙林体系，中部平原灌区基本实现了农田林网化，道路绿荫化，生态经济林产业体系逐步完善，南部山区植被得到有效恢复。大力实施黄河两岸生态治理建设工程，包括全长18公里、建设面积1万亩的黄河城市过境段水生态治理与保护项目，全长35公里、建设面积1.1万亩的黄河卫宁连接段水生态治理与保护项目，东西长27公里、建设面积1万亩的卫宁连接滨河南路段湿地保护项目。积极争取农村环境整治示范项目资金，为各县（区）乡镇、行政村配置了垃圾收集转运车、垃圾收集箱（桶、池）、垃圾填埋场、垃圾中转站、污水处理站等环卫设施设备。经过近几年的综合整治，脏乱差的现象得到有效的治理，农村村庄变得整洁了、路面干净了，农民群众感受到了环境整治带来的实实在在的好处。强化矿山生态环境整治，制定了《中卫市矿产资源有偿使用制度》和《中卫市矿山生态环境保护管理制度》，坚持矿山生态环境保证金制度，强化矿山环境生态恢复治理。组织联合执法行动，重点对非法开采、乱采滥挖、越界开采、无证勘查和以探代采等非法行为进行严厉打击。全面实施土地整治项目，提高了耕地质量和农业综合产能，改善了基本农田的水利设施配套，节约了水资源，提升了项目区田、水、林、路景观，有效改善了全市农业生态环境。

（五）加大自然保护区整治力度，提升生态服务功能

中卫市有沙坡头和南华山 2 个国家级自然保护区。沙坡头国家级自然保护区总面积 14043.09 公顷，是我国干旱、半干旱地区成立的第一个沙漠类型的自然保护区，属半开放型自然保护区。南华山国家级自然保护区总面积 20100.5 公顷，位于宁夏中南部的海原县境内，保护类型为山地—森林生态系统，是宁夏南北生态屏障中的重要一环，2014 年晋升为国家级自然保护区。自"绿盾 2017"自然保护区清理整治专项行动开展以来，市委、政府精心部署，全力推进。制订了《中卫市"绿盾 2017"沙坡头国家级自然保护区清理整治专项行动工作方案》《南华山国家级自然保护区生态环境综合整治和生态修复实施方案》，成立了由市长任总指挥、各副市长任副总指挥、县（区）和相关部门主要负责人为成员的中卫市环境保护问题整改指挥部，实行政府行业分管领导包抓责任制。按照"尊重自然、保护自然、因事制宜、主动整改"的工作思路和"五个不放过"工作要求（不查不放过、不查清不放过、不处理不放过、不整改不放过、不建立长效机制不放过），全面排查自然保护区违法违规开发建设活动，审查清理不符合《中华人民共和国环境保护法》《中华人民共和国自然保护区条例》等要求的法律法规、规章和规范性文件。对存在的问题多次分析研判，优化整改方案，实行"整改销号"制度，跟踪检查问题整改进展，查处一个、整改一个、完成一个、销号一个，有力有序有效推进了自然保护区生态环境整治和保护修复。

（六）狠抓环境监管执法，提高环境应急处置能力

建设完善"环保云"大数据综合管理平台，初步建成了环境预警监控体系。强化对重点监控企业水、气、声、渣等污染源的管控，切实提升环保监管系统化、信息化水平和环保执法工作的程序性和科学性。组织开展大气、水、土壤等各类执法行动，全面开展重点污染源检查，采取专项检查、联合执法、夜间巡查等方式，持续加大对违法排放污染物、不正常运行污染治理设施、未批先建等环境违法行为查处力度，共检查污染源560余家次，下达责令改正违法行为决定书56份、责令停产整治决定书29份、督办通知11份，共立案查处环境违法行为30起，罚款430多万元。强化突发环境事件应急管理，制定印发《环境风险排查治理工作方案》《2017年环境应急管理工作要点》，编制修订《中卫市突发环境事件应急预案》，组织相关企业和部门开展了应急演练，完成72家环境事故应急预案备案企业梳理工作，提高了突发环境事故应急处置能力。

二、中卫市生态环境存在的主要问题

（一）生态环境依然脆弱

生态环境还十分脆弱，森林覆盖率低，土地荒漠化加剧，干旱和沙尘暴等组合型气象灾害频发，自净能力和环境承载能力严重不足。

（二）生态保护和建设资金投入不足

对林业生态保护和建设资金投入不足，生态保护和建设任务仍然繁重而艰巨。

（三）生态环境保护监管力量薄弱

生态环境保护监管力量薄弱，专业化力量严重不足，监测技术及设备亟待提高，环境行政执法监督有待进一步加强。

三、改善中卫市生态环境的对策建议

生态环境保护工作永远在路上，中卫市要进一步提高对保护生态环境的认识，认真落实十九大关于加快生态文明体制改革，建设美丽中国精神，全面贯彻习近平总书记生态文明建设重要战略思想和来宁视察重要讲话精

神，落实自治区第十二次党代会生态立区战略部署，坚决摒弃以牺牲生态环境换取一时一地经济增长的做法，加快实施生态立市战略，加大资金投入，推进生态环境保护和修复。加强社会舆论传播，有序引导公众支持生态文明建设，构建全面参与生态环境保护的社会行动体系。积极探索开展生态文明体制机制改革，整合理顺生态保护和环境治理中部门职责，健全环境保护工作督查组织机构，完善工作机制。加强空间规划和生态保护红线管控，对重点生态功能区、生态敏感区和脆弱区等重要区域实行严格的红线管控，划定基本农田、饮用水源地、森林、基本草原、湿地保护"五条红线"。强化生态环境保护行政执法与司法联动，加强生态环境风险防控和突发事件应急处置能力建设，提升生态环境监管和突发事件应对处置能力，努力营造天蓝、地绿、水清、气爽的生态环境。

附 录
FULU

宁夏生态文明建设大事记

（2016 年 12 月—2017 年 11 月）

师东晖

2016 年 12 月

1 日　宁夏 11 个县（市、区）的环境空气质量自动监测站已完成建设和改造任务，进入联网数据发布阶段，这标志着自治区在全国率先实现空气质量新标准自动监测县级城市全覆盖。

同日　银川市召开冬季大气污染防控工作推进会，部分县（市、区）因大气污染防控工作推进不利被点名批评。

5 日　2016 年，自治区运用多种手段，科学配水，向各类湖泊湿地补水 1.8 亿立方米，为自治区生态文明建设提供了有力的水资源支撑。

同日　自治区在总结银北盐碱地治理成功经验的基础上，计划 2017 年把治理工作逐步扩大到整个引黄灌区，银南地区 53.7 万亩盐碱地治理工作已纳入治理计划。

6 日　自治区环保厅出台《重大决策事项预公开制度》《重大决策事项民意调查制度》，确定今后凡涉及群众利益等 9 类重大事项必须公开，涉及环境公众利益政策必须进行民意调查。

作者简介　师东晖，宁夏社会科学院农村经济研究所（生态文明研究所）研究实习员。

9 日 自治区环境保护厅公布 11 月份五市环境空气质量状况排名，依次为固原、中卫、吴忠、石嘴山、银川。

13 日 自治区环保厅召开新闻发布会，通报 2016 年宁夏水污染防治工作进展情况：经监测，黄河宁夏段 1 月至 11 月的水质监测等级为优良，其中达到或优于三类水质的比例从 2015 年 66.6% 提高到了 73.3%，达到考核目标要求。

19 日 从西夏热电有限公司了解到，进入供暖季以来，该公司全力保障居民供热的同时，环保设施正常运行，进一步降低能耗、减少污染物排放，为"银川蓝"贡献自己的力量。

22 日 从《银川市城市生活垃圾分类管理条例》新闻发布会上获悉，该条例通过自治区十一届人大常委会第二十八次会议审议批准，将于 2017 年 1 月 1 日起施行。

23 日 从自治区环保厅获悉，宁夏首例环境污染责任险理赔案成功支付，由平安、人保、大地财产保险公司组成的环境污染责任保险承保共同体，向中卫市一化工企业支付环境污染责任保险金 40.6 万元。

26 日 从自治区水利厅获悉，截至 2016 年 12 月，全区高效节水灌溉面积累计达到 265 万亩，占灌区面积 30%，在促进农业节水、产业增效、农民增收和生态环境改善等方面发挥了重要作用。

2017 年 1 月

3 日 从自治区住房和建设厅获悉，中卫市"以克论净深度清洁"项目入选 2016 年中国人居环境奖范例奖。

4 日 1 月 4 日至 3 月 15 日，自治区环保部门在全区专项检查涉危险废物企业，消除环境安全隐患，严厉打击涉危险废物环境违法犯罪行为，确保全区危险废物环境安全。

7 日 自治区政府出台《宁夏土壤污染防治行动计划》。

16 日 依据《环境保护部、工业和信息化部关于实施第五阶段机动车排放标准的公告》，银川市执行国家第五阶段机动车污染物排放标准，不符合"国五"排放标准的机动车辆，不予办理注册登记。

17 日　为促进水污染防治，改善水环境质量，银川市于 2017 年 1 月起调整污水处理收费标准。

同日　自治区水利厅编制完成《宁夏水利扶贫"十三五"专项规划》。

18 日　从相关部门获悉，2016 年以来，黄河来水持续偏枯，黄河水利委员会分配宁夏 2017 年引黄耗水指标 31.35 亿立方米，仅为正常年份 40 亿立方米的 78%，较去年同期减少了 1.08 亿立方米，自治区农田春夏均衡灌溉及重要湖泊湿地生态用水吃紧。

同日　自治区林业工作会议在银川召开，部署 2017 年全区林业工作任务。

同日　从全区国土资源工作会议上获悉，宁夏落实耕地保护责任目标考核办法，依据 2014 年至 2016 年耕地保护责任目标考核结果，奖励银川市 20 万元、石嘴山市 73 万元、吴忠市 73 万元、固原市 73 万元、中卫市 40 万元、自治区农垦集团公司 20 万元。

19 日　从自治区环保厅了解到，依照"蓝天碧水·绿色城乡"专项行动计划要求，自治区决定推行全封闭配煤中心建设，为当地及周边区域输送符合质量要求的工业和民用燃料煤。

20 日　黄河宁夏、内蒙古段封河上首进入宁夏境内，石嘴山市麻黄沟河段今冬出现首次封河，时间较去年推迟 7 天，长度 0.5 公里，封河河段水位上涨 2.3 米。

21 日　从自治区环境保护厅获悉，2016 年 12 月份五市环境空气质量状况排名，依次为固原、中卫、吴忠、石嘴山、银川。

23 日　2017 年全区环境保护工作会议在银川召开。

2017 年 2 月

5 日　从自治区国土资源工作会议上获悉，2017 年自治区将围绕供给侧结构性改革主线，以提高国土资源供给质量和效益为中心，全面推进节约集约用地考核，采取"倒逼"机制提高土地利用率。

6 日　自治区空间规划（多规合一）改革试点工作领导小组办公室专题会议在银川召开，会议研究了《关于建立自治区空间规划（多规合一）利益补偿制度的意见（送审稿)》《宁夏回族自治区空间规划审查审批暂行规定（送审稿）》《宁夏回族自治区空间规划条例（修订案草案）》等事项。

8 日　从宁东基地管委会获悉，宁东基地为彻底解决环境问题而全力构筑的"电子监控—人力监管—媒体监督"三位一体环保"青天"成为督促企业转观念、提进度的利器。

9 日　自治区正式批复《六盘山重点生态功能区降水量 400 毫米以上区域造林绿化工程规划（2017—2020 年)》。

13 日　银川市兴庆区东部水生态建设工程正式开始施工，该项目建成后，将会成为离银川市区东部最近的一块湿地。

14 日　自治区、银川市两级环保部门采取材料考核和现场考核的方式，对银川市辖区内 36 家企业危险废物规范化管理工作进行了督查考核。

15 日　受气温回升影响，黄河宁夏段封河河段平稳开河，较多年平均全部开河提前 11 天，宁夏安全度过凌汛期。

21 日　2017 年宁夏人大立法项目确定，首次对大数据大气污染防治立法。

同日　环境保护部检查组来宁抽查自治区大气、水污染防治行动计划实施情况和环保约束性指标完成情况。

24 日　从自治区相关会议上了解到，2016 年 11 月中央第八环保督察组向自治区反馈 41 个问题，按照中央要求，2017 年要整改完成 24 个、2018 年要完成 10 个、2020 年要完成 3 个、4 个需要长期持续整改。

27 日　为加强移民贫困地区水利薄弱环节建设，着力破除制约贫困地区水利发展的体制机制性障碍，2017 年起，银川市将以 36 个贫困村的水利建设为主，推动水利扶贫开发工作。

28 日　从自治区环境保护厅获悉，2017 年 1 月份五市环境空气质量状况排名，依次为固原、中卫、吴忠、石嘴山、银川。

2017 年 3 月

7 日　为防止发生农业用水水污染事件，自治区环境保护监察执法局强化对废水排放企业环境监管力度，全力保障春灌用水安全。

12 日　从自治区林业厅了解到，2017 年自治区将启动实施两项重点生态林业工程，为宁夏山川增绿 287 万亩。

16日　从自治区环保厅了解到，2017年自治区环保部门将全力以赴治理差水，保护好水，力争地表水水质优良比例达到73.3%，黄河干流宁夏段稳定保持Ⅲ类良好水质，Ⅱ类水质断面所占比例继续提高。

21日　自治区环保厅启动废弃危险化学品专项排查工作，防范废弃危险化学品暂存、处置不当或违法倒卖可能引发的环境污染。

同日　从相关部门获悉，正在建设中的第七、第九污水处理厂计划年内投入使用，通过对老污水处理厂提升改造，年内所有污水处理厂将全部实现一级A排放标准。

22日　第25届"世界水日"及第30届"中国水周"宣传活动在银川拉开序幕。为更好地保护自治区河流，2017年年底前，自治区将全面贯彻落实"河长制"。

24日　从全区环境保护监察执法工作会议上获悉，自治区将继续通过落实严格执法、提高违法成本等举措倒逼企业守法，自治区环保厅将依托环境监察执法平台，对全区数据异常企业进行督办，并按季度公布严重超标排污企业名单。

同日　从全区环境保护监察执法工作会议获悉，3月24日起，全区各级环保部门开展系列专项执法检查，严肃惩处环境违法违规行为，重点解决一批群众关心的突出环境问题。

26日　自治区"蓝天碧水·绿色城乡"专项行动领导小组办公室发布通告，划定自治区大气污染防治重点控制区及新建锅炉准入和排放标准，旨在持续改善环境空气质量。

28日　宁夏宁苗园林集团有限公司与内蒙古自治区阿拉善盟额济纳旗签约合作，建设投资6.29亿元额济纳旗城市道路及景观节点PPP项目。这是宁夏本土园林企业首次跨省中标生态修复工程。

同日　宁夏引黄灌区平原绿洲绿网提升工程在平罗县启动。

同日　从自治区人大常委会获悉，"2017年中华环保世纪行——宁夏行动"实施方案"出炉"，组织开展调研督查等活动，进一步加强美丽宁夏建设。

同日　从自治区水利厅获悉，2017年自治区将启动实施为期四年的银南盐碱地综合治理工程，对银南地区 45 片 53.7 万亩盐碱地进行综合改良治理。

29 日 《宁夏水利发展"十三五"规划》出台。

30 日 自治区环保厅从 3 月 30 日起至 10 月 30 日，将在全区开展突发环境事件隐患排查治理活动，全面排查企业环境风险状况，督促企业落实突发环境事件隐患排查治理主体责任，有效预防和减少突发环境事件的发生。

同日 从银川市环境综合治理大会上获悉，银川市出台了《2017 年水污染防治工作实施方案》《2017 年蓝天工程实施方案》《关于依法严惩十种水污染突出违法行为的通告》和《关于依法严惩十种大气污染突出违法行为的通告》等，并对《银川市环境空气质量生态补偿暂行办法》进行了修订。

同日 自治区环保厅发布 2017 年列入国控、区控重点污染源名单，要求各国控、区控重点监控企业"自证清白"，严格依法做好自行监测、信息公开等工作。

31 日 宁夏首次以政企合作的方式建立宁夏环保产业基金，总规模为10 亿元。

2017 年 4 月

1 日 承担着宁夏中部干旱带人畜饮水和脱贫攻坚供水任务的固海扬水工程三大系统陆续开机上水，拉开了宁夏扬水灌区 2017 年春灌序幕。

4 日 从自治区住房和城乡建设厅获悉，2017 年自治区将严格落实建筑工地文明施工标准化要求，从严治理建筑工地扬尘污染，对扬尘治理不达标的项目责令停工整顿、限期整改、经济处罚等，并取消一切评优资格。

同日 从自治区有关部门了解到，《自治区节能降耗与循环经济"十三五"发展规划》经自治区政府第 86 次常务会审议通过，即将启动实施。

5 日 宁夏引黄灌区唐正闸提前开闸放水，拉开自治区 2017 年引黄灌溉工作序幕。

同日 从自治区林业厅获悉，自治区生态林业建设将向脱贫攻坚工作发力，通过实施精准造林、发展特色经济林产业、扶持枸杞产业等，助力精准脱贫，增加农民收入。

    同日 从自治区环保厅了解到，华夏银行银川分行成功办理宁夏环保产业基金托管业务，受理了中宁县污水处理厂提标改造项目、中宁县北河子沟环境综合整治项目和宁东废弃物处置综合利用技术开发项目的信贷业务，标志着宁夏在环保领域推进政企合作、银企合作取得重要突破。

    7日 自治区生态保护红线划定工作专题会议在银川召开。

    9日 银川市生活垃圾资源化及焚烧发电二期机组扩建项目在焚烧发电厂正式开工。

    10日 自治区环保厅发布了2017年第一季度全区环境空气质量报告，五市平均优良天数同比增加6天，可吸入颗粒物（PM10）和细颗粒物（PM2.5）同比分别下降10.1%和5.2%，降幅居全国31个省（区、市）第九位，环境质量同比明显改善。

    12日 由银川市委、市政府主办的第一届（2017）中国西部城市环境治理高峰论坛在银川举行。

    同日 由自治区林业厅、自治区团委、宁夏青联共同开展的"汇聚青春力量共建美丽宁夏——2017年宁夏青联生态林项目"启动仪式在白芨滩国家级自然保护区举行。

    16日 自治区敲定水污染重点治理发力点，目标是地表水水质优良比例达73.3%，黄河干流宁夏段稳定保持Ⅲ类良好水质，Ⅱ类水质断面所占比例继续提高。

    同日 从银川市城乡和住房保障局获悉，2017年以来，该局进一步加强检查建筑施工扬尘整治工作，建筑工地扬尘污染投诉同比下降。

    17日 《宁夏环境保护"十三五"规划》经自治区政府第88次常务会议审议通过，即将颁布实施。

    18日 从自治区水利厅获悉，吴忠市利通区已与国内外两家公司签订框架协议，此举开启了自治区现代化灌区建设的序幕。

    19日 自治区环保厅结合环保部《高污染燃料目录》，发布了管控高污染燃料措施，对禁燃区的划定及监管要求进行修订。

    24日 《宁夏回族自治区全面推行河长制工作方案》正式印发实施，

标志着河长制在自治区启幕。

27 日 自治区环保督察整改工作领导小组发布《宁夏贯彻落实中央环境保护督察组督察反馈意见整改方案》，要求全面整改中央环境保护督察组指出的 41 个突出问题和提出的整改要求，不讲条件、不打折扣，坚决整改、挂账督办。

同日 以"开展'三减'行动，打造绿色田园"为主题的"2017 年中华环保世纪行——宁夏行动"正式启动。

29 日 从自治区环保厅获悉，自 2017 年起调整环境污染责任保险试点方案。

同日 截至 4 月 29 日，全区生态补水 3300 万立方米，沙湖等重点河湖水位上涨 20 厘米以上。

2017 年 5 月

2 日 自治区环保厅发布《关于火电、造纸行业企业申领排污许可证相关事项的公告》，即日起，凡执行《火电厂大气污染物排放标准》的火电企业、自备电厂及制浆、造纸、浆纸联合等企业，依规申领排污许可证。

3 日 5 月 3 日至 5 月 4 日，以"保护碧水蓝天、建设美丽宁夏"为主题的"2017 年中华环保世纪行——宁夏行动"启动。

4 日 从自治区住房和城乡建设厅了解到，2017 年自治区将继续支持各县（市、区）实施美丽小城镇建设和美丽村庄建设，目前全区共有 26 个小城镇、126 个村庄列入建设计划。

5 日 为从根本上改善排水沟环境恶劣状况，落实中央环保督察要求，重点入黄排水沟综合整治工作已经全面展开。

同日 截至 5 月 5 日，灌区累计引水 5.76 亿立方米，比去年同期多 0.54 亿立方米。

8 日 自治区主席咸辉调研贺兰山国家级自然保护区及生态保护红线划定工作并召开专题会议，进一步部署落实中央环保督察整改工作。

9 日 从全区地质灾害防治工作会议上获悉，即日起，全区国土资源系统将在重点防范区内开展地质灾害隐患点巡查排查。

15 日　截至 5 月 15 日，自治区今春累计完成造林绿化任务 76.84 万亩，其中营造林任务 56.27 万亩，补植补造 20.57 万亩。全区累计完成义务植树 500 万株。

16 日　全区防汛抗旱工作会议在银川召开。

18 日　从银川市住房和城乡建设局获悉，2017 年银川市住房和城乡建设局将通过"六项治理"行动，助力"美丽银川"向"美好银川"转变。

21 日　自治区环保厅全面排查全区存在的排污坑塘和向坑塘排放、倾倒污染物的环境违法问题，切实消除自治区环境安全隐患。

2017 年 6 月

2 日　从自治区林业厅获悉，自治区组织召开了生态保护红线划定阶段性成果论证会，确定全区生态保护红线划定区域总面积为 11742.42 平方公里，占全区国土面积的 22.59%。

同日　中德财政合作中国北方荒漠化综合治理宁夏项目推广大会在自治区举行。

同日　自治区环保厅发布 2016 年环境状况公报。2016 年全区平均达标天数比例为 75.2%，全区生态环境状况质量指数值为 45.09，变化分级为"无明显变化"，生态环境质量总体稳定。

6 日　自治区第十二次党代会召开，提出创新驱动、脱贫富民、生态立区三大战略。

10 日　银川市环保局启动"剿污剿劣"行动，重点开展夜间、节假日等非工作日的突击检查，解决违法排污企业与环保部门打时间差，偷排、超标排放污染物影响沟渠水质等问题。

11 日　自治区经济和信息化委员会与银川市政府在银川光明广场举办了"2017 年节能低碳宣传周"主题活动。

16 日　国家林业局通报了"十二五"省级政府防沙治沙目标责任期末综合考核结果，自治区得分超过 90 分，被国务院考核为工作突出，获通报表彰。

同日　环境保护部发布了《2017 年中国环境噪声污染防治报告》，

2016 年在全国 322 个地级及以上城市声环境质量监测结果中，银川声环境最好，昼夜总点次达标率均为 100%。

同日 按照《国务院办公厅关于印发控制污染物排放许可制实施方案的通知》等要求，自治区出台了《控制污染物排放许可制实施计划》，标志着排污许可制建设成为固定污染源环境管理的核心制度。

19 日 自治区召开第 95 次政府常务会议，听取贺兰山国家级自然保护区环境综合整治情况汇报，审议《贺兰山国家级自然保护区环境综合整治的若干政策意见》。

同日 自治区人大常委会、"2017 年中华环保世纪行——宁夏行动"组委会赴宁东能源化工基地，开展"2017 年中华环保世纪行——宁夏行动"调研、督查活动。

20 日 自治区党委召开常委会议，传达学习中央办公厅、国务院办公厅《关于甘肃祁连山国家级自然保护区生态环境问题督查处理情况及其教训的通报》精神，研究部署自治区生态环境保护工作。

22 日 自治区召开划定并严守生态保护红线工作领导小组会议，研究审议自治区生态保护红线划定方案。

2017 年 7 月

4 日 自治区出台《关于建立生态保护补偿机制推进自治区空间规划实施的指导意见》。

同日 从自治区"蓝天碧水·绿色城乡"专项行动领导小组办公室了解到，为推进各地落实重污染天气应急预案，自治区部署开展重污染天气应急预案实施情况开展后评估工作。

同日 自治区召开总河长第一次会议，标志着河长制在宁夏全面推行。

7 日 从自治区环保厅获悉，自治区将全面清理取缔饮用水水源保护区内违法建筑和排污口，强化饮用水水源地和地下水保护。

8 日 从银川市住房和城乡建设局获悉，2017 年，银川市结合黑臭水体整治，正在加快第七、第九污水处理厂的建设任务和原有四座污水处理厂的提标改造，年底前将使污水处理排放全部达到国家一级 A 标准。

11 日 从自治区住房和城乡建设厅获悉，自治区出台新一轮农村人居环境综合整治行动方案。

12 日 自治区环保厅对贺兰县暖泉工业园区兰星污水处理厂、第一污水处理厂、永宁北控水务公司、启元药业、泰瑞制药、紫荆花纸业、伊品味精等涉水企业和部分建筑工地进行突击检查。

13 日 从自治区全面推进河长制工作电视电话会议上获悉，自治区将全面推进河长制，年底前全面建立覆盖全区河湖的区、市、县、乡四级河长组织体系。

14 日 银川市部分污水处理厂提标改造建设进度缓慢，直接影响年底前实现提标改造任务并达到一级 A 排放标准。

17 日 从自治区水利厅获悉，自治区已初步建立水利 PPP 项目库，有 10 多家上市企业与贺兰县、吴忠市利通区、中卫市沙坡头区和彭阳县、中宁县签署了总投资 87 亿元的框架协议。

同日 自治区"蓝天碧水·绿色城乡"专项行动领导小组出台《加强全区扬尘污染整治工作方案》，对工作推进不力、进展缓慢的单位公开通报。

21 日 自治区"蓝天碧水·绿色城乡"专项行动领导小组办公室印发《2017 年大气污染防治重点项目清单》，明确了 2017 年自治区大气污染治理 11 个方面的重点项目、达到标准及完成时间。

23 日 自治区人大常委会"2017 年中华环保世纪行——宁夏行动"督察组先后到中卫、吴忠市调研，对各地贯彻落实环保系列法律法规、中央环境督察组反馈意见整改情况及大气、水、土壤治理情况进行全面调研督查。

25 日 自治区十一届人大常委会第三十二次会议对《宁夏回族自治区大气污染防治条例（草案）》进行首次审议。

27 日 从自治区文明委了解到，2017 年中央文明委将评选表彰第五届全国文明城市，银川市将迎接全国文明城市复查考核验收，石嘴山市、吴忠市和永宁县、灵武市也将参评第五届全国文明城市。

28 日 从宁夏地质局获悉，该局首次查明自治区地热资源分布、赋存条件，为制订自治区地热资源综合开发利用中长期规划提供了基础依据。

2017 年 8 月

2 日　"2017 年中华环保世纪行——宁夏行动"调研督查组对银川市贯彻执行固体废物污染环境防治法情况进行了检查。

5 日　从全区森林资源管理工作会议上获悉，自治区将通过全面排查 6 个国家级自然保护区存在问题、实施"绿盾 2017"专项行动等举措，进一步加大自然保护区的监管力度，保护好青山绿地。

6 日　2017 年上半年，银川市（不含宁东）全社会能源消费量 372.3 万吨标准煤，能耗强度同比下降 6.76%，超额完成下降 5% 的目标任务。

10 日　自治区"蓝天碧水·绿色城乡"专项行动领导小组办公室发布《关于加强城市建成区煤质管控的通告》，要求各地级市 9 月 30 日前对禁燃区范围、禁止燃用的燃料组合及监管要求进行调整并向社会公布，逐步开展县级城市高污染燃料禁燃区划定工作。

11 日　自治区政府办公厅印发《自治区"绿盾 2017"自然保护区清理整治专项行动工作方案通知》，确定全面排查全区 14 个自然保护区存在的问题，确保自然保护区核心区及缓冲区违法违规建设项目"零存在"，全面整改落实中央环境保护督察组反馈的自然保护区突出环境问题。

16 日　自治区"蓝天碧水·绿色城乡"专项行动领导小组办公室通报全区燃煤锅炉淘汰进度：1—7 月，全区淘汰燃煤锅炉 329 台，仅占应淘汰数的 39.5%。

22 日　宁东基地打响大气污染防治攻坚战，力争实现 2017 年度环境空气质量改善目标。

23 日　自治区环保厅、银川市环保局举行环保公众开放日活动，邀请银川市人大代表、党代表、政协委员、重点企业和社区群众代表，现场督查燃煤小锅炉拆除、城市生活污水处理厂提标改造、建筑扬尘管理和异味扰民等热点环境问题。

24 日　自治区政府办公厅印发《宁夏生态环境监测网络建设工作方案》。

28 日　自治区环保厅约谈银川市保绿特、启元药业、泰瑞制药、伊品生物、大地丰之源、泰益欣 6 家制药及生物发酵企业，要求企业必须加快治理进度，严格按照中央第八环保督察组督察反馈意见和各级政府整改要求，于 2017 年年底完成恶臭综合整治。

31 日　自治区出台《"十三五"市级人民政府和宁东能源化工基地管委会能源消耗总量和强度"双控"考核体系实施方案》，节能减排实行问责制和一票否决制。

2017 年 9 月

6 日　银川市紧紧围绕 2017 年节能的目标任务，坚持绿色发展，把节能降耗工作作为转变发展方式、提升企业核心竞争力的重点内容推进。

同日　按照《中央第八环境保护督察组反馈意见整改方案》要求，宁夏新日恒力钢丝绳股份有限公司生产废水及河滨区城市生活污水直接入黄排污口被彻底封堵，标志着自治区列入取缔方案的 9 个工业企业直接入黄排污口全部完成取缔。

10 日　从自治区国土资源厅获悉，自治区大力推进贺兰山国家级自然保护区生态环境综合整治和矿业权清理及分类处置工作，截至 2017 年 9 月，保护区内的 53 处矿业权已全部退出。

同日　自治区深入推进贺兰山生态"保卫战"。截至 9 月 10 日，贺兰山国家级自然保护区内 169 处整治点全部关停并开展整治，其中正在拆除设施设备 40 处，完成整治正在生态修复 37 处，完成自查初验 92 处。

11 日　环保部公布的环境卫星秸秆焚烧火点遥感监测结果显示：2017 年 1 月至 8 月，自治区被通报 5 处秸秆着火点，与 2016 年同期的 29 处相比下降 82.7%。

14 日　自治区出台《关于切实加强耕地保护和改进占补平衡的实施意见》。

同日　自治区各大引黄干渠已全部按计划停水，引黄灌区夏秋灌完成。

同日　自治区高效运转的河长制工作格局初步形成，区、市、县三级河长制工作方案已全部出台。

16 日　由自治区政府督查室、环保厅、发改委、经信委等 7 个部门组成的联合督查组，对五市及宁东基地大气污染防治进度进行督办。

19 日　自治区环保厅组织开展"公众开放日"，邀请来自银川市的 60

余名公众代表，走进污水处理厂、制药企业及固体废弃物资源化企业，探访污水处理、药企异味治理、垃圾分类焚烧发电等全过程。

23 日 银川市第七污水处理厂一期正式投入运营，对当地黑臭水体整治、水环境治理都将发挥重要作用。

26 日 自治区十一届人大常委会第三十三次会议对《宁夏回族自治区大气污染防治条例（草案）》进行了第二次审议。

同日 第十二届中国水务高峰论坛暨第十届钱学森论坛在银川开幕，成立钱学森智库水治理（宁夏）研究中心。

28 日 自治区十一届人大常委会第三十三次会议表决通过了《宁夏回族自治区大气污染防治条例》。

2017 年 10 月

9 日 宁夏罗山国家级自然保护区管理局、吴忠市红寺堡区、同心县在"绿盾 2017"中，对保护区辖区的人类活动点位进行坚决清理，对非法存在的羊圈、采砂厂、土炼油油炉等"毒瘤"进行了"摘除"，取得了阶段性战果。

10 日 自治区环保厅发布今冬大气污染防治攻坚战方案，同步启动大气污染防治执法集中整治行动，全力保障全区冬季大气环境质量安全。

同日 从三北工程精准治沙和灌木平茬复壮试点工作现场会上获悉，经过多年治理，宁夏向黄河的输沙量逐年递减，很好地维护了区域生态安全。

12 日 自治区全面推进银北百万亩盐碱地农艺改良工程，力争较大幅度提升银北地区农业综合生产能力。

13 日 从自治区环保厅获悉，自治区决定强力攻坚大气污染防治，集中开展为期 3 个月的排查整治、集中执法、督查约谈专项行动，打好国家"大气十条"第一阶段收官战。

同日 随着宁夏湿地产权确权登记试点动员会暨培训班在银川举办，标志着宁夏湿地产权确权试点工作正式在全区展开。

24 日 自治区政府办公厅印发《大气污染排查整治专项行动方案》，

同步启动涉气"小散乱污"企业排查、燃煤锅炉污染排查、高污染燃料销售使用排查、散煤使用销售排查、工地道路及工业企业扬尘污染等11项专项整治行动，确保完成国家和自治区年度环境空气质量改善目标。

25日 从全区冬季大气污染防治工作会议上获悉，自治区质监局、环保厅联合自治区发改委、公安厅等6部门开展冬季煤质管控专项行动，切实整顿自治区燃煤市场，保证燃煤质量，有效减少大气污染排放。

31日 自治区环保厅大气污染防治攻坚指挥部召开调度会，盘点各地市及宁东管委会燃煤锅炉淘汰、大气污染防治重点项目、火电超低改造项目等进展情况。

同日 自治区中央环保督察整改领导小组综合协调组通报宁夏整改落实中央环保督察反馈4项进展缓慢的问题。

同日 自治区环境监察执法局再次对银川、石嘴山、吴忠等地的大气污染防治工作落实情况进行突击检查。

2017 年 11 月

1日 银川市出台《社会力量投资建设生态公益林补偿暂行办法》。

2日 自治区"蓝天碧水·绿色城乡"专项行动领导小组办公室向银川、中卫、吴忠、固原市下发环境空气质量预警函。

5日 自治区人大常委会"2017年中华环保世纪行——宁夏行动"调研督查组，对固原市贯彻落实环保法律法规、中央环境督察组反馈意见整改情况及大气、水、土壤治理情况进行全面调研督查。

6日 自治区环保厅大气污染防治攻坚指挥部通报，2017年前10月，全区城市环境空气质量综合指数同比变化率上升7.1%，空气质量总体评价为恶化。

同日 自治区"大美草原守护行动"在盐池县启动。

9日 自治区各地农田水利基本建设打出"组合拳"，结合现代化生态灌区建设，推进转型升级发展。

10日 由环保部、国土资源部、水利部等7部门组成的国家级自然保护区监督检查专项行动第八巡查组进驻宁夏，开展"绿盾2017"国家级自然保护区监督检查专项行动。

13 日 自治区《关于推进生态立区战略的实施意见》正式发布。

14 日 自治区大气污染防治攻坚指挥部最新监测数据显示：全区开展大气污染防治攻坚以来，空气质量情况向好，空气质量评价由 10 月份的略有恶化转为改善。

同日 自治区环保厅大气污染防治攻坚指挥部通报：为期 2 周的环境执法攻坚行动发现，五市及宁东地区 210 家企业存在各类环境违法问题 400 个。

16 日 自治区环保厅、住建厅联合出台《关于推进环保设施和城市污水垃圾处理设施向公众开放方案》。

17 日 自治区环保厅结合宁夏气象服务中心最新气象资料分析，首次向公众预报天气污染气象等级。

20 日 自治区实施生态立区战略领导小组召开第一次会议，听取各牵头部门和各地当前工作开展情况、明年工作谋划情况，研究部署下一阶段实施生态立区战略重点任务。

21 日 自治区环保厅出动环保执法人员 318 人次，对影响空气质量的秸秆禁烧、建筑工地扬尘、集中供暖锅炉和涉气重点污染源企业情况等进行拉网式排查。

24 日 从自治区"蓝天碧水·绿色城乡"专项行动领导小组办公室了解到，自治区各地已陆续启动对秸秆焚烧问题开展不力的单位及个人进行追责问责制。

同日 水利部水权试点验收委员会专家组对自治区水权试点进行验收。

25 日 自治区环保厅大气污染防治攻坚指挥部派出 5 个督查组入驻五市，紧盯扬尘、秸秆焚烧等污染现场，严查工业企业、"散乱污"企业、燃煤小锅炉等大气污染物产生和排放的污染源。

27 日 为推进大气污染防治、中央环保督察问题整改等任务落实，全力改善环境空气质量，自治区政府成立 5 个环境污染防治工作组，进驻五市和宁东能源化工基地，帮助各地做好环境污染防治工作。

同日 自治区环保厅大气污染防治攻坚指挥部环境空气质量通报显示：

10 月 1 日至 11 月 26 日，全区环境空气质量评价为改善，改善幅度连续 4 周呈现加大趋势。

同日　自治区召开环境污染防治工作组工作部署会，明确环境污染防治帮促任务和要求，安排部署有关工作。

同日　自治区召开大气污染防治第一次调度会，通报全区大气污染防治进展情况，研判分析形势，查摆问题和不足，推动防治攻坚行动深化落实。

29 日　自治区十一届人大常委会第三十四次会议分组审议了自治区政府关于 2017 年度全区环境状况和环境保护目标完成情况的报告。

30 日　《宁夏回族自治区林业有害生物防治办法》正式公布，将于 2018 年 1 月 1 日起施行。

(根据《宁夏日报》及相关文件资料整理)